战略前沿新技术
——太赫兹出版工程

丛书总主编/曹俊诚

上海出版资金项目
Shanghai Publishing Funds

4

The Optical Terahertz Radiation Sources and Biomedical Applications

徐德刚　王与烨　钟凯　姚建铨/编著

光学太赫兹辐射源及其
生物医学应用

华东理工大学出版社
EAST CHINA UNIVERSITY OF SCIENCE AND TECHNOLOGY PRESS

·上海·

图书在版编目(CIP)数据

光学太赫兹辐射源及其生物医学应用/徐德刚等编
著. —上海：华东理工大学出版社，2021.4
战略前沿新技术：太赫兹出版工程/曹俊诚总主编
ISBN 978 - 7 - 5628 - 6404 - 2

Ⅰ.①光… Ⅱ.①徐… Ⅲ.①电磁辐射-应用-生物
医学工程-研究 Ⅳ.①O441.4②R318

中国版本图书馆 CIP 数据核字(2021)第 035730 号

内 容 提 要

本书内容从光学太赫兹辐射源器件到生物医学应用，覆盖了各种光学太赫
兹辐射源器件以及太赫兹生物光谱应用研究现状。全书共七章，第 1 章介绍光
学太赫兹与物质相互作用；第 2 章介绍太赫兹波段非线性晶体；第 3 章介绍宽带
光学太赫兹脉冲辐射源；第 4 章介绍基于参量振荡技术的窄带可调谐脉冲太赫
兹辐射源；第 5 章介绍基于差频技术的可调谐脉冲太赫兹辐射源；第 6 章介绍连
续太赫兹辐射源；第 7 章介绍太赫兹生物医学应用。希望通过介绍光学太赫兹
辐射源的研究及其在生物医学应用方面的研究成果及经验，为需要了解太赫兹
辐射源及其生物医学应用方面的读者或将要从事该研究的科研工作者提供一
定的参考和借鉴。

项目统筹 / 马夫娇　韩　婷
责任编辑 / 马夫娇
装帧设计 / 陈　楠
出版发行 / 华东理工大学出版社有限公司
　　　　　　地址：上海市梅陇路 130 号，200237
　　　　　　电话：021 - 64250306
　　　　　　网址：www.ecustpress.cn
　　　　　　邮箱：zongbianban@ecustpress.cn
印　　刷 / 上海雅昌艺术印刷有限公司
开　　本 / 710mm×1000mm　1/16
印　　张 / 18.5
字　　数 / 306 千字
版　　次 / 2021 年 4 月第 1 版
印　　次 / 2021 年 4 月第 1 次
定　　价 / 298.00 元

太赫兹是频率在红外光与毫米波之间、尚有待全面深入研究与开发的电磁波段。沿用红外光和毫米波领域已有的技术,太赫兹频段电磁波的研究已获得较快发展。不过,现有的技术大多处于红外光或毫米波区域的末端,实现的过程相当困难。随着半导体、激光和能带工程的发展,人们开始寻找研究太赫兹频段电磁波的独特技术,掀起了太赫兹研究的热潮。美国、日本和欧洲等国家和地区已将太赫兹技术列为重点发展领域,资助了一系列重大研究计划。尽管如此,在太赫兹频段,仍然有许多瓶颈需要突破。

作为信息传输中的一种可用载波,太赫兹是未来超宽带无线通信应用的首选频段,其频带资源具有重要的战略意义。掌握太赫兹的关键核心技术,有利于我国抢占该频段的频带资源,形成自主可控的系统,并在未来 6G 和空-天-地-海一体化体系中发挥重要作用。此外,太赫兹成像的分辨率比毫米波更高,利用其良好的穿透性有望在安检成像和生物医学诊断等方面获得重大突破。总之,太赫兹频段的有效利用,将极大地促进我国信息技术、国防安全和人类健康等领域的发展。

目前,国内外对太赫兹频段的基础研究主要集中在高效辐射的产生、高灵敏度探测方法、功能性材料和器件等方面,应用研究则集中于安检成像、无线通信、生物效应、生物医学成像及光谱数据库建立等。总体说来,太赫兹技术是我国与世界发达国家差距相对较小的一个领域,某些方面我国还处于领先地位。因此,进一步发展太赫兹技术,掌握领先的关键核心技术具有重要的战略意义。

当前太赫兹产业发展还处于创新萌芽期向成熟期的过渡阶段,诸多技术正处于在蓄势待发状态,需要国家和资本市场增加投入以加快其产业化进程,并在一些新兴战略性行业形成自主可控的核心技术、得到重要的系统应用。

"战略前沿新技术——太赫兹出版工程"是我国太赫兹领域第一套较为完整

的丛书。这套丛书内容丰富，涉及领域广泛。在理论研究层面，丛书包含太赫兹场与物质相互作用、自旋电子学、表面等离激元现象等基础研究以及太赫兹固态电子器件与电路、光导天线、二维电子气器件、微结构功能器件等核心器件研制；技术应用方面则包括太赫兹雷达技术、超导接收技术、成谱技术、光电测试技术、光纤技术、通信和成像以及天文探测等。丛书较全面地概括了我国在太赫兹领域的发展状况和最新研究成果。通过对这些内容的系统介绍，可以清晰地透视太赫兹领域研究与应用的全貌，把握太赫兹技术发展的来龙去脉，展望太赫兹领域未来的发展趋势。这套丛书的出版将为我国太赫兹领域的研究提供专业的发展视角与技术参考，提升我国在太赫兹领域的研究水平，进而推动太赫兹技术的发展与产业化。

我国在太赫兹领域的研究总体上仍处于发展中阶段。该领域的技术特性决定了其存在诸多的研究难点和发展瓶颈，在发展的过程中难免会遇到各种各样的困难，但只要我们以专业的态度和科学的精神去面对这些难点、突破这些瓶颈，就一定能将太赫兹技术的研究与应用推向新的高度。

中国科学院院士

2020 年 8 月

太赫兹频段介于毫米波与红外光之间,频率覆盖 0.1~10 THz,对应波长 3 mm~30 μm。长期以来,由于缺乏有效的太赫兹辐射源和探测手段,该频段被称为电磁波谱中的"太赫兹空隙"。早期人们对太赫兹辐射的研究主要集中在天文学和材料科学等。自 20 世纪 90 年代开始,随着半导体技术和能带工程的发展,人们对太赫兹频段的研究逐步深入。2004 年,美国将太赫兹技术评为"改变未来世界的十大技术"之一;2005 年,日本更是将太赫兹技术列为"国家支柱十大重点战略方向"之首。由此世界范围内掀起了对太赫兹科学与技术的研究热潮,展现出一片未来发展可期的宏伟图画。中国也较早地制定了太赫兹科学与技术的发展规划,并取得了长足的进步。同时,中国成功主办了国际红外毫米波-太赫兹会议(IRMMW - THz)、超快现象与太赫兹波国际研讨会(ISUPTW)等有重要影响力的国际会议。

太赫兹频段的研究融合了微波技术和光学技术,在公共安全、人类健康和信息技术等诸多领域有重要的应用前景。从时域光谱技术应用于航天飞机泡沫检测到太赫兹通信应用于多路高清实时视频的传输,太赫兹频段在众多非常成熟的技术应用面前不甘示弱。不过,随着研究的不断深入以及应用领域要求的不断提高,研究者发现,太赫兹频段还存在很多难点和瓶颈等待着后来者逐步去突破,尤其是在高效太赫兹辐射源和高灵敏度常温太赫兹探测手段等方面。

当前太赫兹频段的产业发展还处于初期阶段,诸多产业技术还需要不断革新和完善,尤其是在系统应用的核心器件方面,还需要进一步发展,以形成自主可控的关键技术。

这套丛书涉及的内容丰富、全面,覆盖的技术领域广泛,主要内容包括太赫兹半导体物理、固态电子器件与电路、太赫兹核心器件的研制、太赫兹雷达技术、超导接收技术、成谱技术以及光电测试技术等。丛书从理论计算、器件研制、系统研发到实际应用等多方面、全方位地介绍了我国太赫兹领域的研究状况和最新成果,清晰地展现了太赫兹技术和系统应用的全景,并预测了太赫兹技术未来的发展趋势。总之,这套丛书的出版将为我国太赫兹领域的科研工作者和工程技术人员等从专业的技术视角提供知识参考,并推动我国太赫兹领域的蓬勃发展。

太赫兹领域的发展还有很多难点和瓶颈有待突破和解决,希望该领域的研究者们能继续发扬一鼓作气、精益求精的精神,在太赫兹领域展现我国家科研工作者的良好风采,通过解决这些难点和瓶颈,实现我国太赫兹技术的跨越式发展。

中国工程院院士

2020 年 8 月

太赫兹领域的发展经历了多个阶段,从最初为人们所知到现在部分技术服务于国民经济和国家战略,逐渐显现出其前沿性和战略性。作为电磁波谱中最后有待深入研究和发展的电磁波段,太赫兹技术给予了人们极大的愿景和期望。作为信息技术中的一种可用载波,太赫兹频段是未来超宽带无线通信应用的首选频段,是世界各国都在抢占的频带资源。未来 6G、空-天-地-海一体化应用、公共安全等重要领域,都将在很大程度上朝着太赫兹频段方向发展。该频段电磁波的有效利用,将极大地促进我国信息技术和国防安全等领域的发展。

与国际上太赫兹技术发展相比,我国在太赫兹领域的研究起步略晚。自 2005 年香山科学会议探讨太赫兹技术发展之后,我国的太赫兹科学与技术研究如火如荼,获得了国家、部委和地方政府的大力支持。当前我国的太赫兹基础研究主要集中在太赫兹物理、高性能辐射源、高灵敏探测手段及性能优异的功能器件等领域,应用研究则主要包括太赫兹安检成像、物质的太赫兹"指纹谱"分析、无线通信、生物医学诊断及天文学应用等。近几年,我国在太赫兹辐射与物质相互作用研究、大功率太赫兹激光源、高灵敏探测器、超宽带太赫兹无线通信技术、安检成像应用以及近场光学显微成像技术等方面取得了重要进展,部分技术已达到国际先进水平。

这套太赫兹战略前沿新技术丛书及时响应国家在信息技术领域的中长期规划,从基础理论、关键器件设计与制备、器件模块开发、系统集成与应用等方面,全方位系统地总结了我国在太赫兹源、探测器、功能器件、通信技术、成像技术等领域的研究进展和最新成果,给出了上述领域未来的发展前景和技术发展趋势,将为解决太赫兹领域面临的新问题和新技术提供参考依据,并将对太赫兹技术的产业发展提供有价值的参考。

本人很荣幸应邀主编这套我国太赫兹领域分量极大的战略前沿新技术丛书。丛书的出版离不开各位作者和出版社的辛勤劳动与付出，他们用实际行动表达了对太赫兹领域的热爱和对太赫兹产业蓬勃发展的追求。特别要说的是，三位丛书顾问在丛书架构、设计、编撰和出版等环节中给予了悉心指导和大力支持。

这套该丛书的作者团队长期在太赫兹领域教学和科研第一线，他们身体力行、不断探索，将太赫兹领域的概念、理论和技术广泛传播于国内外主流期刊和媒体上；他们对在太赫兹领域遇到的难题和瓶颈大胆假设，提出可行的方案，并逐步实践和突破；他们以太赫兹技术应用为主线，在太赫兹领域默默耕耘、奋力摸索前行，提出了各种颇具新意的发展建议，有效促进了我国太赫兹领域的健康发展。感谢我们的丛书编委，一支非常有责任心且专业的太赫兹研究队伍。

丛书共分 14 册，包括太赫兹场与物质相互作用、自旋电子学、表面等离激元现象等基础研究，太赫兹固态电子器件与电路、光导天线、二维电子气器件、微结构功能器件等核心器件研制，以及太赫兹雷达技术、超导接收技术、成谱技术、光电测试技术、光纤技术及其在通信和成像领域的应用研究等。丛书从理论、器件、技术以及应用等四个方面，系统梳理和概括了太赫兹领域主流技术的发展状况和最新科研成果。通过这套丛书的编撰，我们希望能为太赫兹领域的科研人员提供一套完整的专业技术知识体系，促进太赫兹理论与实践的长足发展，为太赫兹领域的理论研究、技术突破及教学培训等提供参考资料，为进一步解决该领域的理论难点和技术瓶颈提供帮助。

中国太赫兹领域的研究仍然需要后来者加倍努力，围绕国家科技强国的战略，从"需求牵引"和"技术推动"两个方面推动太赫兹领域的创新发展。这套丛书的出版必将对我国太赫兹领域的基础和应用研究产生积极推动作用。

曹俊诚

2020 年 8 月于上海

太赫兹波是指频率为 0.1～10 THz、位于红外和微波之间的电磁波,是电子学向光子学过渡的波段。太赫兹辐射源是太赫兹科学技术领域中核心关键技术之一,根据太赫兹波处于电磁波谱中的位置,太赫兹辐射源可以分为电子学太赫兹辐射源、光学太赫兹辐射源以及半导体太赫兹辐射源三大类。光学太赫兹辐射源主要是基于激光与光电子技术产生太赫兹波的辐射源,其优势在于能够产生整个太赫兹波谱范围内的太赫兹辐射,同时具有频谱宽、常温下工作等特点,这是目前除了自由电子激光器外唯一能够获得整个太赫兹波段辐射源的技术方法。光学太赫兹辐射源由于其宽带输出、常温工作、结构简单等优点,在波谱、成像以及检测等太赫兹科学技术应用领域得到了广泛的应用。太赫兹辐射的能级与生物分子低频运动如分子的振动、转动以及分子骨架扭动的能量有很大的交界,太赫兹技术可通过"指纹谱"识别实现生物分子表征;太赫兹光谱表征的是分子内、分子间的弱相互作用,可用于实现生物分子相互作用的动态探测;太赫兹波的光子能量相对较低,具有生物安全性;太赫兹辐射对水特别敏感,有利于生物体的在体检测。因此,太赫兹技术可作为一种全新独特的生物检测技术。

本书内容从光学太赫兹辐射源器件到生物医学应用,覆盖了各种光学太赫兹辐射源器件以及太赫兹生物光谱应用研究现状。本书共有七章内容。第 1 章光学太赫兹与物质相互作用;第 2 章太赫兹波段非线性晶体;第 3 章宽带光学太赫兹脉冲辐射源;第 4 章基于参量振荡技术的窄带可调谐脉冲太赫兹辐射源;第 5 章基于差频技术的可调谐脉冲太赫兹辐射源;第 6 章连续太赫兹辐射源;第 7 章太赫兹生物医学应用。

本书的工作是作者所在的姚建铨院士团队近年来研究工作的总结。在研究工作中涉及激光与光电子技术、非线性光学频率变换技术、光谱与成像技术等知识,作者希望通过介绍光学太赫兹辐射源的研究及其在生物医学应用方面的研究成果和经验,为需要了解太赫兹辐射源及其生物医学应用方面的读者或将要从事该研究的科研工作者提供一定的参考和借鉴。由于作者水平有限,书中不妥之处在所难免,恳请广大师生和读者批评、指正。

徐德刚

2020 年 5 月

Contents

目 录

1	**光学太赫兹与物质相互作用**	001
	1.1　激光与非线性光学基本原理	003
	1.1.1　激光基本原理	003
	1.1.2　非线性频率变换技术	004
	1.1.3　太赫兹技术	005
	1.2　太赫兹与物质相互作用特性	007
	1.2.1　弱场太赫兹与物质的相互作用	007
	1.2.2　强场太赫兹与物质的相互作用	012
	1.3　太赫兹在空间中的准光传输特性	017
	参考文献	020
2	**太赫兹波段非线性晶体**	023
	2.1　无机非线性光学晶体	025
	2.1.1　$LiNbO_3$晶体	025
	2.1.2　$MgO:LiNbO_3$晶体	029
	2.1.3　KTP 晶体	030
	2.1.4　KTA 晶体	032
	2.1.5　KDP 晶体	033
	2.1.6　GaAs 晶体	035
	2.1.7　GaSe 晶体	037
	2.1.8　$ZnGeP_2$晶体	040
	2.2　有机非线性晶体	041
	2.2.1　DAST 晶体	042
	2.2.2　DSTMS 晶体	045
	2.2.3　DASC 晶体	047
	2.2.4　DASB 晶体	048
	2.2.5　HMQ‐T 和 HMQ‐TMS 晶体	048
	2.2.6　HMB‐TMS 和 HMB‐T 晶体	050
	2.2.7　OH1 晶体	051
	2.2.8　BNA 晶体	053

参考文献 054

3 宽带光学太赫兹脉冲辐射源 061

3.1 超快光学 063
   3.1.1 飞秒激光器 063
   3.1.2 太赫兹时域光谱学 065
3.2 基于光电导的超宽带太赫兹脉冲辐射源 067
3.3 基于光整流的超宽带太赫兹脉冲辐射源 070
   3.3.1 光整流产生太赫兹波的基本过程 070
   3.3.2 光整流产生太赫兹波的机理分析 070
   3.3.3 光整流产生太赫兹波的转换效率 073
3.4 强场超宽带太赫兹脉冲辐射源 073

参考文献 075

4 基于参量振荡技术的窄带可调谐脉冲太赫兹辐射源 077

4.1 非线性参量过程 079
   4.1.1 拉曼散射过程 081
   4.1.2 电磁耦子散射过程 082
4.2 基于受激电磁耦子散射过程产生太赫兹波的理论研究 084
   4.2.1 光学晶格振动模的色散 084
   4.2.2 与晶格振动模有关的三波耦合作用的理论研究 087
   4.2.3 散射过程中增益与损耗的理论计算 090
4.3 适合参量振荡技术的太赫兹波段非线性晶体 093
   4.3.1 铌酸锂晶体和钽酸锂晶体光学特性简介 093
   4.3.2 铌酸锂晶体和钽酸锂晶体色散与吸收特性的研究 095
4.4 电磁耦子散射过程中角度相位匹配的数值模拟 101
4.5 电磁耦子散射过程中太赫兹波增益、吸收特性的数值模拟 104
4.6 基于外腔参量振荡的脉冲太赫兹波辐射源 110
   4.6.1 太赫兹波参量源耦合技术的发展 111
   4.6.2 新晶体在太赫兹参量振荡器中的应用 115

4.6.3 太赫兹参量振荡器腔型结构的优化设计　　117

4.6.4 基于内腔参量振荡的脉冲太赫兹辐射源　　122

4.6.5 其他新型参量振荡的脉冲太赫兹辐射源　　127

参考文献　　128

5　基于差频技术的可调谐脉冲太赫兹辐射源　　135

5.1 太赫兹差频技术基本原理　　137

5.2 适合差频技术的太赫兹波段非线性晶体　　149

5.2.1 GaSe 晶体　　149

5.2.2 ZnGeP$_2$ 晶体　　150

5.2.3 GaAs 晶体　　151

5.2.4 DAST 晶体　　153

5.3 基于差频技术的可调谐脉冲太赫兹辐射源　　154

5.4 超宽带可调谐脉冲太赫兹辐射源　　165

5.5 高重频太赫兹脉冲辐射源　　176

参考文献　　186

6　连续太赫兹辐射源　　189

6.1 基于光混频的连续太赫兹辐射源　　191

6.1.1 优化天线设计　　192

6.1.2 提高泵浦激光功率　　197

6.1.3 采用其他衬底材料　　197

6.2 光泵浦高功率连续太赫兹辐射源　　200

参考文献　　212

7　太赫兹生物医学应用　　217

7.1 太赫兹与物质相互作用　　219

7.1.1 太赫兹波与生物组织的相互作用分析　　219

7.1.2 太赫兹波与生物组织相互作用的介电模型　　220

7.2　太赫兹波生物光谱与成像特性　222

    7.2.1　生物组织太赫兹波指纹谱特性　222

    7.2.2　生物组织太赫兹波段的吸收系数与折射率　225

    7.2.3　太赫兹波成像系统　229

    7.2.4　太赫兹波生物水分含量检测原理以及误差分析　234

    7.2.5　不同状态生物组织太赫兹波成像特性　238

    7.2.6　环境参数对生物组织太赫兹波检测的影响　241

7.3　太赫兹在脑外科精准医学检测技术方面的应用　242

    7.3.1　脑胶质瘤的太赫兹检测　242

    7.3.2　击打性脑创伤的太赫兹检测　247

    7.3.3　脑缺血的太赫兹检测　254

7.4　太赫兹在细胞、组织等方面的医学检测应用　255

    7.4.1　太赫兹波细胞检测　255

    7.4.2　太赫兹波生物组织检测　261

参考文献　265

索引　274

1

光学太赫兹与
物质相互作用

1.1 激光与非线性光学基本原理

1.1.1 激光基本原理

激光(Light Amplification by Stimulated Emission of Radiation，LASER)是20世纪人类科技四大发明之一，指通过受激辐射光扩大，其产生光的物理机制即受激辐射。激光以其特殊的发光机理，具有传统光源所不具备的一些优异特性，如良好的方向性、单色性、相干性和高亮度等。因此，激光在现代科学技术的多个方面发挥了独特的作用，已经遍及工业、通信、医学、军事和科学研究等领域。从第一台激光器的诞生到其种类和应用领域的不断丰富已经历了五十余年，激光的兴起促进了其他科学技术与激光技术的融合，从而诞生出激光物理学、非线性光学、激光光谱学、激光医学、信息光电子技术等学科[1]。

"受激辐射"这一概念最早于1917年由爱因斯坦提出。在普朗克对于黑体辐射的量子化解释和波尔对原子中电子运动状态的量子化的假设基础上，爱因斯坦从"光量子"概念出发，提出了"自发辐射"和"受激辐射"的概念。如图1-1(a)所示，处于低能级 E_1 的电子在吸收能量为 $h\nu = E_2 - E_1$ 的光子后，将向高能级 E_2 跃迁，这一过程称为"受激吸收"。而当处于高能级 E_2 的电子释放能量、跃迁回未被占据的低能级 E_1 时，存在着两种可能的辐射过程，分别为自发辐射[图1-1(b)]和受激辐射[图1-1(c)]。

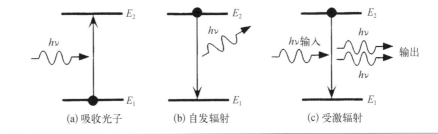

图 1-1
吸收光子、自发辐射和受激辐射

(a) 吸收光子　　　(b) 自发辐射　　　(c) 受激辐射

在自发辐射过程中，电子由 E_2 能级向 E_1 能级跃迁，激发出一个光子。激发光子向任意方向传播，相位无规则分布。而在受激辐射过程中，入射的一个能量

为 $h\nu=E_2-E_1$ 的光子诱导向下跃迁的电子发射光子。此时发射光子的能量、相位、传播方向、偏振与入射的光子完全一致[2]。从电磁波的角度,受激辐射场与入射辐射场属于同一模式。对于大量原子的受激辐射过程,其产生的辐射场也都与入射辐射场一致,因此实现了入射辐射场的放大,也就是受激辐射的光放大过程。受激辐射场与入射辐射场在各方面的一致性使其激光具有较好的方向性、单色性、相干性和较高的亮度。

为了获得人们感兴趣的波段的激光,需要特定能级间隔的物质,即特定的增益介质。为了实现较多上能级粒子向未被占据的下能级跃迁的过程,需要泵浦激励实现粒子数反转。布隆伯根提出利用光泵浦三能级原子系统实现粒子数反转分布的新构想。为了增加受激辐射的过程,需要谐振腔结构。1958 年,汤斯和肖洛抛弃了一个尺度和波长可比拟的封闭的谐振腔,提出利用尺度远大于波长的开放式光谐振腔。这些要素也被称为激光器的三要素。有了这些基本的概念,激光真正从理论走向了实际。1960 年,美国休斯公司的梅曼研制出世界第一台红宝石激光器,产生的激光如预期拥有完全不同于自发辐射光的性质,标志着激光技术的诞生。此后又陆续开发出不同增益介质、不同泵浦结构、不同腔型结构的激光器。同时对于激光技术也进行了大量的研究,包括激光的调制与偏转、激光放大、脉冲压缩、模式选择、激光稳频、激光的传输、非线性光学技术等。激光技术日趋成熟,应用领域越来越广泛。

1.1.2 非线性频率变换技术

激光的出现导致光学波段非线性效应的发现。非线性光学突破了传统光学中光波电场线性叠加和独立传播的局限性,揭示了介质中光波场之间的能量交换、相位关联、相互耦合的过程。非线性光学属于强光与物质相互作用的范畴,因此在第一台激光器问世后不久的 1961 年,人们就利用这一质量良好的强光源,发现了倍频现象。随着激光技术的不断发展,激光的峰值功率密度和单色定向亮度得到大幅提高,越来越多的非线性效应被发现和利用,丰富了人们对于光与物质相互作用的认识。

非线性效应指在强光照射物质的过程中,由于物质的非线性极化,从而产生新的频率的现象。其来源是原子或分子周围的电子在光电场作用下产生位移或光电场与分子的振动、转动、取向或集体模式的相互作用。电介质材料在外加电场后,其组成原子核的分子会产生极化。介质对外加电场 E 响应产生的电极化强度 P 表示单位体积内的净感应电偶极矩。在线性电介质材料中,感应极化强度 P 正比于该点电场 E 的大小,两者满足关系 $P = \varepsilon_0 \chi E$,其中 χ 表示电极化率。然而,强电场作用下这种关系变为非线性,电极化强度 P 变为外加电场的函数,并且随着电场 E 的幂次方的增大而增大。通常感应极化强度表示为

$$P = \varepsilon_0 \chi_1 E + \varepsilon_0 \chi_2 E^2 + \varepsilon_0 \chi_3 E^3 \tag{1-1}$$

式中,χ_1 表示线性极化率;χ_2 表示二阶电极化率;χ_3 表示三阶电极化率,此处忽略更高阶的非线性效应。电极化率随着阶数的增高而迅速减小。非线性效应的强弱不仅与电极化率相关,也取决于外加电场的大小,这也是激光出现之前非线性效应没有得到很好研究的原因之一。

相位匹配是非线性光学中最重要的概念之一。在非线性效应过程中,如果极化强度的空间波长和产生的光电场不同,那么在非线性晶体中光电场和极化强度之间的相位关系是连续变化的,导致极化强度向光电场的能量转换会发生逆转换,从而降低非线性转换效率[3]。定义能量从极化强度向光电场转换的长度为相干长度,如果光电场的空间波长和极化强度空间波长是相同的,相干长度就可以认为是无穷大,这就是相位匹配。对于简单的三波混频,相位匹配条件为

$$k_3 = k_1 - k_2 \tag{1-2}$$

一般用相位失配量 Δk 来表示相位匹配程度,在相位匹配条件下 $\Delta k = k_1 - k_2 - k_3 = 0$。相位匹配的本质是在光传播方向上使参与相互作用的光波在非线性晶体内保持一定的相位(速度)关系,使得晶体内不同位置处产生的新的频率的光场能够在晶体的出射面处相位相同,发生相干叠加,保证最大的转换效率。

1.1.3 太赫兹技术

非线性光学技术的一个重要应用就是产生太赫兹(THz)辐射。太赫兹辐射通常指的是频率在 $0.1 \sim 10$ THz(波长在 $30\ \mu m \sim 3$ mm)的电磁波,其波段在微

波和红外光之间,属于远红外波段,有着丰富的物理和化学信息[4]。同时,太赫兹辐射的优点决定了它在很多方面可以成为傅里叶变换红外光谱技术和 X 射线技术的互补技术,使太赫兹电磁波在很多基础研究领域、工业应用和军事应用领域有相当重要的应用。随着太赫兹技术的发展,太赫兹技术的应用领域也在不断拓宽,它在生物学、医学、微电子学、农业及其他领域也有很大的应用潜力。目前,世界上许多研究机构相继开展了太赫兹技术的深入研究,并且已取得很多重要的进展。太赫兹波拥有许多独特的性质,这使得它在许多领域发挥着重要的作用。

(1)太赫兹波具有低能性,它所对应的光子能量为毫伏特级,正是由于太赫兹波束本身所含能量极少,所以相对于 X 射线、γ 射线而言,太赫兹波束对生物结构的损伤极少,同时,太赫兹波比其他射线能更安全地应用于无损检测。

(2)太赫兹波对一些生物大分子有独特的吸收和谐振作用。在大自然中,很多生物学大分子的振动和旋转频率正好与太赫兹波频率段相近,因此这些生物大分子对其相对应振动和旋转频率的太赫兹波有明显的吸收和谐振作用。于是,当太赫兹波束照射到不同生物结构表面时,能够很容易地被检测到谐振和旋转频率与太赫兹波频率对应的生物大分子对太赫兹波较为独特的吸收光谱。对于拥有这种独特性质的太赫兹波,其检测技术得到较快的发展,人们可以运用这种技术很方便地进行物质安全检测工作,比如在安检时可以对爆炸物和毒品进行检测。

(3)太赫兹波的信噪比很好,信号的精度较高,所以现在欧美国家的太赫兹成像技术发展迅速,太赫兹波在成像技术方面有其独特的优势。近年来已经有研究者测得太赫兹波的信噪比大于 10^{10} 数量级,这样的精度让太赫兹成像技术的清晰度远大于其他经傅里叶变换的成像技术。

(4)太赫兹波脉冲很短具有很高的时间分辨性,跳转反应非常迅速,可达到皮秒量级。针对太赫兹波这种特性,可促进太赫兹高速通信传输系统的发展,使通信系统拥有较快的数据传输速度,另外还可应用于光子晶体制作的光学开关,其响应速度可达皮秒级别。

以上介绍了四种太赫兹波所拥有的较为独特的性质,正是由于其具有的独特性质,太赫兹波才能得到非常广泛的关注[5]。

1.2 太赫兹与物质相互作用特性

1.2.1 弱场太赫兹与物质的相互作用

不同的介质(如气体、液体和固体等)与太赫兹波相互作用具有不同的特性,介质对太赫兹波吸收、相移和散射也不同。通过振幅和相位变化的测量,可以表征介质材料的电子、晶格振动和化学成分等性质,由此可以精确测量材料的吸收系数、折射率、介电常数、频移等相关特性,以及物质内部的超快过程。

通过研究太赫兹波与导体或高自由载流子浓度的半导体的相互作用,可以分析这些材料的介电常数、载流子浓度以及它们在太赫兹波段的折射率等。另外,利用太赫兹与部分物质相互作用还可以研究物质的能级结构,确定物质的能级共振结构,研究分子的转动能级或振动能级、晶体的声子振荡及晶体的声子结构等。

(1) 物质在太赫兹波段的介电常数

为了发展太赫兹技术,利用太赫兹波来检测物质的性质,必须首先了解太赫兹辐射与不同物质的相互作用特性。太赫兹波与物质相互作用的一种比较简单并且常见的情况是太赫兹波与导体或高自由载流子浓度的半导体相互作用。比如,太赫兹电磁波与导体或高自由载流子浓度的半导体相互作用的过程就主要表现为它与自由载流子的相互作用。一般情况下,这一相互作用可以采用经典的德鲁德(Drude)模型进行处理。Drude 模型假定载流子的运动是相对独立的,即电子与电子之间相互独立,忽略电子与离子之间除碰撞外的相互作用。并在此基础上进一步假定电子会发生碰撞,并利用弛豫时间 τ 来描述一个电子发生两次碰撞的平均时间间隔,用自由程来描述一个电子发生两次碰撞之间所移动的平均距离。弛豫时间 τ 是 Drude 模型中一个独立的参量,不随载流子的位置或运动速度变化[6]。利用 Drude 模型能够很好地描述导体中自由电子的运动情况,并能解出导体在不同频率电磁场下表现出的介电常数变化。由电磁波驱动的载流子的运动方程可以表示为

$$m^* \frac{\mathrm{d}^2 x}{\mathrm{d}t^2} + \frac{m^*}{\tau} \frac{\mathrm{d}x}{\mathrm{d}t} - qE = 0 \qquad (1-3)$$

式中，m^* 代表载流子的有效质量；q 是载流子携带的电荷；E 是电场强度。利用平衡态的性质，可以将 τ 表示为

$$\tau = m^* \mu / q \qquad (1-4)$$

式中，μ 是载流子的迁移率。半导体硅的电子质量 $m^* = 0.19m_0$（m_0 是电子的质量），电子迁移率 $\mu = 1\,400 \text{ cm}^2/(\text{V} \cdot \text{s})$，则电子的平均碰撞时间大约为 1.5 ps。电场 E 与载流子位移 x 形成的电偶极矩存在如下的关系：

$$P = (\varepsilon - \varepsilon_\infty)\varepsilon_0 E = Nqx \qquad (1-5)$$

式中，ε_∞ 是高频（相对）介电常数；N 是自由载流子密度；ε_0 是真空介电常数；ε 是物质的相对介电常数。将式（1-3）改写为电极化率的方程，则有如下形式：

$$\frac{\mathrm{d}^2 P}{\mathrm{d}t^2} + \gamma \frac{\mathrm{d}P}{\mathrm{d}t} - \frac{Nq^2}{m} E = 0 \qquad (1-6)$$

式中，$\gamma = 1/\tau$，是物质中载流子相位相干性的衰减系数。如果不考虑非线性过程，物质与电磁波的相互作用可以表示为其与各个频率的单色电磁波相互作用的叠加。对于每一频率的电磁波电场和物质的电极化率都可以写作简谐振荡的形式：$E = E_0 \mathrm{e}^{\mathrm{i}wt}$ 和 $P = \chi E_0 \mathrm{e}^{\mathrm{i}wt}$，则式（1-6）可以写为

$$\chi(w^2 - \mathrm{i}\gamma w) + \frac{Nq^2}{m} = 0 \qquad (1-7)$$

在这种情况下解式（1-7）就可以得到物质在该频率的复介电常数：

$$\widetilde{\varepsilon}(w) = \varepsilon_\infty - \frac{\varepsilon_\infty w_\mathrm{p}^2}{w^2 - \mathrm{i}w\gamma}$$

$$= \varepsilon_\infty \left[1 - \frac{w_\mathrm{p}^2}{w^2 + \gamma^2} - \mathrm{i} \frac{w_\mathrm{p}^2 \gamma}{w(w^2 + \gamma^2)} \right] \qquad (1-8)$$

其中

$$w_\mathrm{p} = \sqrt{\frac{Ne^2}{m^* \varepsilon_\infty \varepsilon_0}} \qquad (1-9)$$

称为物质的等离子体振荡频率,它正比于其中自由载流子密度的平方根$\sqrt{N}$。式(1-9)中,e为导体或半导体的电子电量。由于金属具有非常高的电子密度,因此它的等离子体振荡频率也非常高,处于紫外波段[7]。半导体的情况则不同,比如半导体硅的高频介电常数$\varepsilon_\infty=11.7$。对于自由电子密度为3×10^{16} cm^{-3}的硅,$w_p\approx1$ THz;对于自由电子密度为10^{12} cm^{-3}的高纯度硅,$w_p\approx0.006$ THz,这导致它对太赫兹波是透明的。图1-2(a)显示了根据式(1-9)计算所得的不同掺杂浓度的硅在1 THz频率下的介电常数,在计算中没有考虑电子的有效质量和迁移率随掺杂浓度的变化。在低掺杂浓度情况下,太赫兹辐射的频率远高于硅中的等离子体振荡频率。这时硅的介电常数接近实数,而且其数值近似等于高频极限的介电常数。随着掺杂浓度的提高,其等离子体的振荡频率也随之增高。当w_p^2与$w^2+\gamma^2$相当时,硅的介电常数的实部将明显小于高频极限值。当掺杂浓度继续提高直到$w_p^2>w^2+\gamma^2$时,介电常数的实部变成负的;与此同时,其虚部也不再是可以忽略的,介电常数的复数性质变得非常明显。图1-2(b)显示了在同样条件下计算所得的掺杂浓度为10^{13} cm^{-3}的硅对不同频率的电磁波的介电常数。与图1-2(a)类似,当$w<w_p$时,材料表现负的介电常数;而与之相对的,当$w>w_p$时,材料表现为正的和实数的介电常数。对于高掺杂浓度的硅,它的低频介电常数的实部为负数。如果介电常数为负数的材料在同一频率的磁介电常数也是负数,该材料在这一频率的折射率即为负数。电磁波在这种材料中表现出奇特的传播特性,这种材料被称为左手材料[8]。

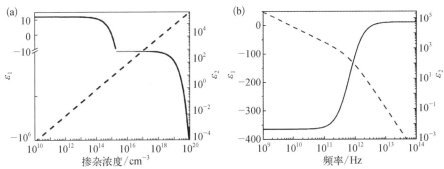

图1-2
硅在太赫兹波段的介电特性

(a) 不同掺杂浓度的硅在1 THz频率下的介电常数;(b) 掺杂浓度为10^{13} cm^{-3}的硅对不同频率的电磁波的介电常数

（2）物质在太赫兹波段的折射率

在光学和光谱学领域中讨论物质与电磁波相互作用时，往往使用物质的负折射率 $\tilde{n} \equiv n + i\kappa$ 来直接描述物质的性质。比如当单色电磁波在物体中传播时，电磁波的穿透率可以用下式表示：

$$E_t = E_0 \exp(inkl) \exp(-\kappa kl) \qquad (1-10)$$

式中，l 是电磁波在物质中的传播距离。这样由于电磁波穿透物质而引起的相位延迟和振幅衰减就可以直接由物质折射率的实部和虚部表示。根据电动力学原理可以知道，物质的折射率是由它的相对介电常数和相对磁介电常数决定的：$\tilde{n}^2 = \tilde{\varepsilon} \tilde{\mu}$。如果所研究的物质为非磁性材料，有 $\tilde{\mu} \approx 1$，则 $n \approx \sqrt{\varepsilon}$。对于高振荡频率的电磁波，如果自由电子的碰撞时间远大于电磁波的振荡周期，可以假设 $\gamma \approx 0$。这时，材料的负折射率可以表示为

$$\tilde{n} = n_\infty \sqrt{1 - w_p / w} \qquad (1-11)$$

式中，$n_\infty \equiv \sqrt{\varepsilon_\infty}$ 是物质在高频下的折射率。当 $w_p > w$ 成立，即电磁波的频率低于物质的等离子体振荡频率时，物质的折射率为纯虚数。这时，电磁波在其中是损耗的。

（3）利用太赫兹光谱测量物质中载流子的性质

由以上讨论可知，太赫兹辐射对于物质中自由载流子的性质（包括浓度、有效质量、迁移率等）是非常敏感的。因此，可以使用太赫兹光谱研究物质，尤其是半导体或超导体样品中载流子的性质，其中一条重要的性质是物质在不同频率下的电导率。半导体器件的工作频率越来越高，目前已经达到 GHz 并继续向高频发展。太赫兹光谱可以用来测量半导体材料在高频下的电子学响应。物质的负电导率与其介电常数有如下关系：

$$\tilde{\varepsilon} = \varepsilon_\infty + i \frac{\tilde{\sigma}}{w \varepsilon_0} \qquad (1-12)$$

将式（1-12）代入式（1-8），有

$$\tilde{\sigma} = \varepsilon_0 \varepsilon_\infty \frac{w_p^2}{iw + \gamma} \qquad (1-13)$$

这样,在太赫兹光谱中测得物质的负折射率后,即可通过折射率和介电常数的关系以及式(1-13)得到物质在不同频率下的复数电导率。需要注意的是,以上的讨论是基于经典的德鲁德模型的。该模型只是在一定情况下(自由电子模型)近似成立;在这一近似不能成立的情况下,需要对该模型进行修正或应用量子力学进行严格计算,才能得到与实际物理现象相符的描述[9]。

(4)太赫兹波与共振结构相互作用

此外,考虑势场束缚的载流子,根据量子力学的原理,其能级中会出现分离的本征态。在与外加电磁场的作用中,这些能量的本征态可以视作振荡频率为 $\omega_0 = E_0/\hbar$ 的谐振子。其中 E_0 表示载流子能级,$\hbar$ 为约化普朗克常数。这样电子动力学方程和介电常数的表达形式可改写为

$$m^* \frac{\mathrm{d}^2 x}{\mathrm{d}t^2} = -qE - \frac{m^*}{\tau} \frac{\mathrm{d}x}{\mathrm{d}t} - m^* \omega_0^2 x \tag{1-14}$$

$$\varepsilon_r = 1 + \frac{\omega_p^2(\omega_0^2 - \omega^2)}{(\omega_0^2 - \omega^2)^2 + \omega^2 \tau^{-2}} - \mathrm{i} \frac{\omega \omega_p^2 \tau}{\tau^2(\omega_0^2 - \omega^2)^2 + \omega^2} \tag{1-15}$$

对于电磁波与具有特征共振频率的物质作用中,我们最感兴趣的是近共振的情况,也就是 $\omega_0 \approx \omega$ 时,此时折射率的虚部出现峰值。通过前面我们对吸收系数的讨论,说明物质在这个频率附近出现吸收峰,因此可以通过太赫兹吸收光谱中吸收峰的位置确定物质的能量共振结构。

(5)太赫兹波反射光谱与声子结构

物质的能级结构不仅可以由吸收光谱体现,还可以由反射光谱获得。通过测量物质的反射率光谱,也可以计算物质在不同频率的复折射率,从而获得物质中载流子和能级结构的性质。图1-3为一种典型的利用太赫兹反射光谱测量半导体材料中声子共振的实验装置[10]。

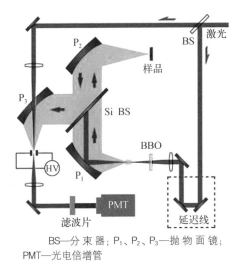

图1-3
利用太赫兹反射光谱测量半导体材料中声子共振的实验装置

BS—分束器;P_1、P_2、P_3—抛物面镜;
PMT—光电倍增管

在晶体中,由于晶格的周期性排列,晶体中离子实或原子围绕其平衡位置的振动模式可以耦合为整体的振动模式。这种整体的振动称为格波,格波的能量是量子化的,把这个能量量子称为声子。基于声子的色散关系,声子可分为光学声子和声学声子;基于其振荡与传播方向的关系,又可分为横向声子和纵向声子。晶体的光学声子与太赫兹波有较强的相互作用,在声子带附近,半导体晶体会表现出强烈的吸收特性,而在横光学声子和纵光学声子之间,晶体表现出高反射效率,称为剩余射线带。利用太赫兹反射光谱,可以测定晶体的剩余射线带,从而获取晶体的声子结构。

(6) 声子-自由载流子相互作用与太赫兹发射光谱

另外,还可以通过研究光激发的自由电子和晶体的光学声子相互作用发射太赫兹波的发射光谱来研究半导体的声子结构。在具有较低对称性的半导体材料中,由于激光脉冲的激发,会使电子-空穴等离子体的密度发生变化,这种变化会对晶格原子产生一个电场冲击。这一冲击会使晶格原子偏离原来的平衡位置,而在新的平衡位置附近进行振动。自由载流子分布的不均匀性会导致等离子体振荡和等离子体与声子耦合的展宽,从而使其对太赫兹波发射的贡献不明显,但不受载流子分布影响的声子振荡可以被观测到。一个有限区域激发的相干的声子将产生一个宏观的电偶极振荡,产生一个频率相当于晶体纵向光学声子能量的电磁辐射,体现在发射光谱中就是一个显著的发射峰,能够反映出晶体的声子结构。

1.2.2 强场太赫兹与物质的相互作用

当较高强度的激光与某些晶体发生作用时,会出现和频、差频等一系列的非线性现象,对于太赫兹同样如此。强场的太赫兹与某些物质相互作用,也同样会产生非线性效应。但是由于受到太赫兹源辐射能量的限制,世界范围内对太赫兹范围内的非线性效应研究得并不多,其内容也很复杂。

当太赫兹波照射到物质上时,振荡的电场和磁场将会驱动离子和电子产生极化,在通常情况下,这种极化是线性的。但当入射的太赫兹波强度足够高时,极化电场与太赫兹波电场的关系呈现出非线性关系:

$$P(E) = \varepsilon_0 \chi^{(1)} E + P^{nl} \qquad (1-16)$$

式中,P 表示电场 E 作用下的极化强度;第一项表示线性极化响应;P^{nl} 表示非线性极化响应,通常会有二阶甚至更高阶形式,对应不同的非线性效应。

与光学波段的非线性效应相比,太赫兹场振荡比光学辐射慢两个数量级,因此可以呈现出一些有趣的现象。一方面,太赫兹波可以直接驱动一些基本的低频运动包括分子旋转和晶格振动,这种共振相互作用可以有效控制物质;另一方面,强太赫兹场的作用甚至可以诱导能量比太赫兹光子能量大得多的激发,例如半导体中的电子-空穴对。这种非共振控制是可能的,因为强太赫兹场在同一方向上可以持续足够长的时间,使得受到太赫兹场加速的自由电子在 1 eV 尺度的能量下获得相当大的动能。或者在某些情况下,通过场电离释放束缚电子[11]。

利用强场太赫兹可以实现对粒子运动的控制,如:对晶格振动的控制、分子取向和旋转相干控制、对电子特性的影响等。强太赫兹场对于晶格振动的控制可以以钙钛矿型晶体为例,因为其拥有较高极化率和太赫兹频段的共振频率。钙钛矿中离子实的相对运动在较弱电场作用下,其势能与波矢的关系为抛物线形,导致谐振子响应,在一定频率时表现为共振吸收。而较强的太赫兹场会导致较强的振动,从而达到电位的非谐振部分。这导致晶格振动频率随波矢的增加而增加,这种效应可以直接在太赫兹透射光谱中观察到。如 2012 年报道的 $SrTiO_3$(STO)晶体的太赫兹透射谱在弱场和强场中出现了明显的差别,强场下透过谱显示出晶格振动频率增大[12]。

共振驱动晶体的晶格振动还可以对电子的一些特性进行控制,比如电导率。对于一些仅有部分填充 d 轨道的中心离子的钙钛矿晶体会形成复杂的相关电子相,如一些巨磁电阻材料和高温超导体。这些声子可以被高频太赫兹波(频率高于 15 THz)共振激发。并且由于晶格和电子自由度之间的耦合,可以观察到电导率的急剧瞬态变化[13,14]。

对于具有静态偶极矩的分子,强太赫兹场会诱导扭矩,从而触发分子的旋转。当线性刚性分子处于其旋转基态(由旋转角动量量子数 $J = 0$ 表示)时,与弱

太赫兹场的单一相互作用将引起向 $J=1$ 的跃迁(激发能量为 $\hbar\omega_{rot}$)。结果,该分子将处于两个 J 态的相干叠加中,导致基频 $\omega_{rot}/(2\pi)$ 的旋转。在室温下,太赫兹场将激发许多量子力学波函数 $|J>$ 和 $|J+1>$ 的叠加,从而以数倍的频率激发相干旋转 $(J+1)\omega_{rot}/(2\pi)$。在太赫兹脉冲结束时,分子偶极子的指向沿着由太赫兹场极化和时间相关的极性给出的方向。然而,由于旋转的频率不同,它们几乎立即异相,导致分子偶极子的净取向不能稳定存在。因为不同的旋转频率都是基频旋转频率的倍数,所以旋转都在一个周期 $2\pi/\omega_{rot}$ 之后返回相位,此时净分子偶极子取向在短暂的时间内重新出现。该过程以周期 $2\pi/\omega_{rot}$ 重复,并且在每次出现净分子偶极子时,都产生太赫兹辐射[15,16]。在强太赫兹场中,与分子偶极子的两个相互作用在状态 $|J>$、$|J+1>$、$|J+2>$ 之间产生相干叠加。这种非线性旋转响应不仅表现为分子偶极子的取向,而且表现在净分子排列上。这种响应以频率 ω_{rot}/π 重复并伴随着旋转能量的稳态增加。这种强太赫兹场引发的效应可以通过双折射效应观测到[17]。

强太赫兹场与物质相互作用的另一个应用是对铁磁体和反铁磁体自旋的控制。这是通过太赫兹波的磁场成分对磁偶极矩施加塞曼扭矩引起的。太赫兹对铁磁体的激励已经有三种不同方式实现:① 利用光电导开关在小线圈或带状线中激发出电流脉冲[18,19];② 使用通过光整流产生的自由空间太赫兹脉冲;③ 使用相对论电子束的磁场[20]。为了最大化塞曼扭矩,太赫兹磁场设定为与未受干扰的样品磁化相关。通过测量诱导的光学偏振旋转来表征磁光克尔效应,从而反映出强太赫兹场诱导的自旋动力学过程。对于反铁磁体的太赫兹自旋控制则更加具有挑战性。典型的反铁磁体 NiO 由两个具有相反磁化强度的自旋有序亚晶格组成,导致净磁矩为零。当快速外部磁场调制子晶格磁化时,这种抵消仍然有效。然而,当在磁共振中利用增强的自旋光耦合时,反铁磁体的太赫兹自旋控制仍然是可行的。据此,可以用强太赫兹场(40 mT 的峰值磁场)激发 NiO 晶体,并利用法拉第效应通过探针脉冲监测随后的自旋动力学[21]。或者也可以通过检测由进动旋转导致的太赫兹辐射来测量感应磁化调制。目前研究人员的关注点在于用任意的太赫兹脉冲序列和特定波形进行非线性旋转控制。

电子具有比离子大得多的电荷质量比,所以可以预期它们对强太赫兹脉冲表现出更明显的非线性响应。电子通常被定性地分为自由电子和束缚电子。如前节讨论所示:自由电子通常吸收位于以零频率为中心的频带内的辐射,这个所谓的 Drude 峰的宽度由电子碰撞率给出,并且可以容易地达到太赫兹范围。相反,弱束缚电子可能在太赫兹频率处表现出尖锐的吸收特征。利用强激光脉冲可以激发空气等离子体,在这种稀薄的热等离子体中存在着自由电子。自由电子从激发到弛豫的过程中,等离子体自发地发出荧光,荧光强度与自由电子数量有关。研究表明,荧光强度可以通过太赫兹加热的方法进行调制。外加太赫兹场可以驱动电子加速运动,但是当电子被诸如离子或中性的障碍物散射时,这一加速过程终止。碰撞使电子速度完全随机化,从而导致来自太赫兹场的能量耗散。这种太赫兹加热导致已经处于高度激发、几乎电离状态的空气分子电离,从而导致荧光产率的 ΔF 显著增加[22]。当在时间 τ 产生等离子体时,瞬时太赫兹场 $E(\tau)$ 在产生热量的时间间隔 $d\tau$ 上感应出电流 $j(\tau)$ 并在随后导致荧光产率的增加。因此,通过测量 ΔF 作为太赫兹和等离子体产生脉冲之间的延迟 τ 的函数,可以确定加热速率,进而获得太赫兹辐射的信息。这种基于空气的方法的独特优势在于它可用于测量远离荧光探测器的太赫兹辐射。

氢原子的重标对应物存在于许多半导体中,其形式为杂质(具有比主体半导体多一个价电子的原子)或激子(导电电子和空穴的束缚态)。由于周围的半导体基质部分地屏蔽了库仑相互作用,杂质和激子的电离能远小于氢原子的电离能(13.6 eV)。特别地,由于 s 型基态 $|0>$ 和 p 型激发态 $|1>$ 之间的能级差大约为 $10 \sim 100$ meV,该系统构成可以共振驱动的两级系统。最近的几项研究表明,通过适当定制的强太赫兹脉冲的共振激发,可以获得对杂质和激子的量子态的高水平控制。例如光子回波,它是两级系统集合的振荡偶极子的重新定相,这些偶极子都处于状态 $|0>$ 和 $|1>$ 的叠加。在最常见的半导体硅中观察磷杂质掺杂的影响,在实验中观察到了太赫兹波段光子回波,这是强场太赫兹控制的一个有效例子[23]。

强场太赫兹的应用还体现在非共振强场控制上。对于锗中的镓(结合能约为 $10 \mu V$),已经证明具有单周期太赫兹泵浦脉冲的半导体中杂质的场电离。在太赫兹激发后观察到的 $200\,\mu s$ 样品的太赫兹吸收如图 1-4 所示。

在消除太赫兹泵浦场时,观察到由杂质态之间的跃迁引起的吸收峰。然而,随着泵浦场的增加,这些峰消失,并且观察到宽的自由电子型吸收,反映出镓的杂质的场致电离和自由电荷载流子的产生[24]。通过场电离模型可以很好地再现实验结果。另外,当电子被拉出对应空穴的库仑场时,还会发生一个有趣的现象。当太赫兹场改变极性时,电子被加速与空穴结合。随后的电子-空穴碰撞导致高频电荷运动和宽带电磁脉冲的发射。由于这个过程受到强场太赫兹波的驱动周期性地发生,因此可以观察到太赫兹泵浦频率的高次谐波[25,26]。

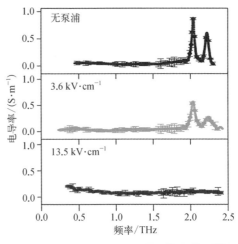

图 1-4
半导体杂质对太赫兹波的吸收

在 n 掺杂的 GaAs 中,强太赫兹场的加速度预期会引起有效质量的逐渐减小,导致能量增益高于 1 eV 时的负有效质量。晶格是周期性的,所以该过程周期性地进行,从而引起电子的振荡运动。然而,到目前为止,还没有观察到这些所谓的布洛赫振荡,这主要是因为传导电子的加速被速度随机化声子与声子的中断所打断。由于散射发生在远短于太赫兹场的半周期时间尺度上,仅达到一部分有质动力能量。尽管如此,在实验上仍有可能观察到太赫兹诱导的电子质量重整化。Kuehn 等[27]利用强太赫兹瞬态来加速 n-GaAs 中的电子,并通过检测样品重新发射的太赫兹场来确定瞬时电子电流。通过假设所有传导电子均匀地移动(没有散射),可以从数据中提取瞬时电子速度和能量。实验结果表明,电子覆盖了所有导带状态的很大一部分,包括具有负有效质量的状态。进一步研究 n 掺杂半导体中的电子加速度,使用大约 100 kV/cm 的太赫兹场反映出电子质量的各向异性[28]和传输引起的晶格运动[29]。

由强太赫兹场加速的电荷载流子也可以通过非线性散射将其他电子激发到更高的状态。这种碰撞电离甚至可能雪崩式地产生自由电子。在峰值电场约为

30 kV/cm 的太赫兹脉冲照射下,在窄间隙半导体 InSb(约 0.2 eV 的带隙[30])中观察到了冲击电离效应。随后使 100 kV/cm 太赫兹脉冲观察到显著增强的效果[31],在报道中自由载流子密度增加了 700% 达到 10^{16} cm^{-3}。太赫兹诱导的电子-空穴对也可以通过它们的发光来检测[32]。研究发现激子发光随着太赫兹强度的四次方增加,该结果意味着载流子由强电场相干地驱动,由此获得足够的动能以引发一系列碰撞电离,从而在皮秒的时间尺度上将载流子的数量增加约 3 个数量级。

1.3 太赫兹在空间中的准光传输特性

在太赫兹传输技术中,科学有效的传输线是保障计量准确可靠的关键因素。在微波频段,常用的传输线包括同轴线、微带线、鳍线和波导等。然而,随着频率的升高,尤其是在毫米波/太赫兹波频段,采用传统的单模传输线传输电磁信号时,会引起较大的功率损耗[33]。例如,采用标准波导 WR-4 传输 250 GHz 的电磁波束时,波导的衰减系数为 12 dB/m。准光传输方式即借鉴光学传输系统的设计思路,通过若干准光器件组成准光传输系统,利用金属反射面以及介质透镜等汇聚器件对电磁波束进行汇聚和引导,实现电磁波束在自由空间中的低损耗传输。相比于传统的波导传输方式,准光传输的主要优点包括功率损耗低、多极化传输和超宽带、承载功率高、结构紧凑等。因此,在毫米波/太赫兹波频段,实现电磁波束低损耗传输的理想方式为准光传输技术,例如,采用由"特氟龙"制成的介质透镜组成准光传输线传输 250 GHz 的信号时,功率损耗仅为 1.5 dB/m。

与传统无线电计量测试中波导传输技术的理论基础不同,高斯波束理论是准光传输技术的基础。基于高斯波束来描述太赫兹波传输特性时,类似于我们利用高斯光束来分析光波段的电磁波传播特性。而由于高斯波束具有发散性小、表示简单等优点,又进一步推动了准光系统的发展。因此,我们首先从高斯波束理论开始研究太赫兹准光传输技术。

相对平面波而言,高斯波束在横向上的幅度是变化的,符合高斯分布;而相对理想点源而言,高斯波束源的尺寸是有限大小的。基于近轴近似的假设,可以分析高斯波束的传播规律,在均匀介质中,电磁波的传播符合 Helmholtz 方程

$$\nabla^2 \psi + k^2 \psi = 0 \qquad (1-17)$$

式中 ψ 为电场分量。

当波束沿 z 向传输时,可表示为 $u(x, y, z)e^{ikz}$,代入 Helmholtz 方程后可以得到简约波动方程

$$\frac{\partial^2 u}{\partial x^2} + \frac{\partial^2 u}{\partial y^2} + \frac{\partial^2 u}{\partial z^2} - 2jk \frac{\partial u}{\partial z} = 0 \qquad (1-18)$$

由于在近轴近似条件下沿传播轴的变化相对横向的变化要小得多,所以可以将式(1-18)进一步简化,忽略其中的第三项,从而得到近轴波动方程。通过近轴波动方程得到的解为高斯波束模,是准光传输系统设计的基础。随着高斯波束发散角的增大近轴近似的误差也会随之增大,但是通常来说,在波束发散角为 30°以内的情况下都可以得到比较好的近似。因此,在准光传输线的设计中必须注意发散角的问题,进行合理近似。

在柱坐标系下,以 r 和 φ 分别表示传播距离与角坐标,近轴波动方程可表示为

$$\frac{\partial^2 u}{\partial r^2} + \frac{1}{r} \frac{\partial u}{\partial r} + \frac{1}{r} \frac{\partial^2 u}{\partial \varphi^2} - 2jk \frac{\partial u}{\partial z} = 0 \qquad (1-19)$$

在轴对称的情况下,可进一步将式(1-19)第三项简化掉。u 可以表示为 r 和 z 的函数

$$u(r, z) = A(z)\exp\left[\frac{-jkr^2}{2q(z)}\right] \qquad (1-20)$$

将式(1-20)代入近轴波动方程中,下标 a、b 分别表示实部和虚部,可以得到波束的形式为

$$\exp\left[\frac{-jkr^2}{2q}\right] = \exp\left[\left(\frac{-jkr^2}{2}\right)\left(\frac{1}{q}\right)_a - \left(\frac{kr^2}{2}\right)\left(\frac{1}{q}\right)_b\right] \qquad (1-21)$$

式(1-21)中第二项即为高斯分布的形式,将 $\left(\dfrac{1}{q}\right)_b$ 写成

$$\left(\frac{1}{q}\right)_b = \frac{2}{k\omega^2(z)} = \frac{\lambda}{\pi\omega^2} \tag{1-22}$$

式中,ω 为高斯波束半径,表示为

$$\omega = \omega_0 \left[1 + \left(\frac{\lambda z}{\pi\omega_0^2}\right)^2\right]^{0.5} \tag{1-23}$$

由高斯波束表达式可以得出,当 $z = 0$ 时,波束的半径最小,ω_0 为束腰大小。进一步可以得到,当 $r/\omega_0 \leqslant 1/\sqrt{2}$ 时,能量密度随 z 的增大而单调减小;当 $r/\omega_0 > 1/\sqrt{2}$ 时,对于固定的 r 会有一个相对能量的最大点,出现在以下位置

$$z = (\pi\omega_0^2/\lambda)\left[2(r/\omega_0)^2 - 1\right]^{0.5} \tag{1-24}$$

当高斯波束离开束腰位置后,波束半径会出现单调增大的情况。因此,在准光传输线的研制中必须控制波束的无限增长,并依据高斯波束理论合理设计准光传输线的各个元件,建立可靠的系统[34]。

基于高斯波束的理论分析,我们可以研制太赫兹准光传输器件和系统,通过设计太赫兹准光离轴抛物面反射镜、透镜、偏振器件等元件能够很好地实现自由空间太赫兹波的准光传输[35]。

离轴抛物面反射镜是目前应用极为广泛的太赫兹波聚焦与准直器件(图1-5),主要特点是反射层表面呈抛物面。为了提高器件的表面反射率,通常在反射面进行金属镀膜处理(如铝和金),反射率最高可以达到 99%。离轴抛物面镜的最大优点是能够在较宽的频谱区域内没有频谱畸变,并且没有球面差,因此十分适合宽谱波束的聚焦和准直。由于离轴抛物面反射镜对调校的敏感度很高,在实际应用中需要使用较高精度

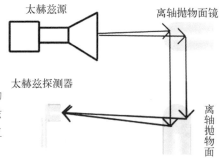

图1-5 利用离轴抛物面镜对太赫兹波束进行准直和聚焦

的调整装置,以避免引起预期之外的波束发散和其他准直问题。

另一类广泛应用的太赫兹聚焦和准直器件是太赫兹透镜(图1-6),太赫兹透镜的主要材料是聚乙烯、特氟龙或高阻硅,形状与光学透镜类似,可根据实际需要制作为凸-凸、平-凸等多种类型,应用于不同的使用条件,目前均已有商业成品。因为许多太赫兹透镜材料在太赫兹频段具有较大的折射率,所以会导致较大的反射损耗,导致透射率下降,需要通过外加抗反射涂层的方式削减损耗。

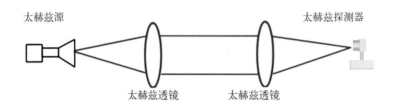

图1-6 利用太赫兹透镜对太赫兹波束进行准直和聚焦

太赫兹偏振器件由一系列线栅宽度为a、线栅周期为d的金属线栅构成(图1-7),通常由金属钨制成。当太赫兹波入射到偏振器上时,如果电场与线栅平行,线中的电子可以沿着线的方向自由移动,此时,绝大多数的入射波无法透过器件;如果电场方向与线栅方向垂直,太赫兹波则可以越过线栅,穿过偏执器。

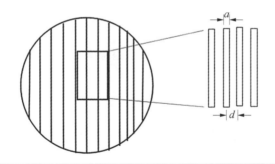

图1-7 太赫兹金属线栅偏振器

参考文献

[1] 蓝信钜,等.激光技术[M].3版.北京:科学出版社,2009.
[2] Kasap S O. Optoelectronics and Photonics:Principles and Practices[M]. 2nd ed.

Upper Saddle River: Prentice Hall, 2013.

[3] Powers P E. Fundamentals of Nonlinear Optics[M]. Boca Raton: CRC Press, 2011.

[4] Schmuttenmaer C A. Exploring dynamics in the far-infrared with terahertz spectroscopy[J]. Chemical Reviews, 2004, 104(4): 1759 - 1779.

[5] Matsuo H. Requirements on photon counting detector for terahertz interferometry [J]. Journal of Low Temperature Physics, 2012, 167(5 - 6): 840 - 845.

[6] Han P Y. Ultrahigh bandwidth terahertz spectroscopy and its application[D]. New York: Rensselaer Polytechnic Institute, 2000.

[7] Wang K, Mittleman D M. Metal wires for terahertz wave guiding[J]. Nature, 2004, 432(7015): 376 - 379.

[8] Kersting R, Unterrainer K, Strasser G, et al. Few-cycle THz emission from cold plasma oscillations[J]. Physical Review Letters, 1997, 79(16): 3038 - 3041.

[9] Huber R, Tauser F, Brodschelm A, et al. How many-particle interactions develop after ultrafast excitation of an electron-hole plasma[J]. Nature, 2001, 414(6861): 286 - 289.

[10] 许景周, 张希成. 太赫兹科学技术和应用[M]. 北京: 北京大学出版社, 2007.

[11] Kampfrath T, Tanaka K, Nelson K A. Resonant and nonresonant control over matter and light by intense terahertz transients[J]. Nature Photonics, 2013, 7(9): 680 - 690.

[12] Katayama I, Aoki H, Takeda J, et al. Ferroelectric soft mode in a $SrTiO_3$ thin film impulsively driven to the anharmonic regime using intense picosecond terahertz pulses[J]. Physical Review Letters, 2012, 108(9): 097401.

[13] Fausti D, Tobey R I, Dean N, et al. Light-induced superconductivity in a stripe-ordered cuprate[J]. Science, 2011, 331(6014): 189 - 191.

[14] Caviglia A D, Scherwitzl R, Popovich P, et al. Ultrafast strain engineering in complex oxide heterostructures [J]. Physical Review Letters, 2012, 108 (13): 136801.

[15] Harde H, Keiding S R, Grischkowsky D. THz commensurate echoes: periodic rephasing of molecular transitions in free-induction decay[J]. Physical Review Letters, 1991, 66(14): 1834 - 1837.

[16] Bigourd D, Mouret G, Cuisset A, et al. Rotational spectroscopy and dynamics of carbonyl sulphide studied by terahertz free induction decays signals[J]. Optics Communications, 2008, 281(11): 3111 - 3119.

[17] Fleischer S, Zhou Y, Field R W, et al. Molecular orientation and alignment by intense single-cycle THz pulses[J]. Physical Review Letters, 2011, 107 (16): 163603.

[18] Hiebert W K, Stankiewicz A, Freeman M R. Direct observation of magnetic relaxation in a small permalloy disk by time-resolved scanning Kerr microscopy[J]. Physical Review Letters, 1997, 79(6): 1134 - 1137.

[19] Wang Z, Pietz M, Walowski J, et al. Spin dynamics triggered by subterahertz magnetic field pulses[J]. Applied Physics,2008,103:123905.

[20] Back C H, Weller D, Heidmann J, et al. Magnetization reversal in ultrashort magnetic field pulses[J]. Physical Review Letters, 1998, 81(15):3251-3254.

[21] Kampfrath T, Sell A, Klatt G, et al. Coherent terahertz control of antiferromagnetic spin waves[J]. Nature Photonics, 2011, 5(1):31-34.

[22] Liu J, Zhang X C. Terahertz-radiation-enhanced emission of fluorescence from gas plasma[J]. Physical Review Letters, 2009, 103(23):235002.

[23] Greenland P T, Lynch S A, van der Meer A F G, et al. Coherent control of Rydberg states in silicon[J]. Nature, 2010, 465(7301):1057-1061.

[24] Mukai Y, Hirori H, Tanaka K. Electric field ionization of gallium acceptors in germanium induced by single-cycle terahertz pulses[J]. Physical Review B, 2013, 87(20):201202(R).

[25] Zaks B, Liu R B, Sherwin M S. Experimental observation of electron-hole recollisions[J]. Nature, 2012, 483(7391):580-583.

[26] Zaks B, Banks H, Sherwin M S. High-order sideband generation in bulk GaAs[J]. Applied Physics Letters, 2013, 102(1):012104-012107.

[27] Kuehn W, Gaal P, Reimann K, et al. Coherent ballistic motion of electrons in a periodic potential[J]. Physical Review Letters, 2010,104(14):146602.

[28] Blanchard F, Golde D, Su F H, et al. Effective mass anisotropy of hot electrons in nonparabolic conduction bands of n-doped InGaAs films using ultrafast terahertz pump-probe techniques[J]. Physical Review Letters, 2011, 107(10):107401.

[29] Bowlan P, Kuehn W, Reimann K, et al. High-field transport in an electron-hole plasma: transition from ballistic to drift motion[J]. Physical Review Letters, 2011, 107(25):256602.

[30] Wen H, Wiczer M, Lindenberg A M. Ultrafast electron cascades in semiconductors driven by intense femtosecond terahertz pulses[J]. Physical Review B, 2008, 78 (12):125203.

[31] Hoffmann M C, Hebling J, Hwang H Y, et al. Impact ionization in InSb probed by terahertz pump-terahertz probe spectroscopy[J]. Physical Review B, 2009,79(16):161201(R).

[32] Liu J, Kaur G, Zhang X C. Photoluminescence quenching dynamics in cadmium telluride and gallium arsenide induced by ultrashort terahertz pulse[J]. Applied Physics Letters, 2010,97(11):111103.

[33] 俞俊生,陈晓东.毫米波与亚毫米波准光技术[M].北京:北京邮电大学出版社,2010.

[34] [美] Yun-Shik Lee.太赫兹科学与技术原理[M].崔万照,等译.北京:国防工业出版社,2012.

[35] 石凡,年丰.自由空间太赫兹波准光传输技术研究[C].//2013 无线电、电离辐射计量与测试学术交流会论文集.北京无线电计量测试研究所,2013:277-282.

2

太赫兹波段非线性晶体

非线性光学晶体是非线性光学频率变换技术的核心材料,非线性频率变换技术诸如光整流、和频、倍频、差频、光学参量振荡、光学参量产生以及光学参量放大等均需要通过合适的非线性光学晶体实现。根据要实现的频率变换波长范围和频率变换条件等因素,需要在合适的非线性晶体中实现相位匹配,这就需要对晶体的色散特性、阈值特性以及加工特性等问题具有模型支持,在光学方法产生太赫兹波范围内,多种无机和有机非线性光学晶体已实现基于非线性光学频率变换的方式产生了太赫兹波。无机晶体与有机晶体按照构成晶体的分子分类,两者各有优势。无机晶体生长技术较为成熟,晶体光学质量较好,晶体生长尺寸较大,易于加工;有机晶体目前的生长制备加工方法尚在研究之中,与无机晶体相比,有机晶体尺寸较小,光学质量差,但是凭借其出色的非线性光学性质,也在光学方法产生太赫兹波领域占有重要的地位。无机晶体如 $LiNbO_3$ 晶体、KTP 晶体、KTA 晶体以及 KDP 晶体主要应用于太赫兹光整流以及太赫兹参量振荡器产生太赫兹波,GaAs 晶体、GaSe 晶体以及 $ZnGeP_2$ 晶体主要应用于差频方法产生太赫兹波。有机晶体主要应用于光整流和差频方式产生超宽带太赫兹波。

2.1 无机非线性光学晶体

2.1.1 $LiNbO_3$ 晶体

铌酸锂($LiNbO_3$)晶体是类似钙铁矿型结构的晶体,简称 LN 晶体。$LiNbO_3$ 晶体的离子基团都是由(NbO_6)八面体所构成的,相邻的八面体有共同的顶点,垂直于三重轴的氧八面体呈六边形排列。Nb 和 Li 分别填充在这些八面体中,Nb 和 Li 是相间隔进行填充的,包围着 Nb 的三个氧八面体和包围着 Li 的三个氧八面体分别形成正三角形的位置[1]。$LiNbO_3$ 晶体属于负单轴晶体,三方晶系,$R3c$ 空间群,$3m$(C_{3v})点群,晶胞参数 $a = 5.148\text{Å}$,$c = 13.863\text{Å}$,密度为 4.64 g/cm^3,不易潮解,居里温度为 1 150~1 230℃,是目前已知具有最高居里温度的铁电体材料,表现出良好的光学性能和化学性能。$LiNbO_3$ 晶体的二阶非线

性光学系数 $d_{33}=34.4\ \text{pm/V}$，是 KDP 晶体的 86 倍，透光区域为 $0.33\sim5.5\ \mu\text{m}$，且在可见光和近红外区的双折射效应比较大（$\Delta n=n_\text{o}-n_\text{e}>0.07$），因此有利于在非线性频率变换过程中实现双折射相位匹配[2,3]。当 LiNbO$_3$ 晶体为铁电相时，它的每个原胞中含有 2 个分子（共 10 个原子），因此每个原胞有 30 个振动自由度，晶体中就有 30 个振动模，其中 3 个为声学波，27 个为光学波[4,5]。其中光学波按群论对称性可分为：$4A_1(z)+9E(x)+9E(y)+5A_2$，这里的 A_1、A_2、E 均为点群的不可约表示符号，其中 E 对称振动模是双重简并的，括号中的 x，y，z 代表极化强度的方向。27 个光学波中有 22 个光学波（A_1 和 E 对称振动模）是同时红外活性和拉曼活性的，剩下的 5 个 A_2 对称振动模是非红外和非拉曼活性的。E 对称振动模的极化强度垂直于光轴，A_1 对称振动模的极化强度平行于光轴。LiNbO$_3$ 晶体是一类特殊的非化学计量比一致的熔融晶体，从图 2-1 中[6]，我们可以看出 LiNbO$_3$ 晶体一个很大的特点是同成分点与化学计量比点并不重合。同成分点也称为一致熔融点，在该点处生长晶体时，晶体中的铌锂比和熔体中的铌锂比正好相等。该铌锂比中锂的摩尔分数大约为 $48.38\%\sim48.6\%$[7,8]，这种晶体称为同成分铌酸锂晶体，简称CLN。这种晶体的缺陷比较多，极大地限制了其在光学领域的应用。为了克服这一缺陷，人们开始改变晶体中的铌酸锂比例，当晶体中的铌和锂相同时，在化学计量比上铌锂比满足 1∶1，这种晶体称

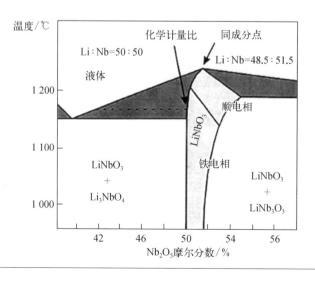

图 2-1
Li$_2$O - Nb$_2$O$_5$ 铌酸锂相图[6]

为近化学计量比铌酸锂晶体,简称SLN。当铌锂比为1∶1时,就不会存在空位现象,其中铌离子也不会跑到锂离子空位中去,造成铌空位、锂空位、反位铌等本征缺陷。可以说相比于CLN,SLN出现的缺陷会变少,而且其共振模式线宽更窄,电光系数、非线性系数等光学性能有小幅度提高[9]。但是,SLN偏离了同成分点,晶体中的铌锂比和熔体中的铌锂比不同,造成熔体中的铌锂比将不断变化,从而导致晶体中的铌锂比也处在变化之中,如果偏离太过严重甚至会出现组分偏析的现象,所以SLN晶体较难生长。

总体来说,$LiNbO_3$晶体是一种具有多种优异非线性光学性能的多功能材料,凭借其在电光、声光、光折变、激光活性和非线性光学等方面的优良特性,它在和频、倍频、电光调制、光波导和非线性频率变换等方面都有着非常广阔的应用前景和实用价值。

$LiNbO_3$晶体具有很好的色散性能,在$0.4\sim4~\mu m$内,其色散方程可以表示为[10]

$$n_o^2 = 4.904\,8 + \frac{0.117\,68}{\lambda^2 - 0.047\,50} - 0.027\,169\lambda^2 \qquad (2-1)$$

$$n_e^2 = 4.582\,0 + \frac{0.099\,169}{\lambda^2 - 0.044\,43} - 0.021\,95\lambda^2 \qquad (2-2)$$

式中,波长的单位为μm。铌酸锂晶体的非线性光学系数张量为[11]

$$d = \begin{pmatrix} 0 & 0 & 0 & 0 & d_{31} & -d_{22} \\ -d_{22} & d_{22} & 0 & d_{31} & 0 & 0 \\ d_{31} & d_{31} & d_{33} & 0 & 0 & 0 \end{pmatrix} \qquad (2-3)$$

晶体生长其实是一个从固相(多晶)熔化变为液相(熔体),再结晶为固相(单晶)铌的相变过程。目前来说,$LiNbO_3$晶体生长方法主要分为提拉法、导模法和坩埚下降法。

(1)提拉法[12,13]

提拉法是一种实用性很强的晶体生长方法,目前也是$LiNbO_3$晶体最常用的生长方法之一。提拉法的主要过程如下:先把高纯度的晶体原料放入坩埚中,然后将坩埚转移到高温装置中进行加热,使晶体原料熔化,下降$LiNbO_3$籽晶接触液面,然后调节温度,使熔体在籽晶上定向结晶,随着籽晶进行缓慢上拉,这时新的晶体就会在籽晶上不断长大,直到晶体长到所需要的尺寸,然后将温度缓慢降低到室温下,将晶体取出即可。

（2）导模法[14]

导模法是进行 LiNbO$_3$ 晶体生长的另外一种方法,尤其是如果需要片状 LiNbO$_3$ 晶体时。导模法是将留有毛细管狭缝的模具放在熔体中,熔液借毛细作用上升到模具顶部,形成一层薄膜并向四周扩散,同时受种晶诱导结晶,模具顶部的边缘可控制晶体呈片状、管状进行生长。虽然导模法生长的 LiNbO$_3$ 晶体不是很大,但是这种方法可以生成组分均匀的晶体,这是因为模具的毛细渠道中对流极弱,界面排除的过剩杂质仅能通过扩散到熔体主体中运动,但模具的毛细渠道中熔体的流速较快,这些杂质难以回到坩埚,这样晶体的溶质浓度将达到熔体主体的浓度,即杂质的分凝系数接近 1。

（3）坩埚下降法[15]

坩埚下降法也是常用的生长 LiNbO$_3$ 晶体的一种方法。坩埚下降法的生长炉中会设计成具有一定的温度梯度,装有 LiNbO$_3$ 原料的坩埚先放在高温区进行升温,等原料熔化之后,再将坩埚缓慢地移动到低温区,在坩埚从高温区到低温区移动的过程中,晶体会逐渐结晶,生长成大块单晶。这种方法可以将熔体完全密封在坩埚中,对某些挥发性材料起到很好的抑制作用,而且生长炉中可以同时放置多个坩埚,多个晶体可以同时生长,从而提高生长效率。

为了消除晶体中的残余应力、提高晶体的光学均匀性能,LiNbO$_3$ 晶体在生长结束后需要进行高温退火过程,但这一过程需要缓慢进行,由于 LiNbO$_3$ 晶体的生长是在具有温度梯度的环境中,因而生长的晶体内存在热应力,晶体的内部还存在杂质作用的化学应力及组分不均匀和结构缺陷造成的结构应力,经过退火后可以全部或者部分消除这些应力,一般退火时间控制在 80～100 h,研究表明经过适当的退火处理,晶体在长度方向上的光学均匀性可以提高 10 倍以上。同时由于原生的同成分 LiNbO$_3$ 晶体为多畴结构,因此需要在居里温度附近使晶体单畴化。目前,采用的技术主要是将晶体放入极化炉中,极化的方法是将晶体切头去尾,将压实烧结的 LiNbO$_3$ 陶瓷片与之良好接触,再接上铂电极片进行极化。

2.1.2 MgO：LiNbO₃晶体

由于 LiNbO₃晶体易产生光损伤(光折变)即低的激光损伤阈值,限制了其在许多光学器件中的应用。为了提高 LiNbO₃晶体的激光损伤阈值,经常会在晶体中掺杂抗光损伤杂质 Mg。将 5.5%(摩尔分数)的 MgO 掺入 LiNbO₃晶体后,生长出来的 MgO：LiNbO₃晶体的抗光折变能力提高约两个数量级[16],其主要机制为:当镁离子掺杂到 LiNbO₃晶体中后,镁离子会取代正常晶格的铌离子,当掺杂镁的量超过阈值时,晶体中的反位铌离子会重新回到铌位,而作为光折变受主的杂质离子的晶格占位也由锂位变成铌位,从而失去光折变受主的能力,导致光电导性能显著提高[17]。单相区内 MgO：LiNbO₃晶体仍然为三方晶系,$R3c$ 空间群,掺杂镁后其晶格常数会有微小的变化,一般变化范围仅几个皮米量级。用这种晶体制成的倍频器在能量转换效率和相位匹配温度方面有大幅度提高,用于连续泵浦的 Nd：YAG 声光调 Q 的腔内倍频时,可以获得高功率输出。掺杂不同量的镁时 LiNbO₃晶体的居里温度有着明显的变化,在掺杂量达到 4%以前,居里温度增加较快;在 6%时达到最高,约为 1 218℃;继续加入镁,其居里温度会有一个小幅度的下降,9%时温度下降到 1 215℃。

MgO：LiNbO₃晶体在红外区域具有良好的光学性能,其色散方程可以表示为[18]

$$n_o^2 = 4.913\,0 + \frac{1.173 \times 10^5 + 1.65 \times 10^{-2} T^2}{\lambda^2 - (2.12 \times 10^2 + 2.7 \times 10^{-5} T^2)} - 2.78 \times 10^{-8} \lambda^2 \quad (2-4)$$

$$n_e^2 = A + 2.605 \times 10^{-7} T^2 + \frac{0.97 \times 10^5 + 2.7 \times 10^{-2} T^2}{\lambda^2 - (2.01 \times 10^2 + 5.4 \times 10^{-5} T^2)} - 2.24 \times 10^{-8} \lambda^2$$

$$(2-5)$$

式中,T 的单位为 K;A 的单位为 nm。方程对波长范围在 400~4 000 nm 成立。在不同的温度下,对 n_e^2 进行抛物线拟合,得到经验公式:

$$A = 4.566\,7 - 2.143\,2 \times 10^{-4} T_c - 4.07 \times 10^{-7} T_c^2 \quad (2-6)$$

式中,T_c 为晶体温度。

MgO：LiNbO₃晶体的生长方法与 LiNbO₃晶体相同,可以采用提拉法、导模法和坩埚下降法等进行生长。上文中已经对这三类方法进行了详细描述,这里就不再赘述。

2.1.3 KTP 晶体

磷酸钛氧钾(KTiOPO₄)晶体是一种性能优良的非线性光学晶体材料,简称 KTP 晶体。KTP 晶体的结构骨架是由畸变的 TiO_6 八面体和 PO_4 四面体在三维空间中交替连接成螺旋链状为特征而构成的[19]。晶体结构中的每个单胞含有两组不等效的 KTP 分子,分子数 $Z=8$,每两个不等效的 KTP 分子组成一个结构单元,单胞中共有 4 个非对称结构单元,每一个结构单元中的 K、Ti、O、P 等 4 种不同原子均处于所属空间群的一般等效点位置,每一个晶胞中均含有 2 个不等效的 K 格位[K(1), K(2)],Ti 格位[Ti(1), Ti(2)],P 格位[P(1), P(2)]和 10 个不等效的 O 格位[O(1), O(2), …, O(9), O(10)],这样一来,在 KTP 晶胞中有可能被其他原子所取代的不等效格位数目有 16 种之多,这种变化多样的结构场会导致 KTP 晶体的结构多样性。KTP 晶体属于正光性双轴晶体,斜方晶系,点群为 $mm2(C_{2v})$,空间群为 $Pna2_1$,晶胞参数:$a=1.280\ 4$ nm,$b=0.640\ 4$ nm,$c=1.061\ 6$ nm,透明波段为 $0.35\sim4.5\ \mu m$。KTP 晶体有较大的二阶非线性系数 $[d_{33}(1\ 064\ nm)=13.7\ pm/V]$ 和电光系数($\gamma=36.3\ pm/V$,低频情况下),化学性能稳定,能在较宽的波长范围和室温下实现相位匹配,在激光倍频、差频、光参量振荡、电光调制、光开关和光波导方面有着广泛的应用价值[20]。

KTP 晶体的色散方程可以表示为

$$n_x^2 = 2.997\ 1 + \frac{0.041\ 03}{\lambda^2 - 0.038\ 368} - 0.012\ 568\lambda^2 \qquad (2-7)$$

$$n_y^2 = 3.019\ 7 + \frac{0.044\ 09}{\lambda^2 - 0.042\ 035} - 0.012\ 046\lambda^2 \qquad (2-8)$$

$$n_z^2 = 3.305\ 5 + \frac{0.063\ 289}{\lambda^2 - 0.044\ 783} - 0.013\ 987\lambda^2 \qquad (2-9)$$

式中,波长 λ 的单位为 μm。

目前,制备 KTP 晶体的技术都比较成熟,其主要生长方法有以下两种。

(1) 水热法[21,22]

水热法是一种在高温、高压下的过饱和水溶液中进行结晶的方法。水热法生长的 KTP 晶体要在 160 MPa、600℃的高压釜中进行。但由于生长条件苛刻、高压釜内径不能设计得很大,且生成态 KTP 晶体中还包含籽晶,所以水热法生长的晶体尺寸小、可利用率低、产品成本高。尽管水热法生长的 KTP 晶体质量好、激光损伤阈值高(GW/cm² 级)、电导率低,但因为生产成本高、生长条件苛刻、对生长设备要求很高且 KTP 晶体的尺寸受反应釜的限制,还是难以进行批量生产。

(2) 熔盐法[23]

熔盐法也称助熔剂法,是目前 KTP 晶体生长最常用的一种方法。其主要过程是将不同成分的化学原料按一定比例配比,在高温下生成 KTP 和助熔剂成分。KTP 晶体原成分在远低于熔点的温度下溶解于助熔剂中,形成均一、稳定的高温溶液,通过缓慢降温形成过饱和溶液,过饱和度驱动溶质缓慢析出、结晶生长。普通熔盐法又分为两种:籽晶浸没法和顶部籽晶法。籽晶浸没法是把 KTP 籽晶浸没到熔体中进行生长,故长出的 KTP 晶体中包含籽晶,且生成态 KTP 晶体是双晶,利用率相对较低;顶部籽晶法的籽晶仅与熔体表面接触,长出的 KTP 晶体中不含籽晶,且生成态 KTP 晶体是单晶,晶体的利用率最高。与水热法相比,普通熔盐法是在大气中生长,坩埚可以设计得很大,所以晶体可以生长得很大,成本低,但缺点是生成态 KTP 晶体的激光损伤阈值(600~800 MW/cm²)比水热法生长出来的 KTP 晶体低、电导率[10^{-7}~10^{-6}/(Ω·cm)]①大。

在饱和溶液中生长 KTP 晶体,目前采用的主要溶剂为磷酸钾盐溶液,这种溶剂的优点在于其溶解能力强,KTP 在 760~1 000℃内是唯一的稳定相,熔点低而沸点高,溶剂中不存在与 KTP 成分不同的离子,避免了不同溶剂离子进入晶体;但不足的是该溶剂由于磷酸盐的聚合使其黏度变大,而且黏度随着温度变化较快,这就给提高晶体的生长速度和减少晶体缺陷带来了一定的困难。从

---

① 1/(Ω·cm)=10^2 S/m。

KTP-磷酸钾盐溶液体系生长出来的 KTP 晶体,其生长外形如图 2-2 所示[24]。

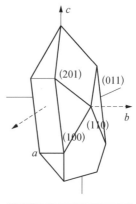

图 2-2
KTP 晶体的生长外形[24]

从图 2-2 中可以看出,KTP 晶体的外形是由 6 个四种类型的单形:$\{100\}$、$\{201\}$、$\{01\bar{1}\}$、$\{20\bar{1}\}$、$\{011\}$ 和 $\{110\}$ 相聚合而成的聚合体,其中 $\{100\}$ 为平行双面,$\{201\}$ 和 $\{20\bar{1}\}$ 为反映双面,$\{011\}$ 和 $\{01\bar{1}\}$ 为轴双面,$\{110\}$ 为斜方柱单形,但是采用不同的溶剂时其生长出晶体的外形也不同。

2.1.4 KTA 晶体

和 KTP 晶体一样,砷酸钛氧钾($KTiOAsO_4$)晶体也是一种优良的非线性光学晶体。它是将 KTP 晶体结构中 PO_4 四面体基团全部为 AsO_4 四面体基团所替代,就变成了 KTA 晶体[25]。KTA 结构和 KTP 结构相同,属于斜方晶系,正光性双轴晶体,点群为 $mm2$,空间群为 $Pna2_1$,晶胞参数:$a = 1.312\ 5$ nm,$b = 0.656$ nm,$c = 1.078\ 6$ nm,$Z = 8$,居里温度为 880℃,透明波段为 $0.35 \sim 5.5\ \mu m$。在 1 064 nm 附近具有较小的吸收系数 ($\alpha < 0.001\ cm^{-1}$) 和较大的电光系数 $[\gamma_{33} = (40 \pm 1)\ pm/V]$。KTA 晶体的有效 SHG(倍频)系数约为 KTP 晶体的 1.6 倍,因为 PO_4 四面体与 AsO_4 四面体相比,AsO_4 四面体畸变较大,这就是 KTA 晶体二阶非线性系数增大的主要原因[26]。

KTA 晶体的色散方程可以表示为

$$n_x^2 = 5.555\ 52 + \frac{0.047\ 03}{\lambda^2 - 0.040\ 30} - \frac{602.973\ 4}{\lambda^2 - 249.680\ 6} \qquad (2-10)$$

$$n_y^2 = 5.701\ 74 + \frac{0.048\ 37}{\lambda^2 - 0.047\ 06} - \frac{647.903\ 5}{\lambda^2 - 254.772\ 7} \qquad (2-11)$$

$$n_z^2 = 6.983\ 62 + \frac{0.066\ 44}{\lambda^2 - 0.052\ 79} - \frac{920.378\ 9}{\lambda^2 - 259.864\ 5} \qquad (2-12)$$

式中,波长的单位为 μm。

KTA 晶体也可采用高温溶液法进行生长,其生长方法和 KTP 晶体相似,所

使用的溶液为 $K_5As_3O_{10}$、$K_6As_4O_{13}$ 和 $K_4As_2O_7 - K_2WO_4 - AS_2O_8$ 混合溶剂体系。同时也可以使用水热法进行生长,其所用的矿化剂为 KH_2AsO_4 和 KOH 的混合溶剂。

2.1.5 KDP 晶体

磷酸二氢钾(KH_2PO_3)晶体,简称 KDP 晶体,是一种具有优良性能的非线性光学材料。KDP 晶体内部的化学键以离子键为主,混有氢键和共价键,通常被认作由 $[H_2PO_4]^-$ 和 K^+ 组成的离子型晶体。在其结构中,P 原子和 O 原子之间存在着强烈的极化作用,并以共价键结合成 PO_4 基团,每个 P 原子被位于近似正四面体顶角的 4 个 O 原子所包围。每个晶体单胞有 4 个分子,分别由 2 套互相穿插的 PO_4 四面体体心格子和 2 套互相穿插的 K^+ 体心格子组成,这 2 类格子互相沿 c 轴移开 $\frac{1}{2}c_0$,每个 PO_4 四面体的 O 通过氢键与相邻的 4 个 PO_4 四面体基团中的一个临近的 O 连接,所有的氢键几乎都和 c 轴垂直。在每个氢键中,H 原子并不处在两个 O 原子联结的正中间,而是有两个平衡位置,一个位置接近所考虑的 PO_4 基团,另一个位置则离它较远。PO_4 基团不仅彼此被氧键连接成三维骨架型氢键体系,而且也被 K 原子联系着,每个 K 原子周围有 8 个临近的 O 原子,这 8 个相邻的 O 原子可分为相互穿插的 2 个 PO_4 四面体,其中一个比较陡峭的四面体顶角与位于 K 原子上方和下方的 PO_4 四面体共用 H 原子,另一个比较平坦的四面体则和 K 原子处在同一(001)面内的四面体共顶角[27]。KDP 属于四方晶系,点群为 $\overline{4}2m(D_{2d})$,空间群为 $I\overline{4}2d(D_{2d}^{12})$,晶胞参数为 $a = b = 0.745\,3$ nm, $c = 0.697\,5$ nm, $Z = 4$ [28]。KDP 晶体非线性系数大 $[d_{36}(1\,064\ \text{nm}) = 0.46 \times 10^{-12}\ \text{pm/V}]$,电光系数大($\gamma_{63}^T = 10.5$ pm/V),损伤阈值高,吸收系数小($\alpha = 0.001\,8\ \text{cm}^{-1}$),可应用于电光调制、倍频、差频和光参量振荡等非线性效应。

KDP 晶体的色散方程一般表示为[29]

$$n^2 = A + \frac{B\lambda^2}{\lambda^2 - C} + \frac{D\lambda^2}{\lambda^2 - 30} \qquad (2 - 13)$$

式中,波长 λ 的单位为 μm;系数 A、B、C、D 与温度有关,呈线性关系用公式表

示为

$$X = mT + q \qquad (2-14)$$

式中,X 分别表示系数 A、B、C、D;T 为热力学温度;系数 m 与 q 的关系由表 2-1 给出:

表 2-1
KDP 晶体的 m、q 参数[29]

		A	B	C	D
n_o	$m \times 10^{-3}$	0.031 9	-0.141 1	-0.000 2	0.000 6
	q	1.449 0	0.841 8	0.012 8	0.907 9
n_e	$m \times 10^{-3}$	-0.001 2	-0.061 4	0.000 3	-0.000 2
	q	1.426 9	0.727 2	0.012 1	0.225 43

注:n_o 代表寻常光;n_e 代表非寻常光。

KDP 晶体主要是从水溶液中生长而来,其晶体生长的主要驱动力为溶液的过饱和度。KDP 晶体在水溶液中的溶解度和温度系数都比较大,且溶液的准稳定区间也宽,因此 KDP 晶体生长主要在水溶液中完成,其主要生长方法为传统降温法和点籽晶快速生长法。

(1)传统降温法[30]

传统降温法是通过溶液的缓慢降温获得晶体生长所需的驱动力来进行晶体的生长。该方法比较简单,首先将 KDP 溶液进行加热,蒸发溶剂成饱和溶液,此时降低热饱和溶液的温度,溶解度随温度变化较大的溶质就会呈晶体析出,通过结晶生长出 KDP 晶体。这种生长方法的装置比较简单、溶液稳定性高,可以进行高质量、大尺寸的 KDP 晶体的制备,其缺点是其晶体的生长速度慢、生长周期长。

(2)点籽晶快速生长法[31]

点籽晶快速生长法是在较高过饱和度和较高温度下使晶体锥柱面同时快速生长的方法。由于籽晶的面积较小,从而减小了晶体的生长恢复区域,相比传统降温法生长的晶体其生长速度快,可达 10~20 mm/d,利用率高。但是点籽晶快速生长法所需的过饱和度较高,增加了控制溶液稳定性的难度,若控制不好超出亚稳区范围,容易出现杂晶现象,导致晶体生长失败的概率大大增加。此外,

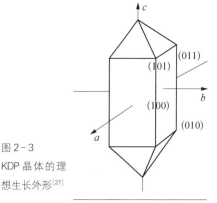

图 2-3
KDP 晶体的理
想生长外形[27]

该方法容易导致晶体中包藏数量增大、扇形界产生等问题。

KDP 晶体的理想生长外形为一个四方柱单形与上下四对板面相聚合而成,具有简单的结晶习性,如图 2-3 所示[27]。

这种晶体具有高度对称性,而且外形的生长比较简单,因此 KDP 晶体容易加工,能更有效地应用于非线性频率变换技术。具有 KDP 晶体结构型的晶体,统称为 KDP 型晶体,化学通式可写为 AH_2BO_4, $A=NH_4^+$, K^+, $Cs^+\cdots$; $B=P$, $As\cdots$ 原子。 KDP 型晶体是一类十分重要的多功能晶体材料,其 A、B 原子的不同会使得不同类型的 KDP 晶体性质也不同。

2.1.6 GaAs 晶体

GaAs 晶体材料为光学各向同性Ⅲ-Ⅴ族半导体化合物,具有较高的电子迁移率,光电性能优良,广泛应用于制造微波器件、红外光电器件以及太阳能电池。GaAs 晶体结构为立方闪锌矿结构,每个 As 原子周围都有 4 个 Ga 原子,而每个 Ga 原子周围又有 4 个 As 原子,彼此均为正四面体结构[32]。GaAs 的禁带宽度为 1.42 eV,是一种直接带隙半导体材料,在常温、常压下较稳定,当温度达到 600℃时,发生氧化反应,表面覆盖成分为 Ga_2O_3 的氧化膜。常温下,GaAs 不溶于盐酸和硫酸,但可以与浓硝酸发生反应产生气泡;在碱性溶液中也很稳定;与卤族元素反应非常剧烈,可溶于卤族元素的有机溶剂中。GaAs 的透光波段宽为 0.9~17 μm,具有非常大的二阶非线性系数 $d_{14}=94$ pm/V($4\ \mu m$ 附近),是铌酸锂晶体的 5 倍。品质因数约为周期极化铌酸锂(Periodically Poled Lithium Niobate,PPLN)的 8 倍,机械特性良好、热导率高、电子迁移率较高、饱和漂移速度高、介电常数小、耐高温、半绝缘性能好[33~35]。GaAs 是各向同性晶体,无法通过双折射实现相位匹配,利用两束近红外或中远红外激光通过共线相位匹配方式,在 GaAs 晶体中差频产生太赫兹辐射及可调谐输出,此时通过合适的准相位匹配方法,实现太赫兹的输出。

根据生长方式的不同,传统的 GaAs 单晶生长方法有水平生长和垂直生长两种方式。水平生长包括水平布里奇曼法(HB)和水平梯度凝固法(HGF);垂直生长包括液封直拉法(LEC)和垂直布里奇曼法(VB)等。

（1）水平布里奇曼法[36]

水平布里奇曼法的生长装置中具有三个不同的温度区间,分为高温区、中温区和低温区,其中温区为温度缓冲区,主要目的是可以在高温区和低温区之间形成一个扩散势垒,在高温区的一端放有石英舟,石英舟则是多晶 GaAs,在低温区的另一端放有 As,中间是扩散壁。反应开始后,首先多晶 GaAs 在高温区内充分熔化,在中温区内降温,在与籽晶的界面处开始结晶,制备出单晶 GaAs。

（2）水平梯度凝固法[37]

水平梯度凝固法与水平布里奇曼法的生长系统类似,只是在高、中温区使用多段加热装置,这样可以使得在加热炉与反应管位置不变动的情况下,完成单晶 GaAs 的生长。

（3）液封直拉法[38]

液封直拉法是在坩埚中进行 GaAs 晶体生长。坩埚一般使用热解氮化硼(PBN)坩埚,在其中放入一定化学计量比的 Ga 和 As 以及覆盖剂(B_2O_3),坩埚的正上方为可以旋转的籽晶杆,下边连接籽晶,坩埚托的下边是可以旋转的坩埚杆。生长开始时,首先升温,使 Ga 和 As 反应生成多晶,继续升温后 GaAs 多晶变为熔融态,此时籽晶杆与坩埚杆反向旋转,下降籽晶杆,使得籽晶与熔融态的 GaAs 多晶相接触,调节温度,使得在 GaAs 籽晶处结晶生长,随后以一定的速度上升籽晶杆,制得单晶。

（4）垂直布里奇曼法[39]

垂直布里奇曼法和水平布里奇曼法的生长结构相似,只不过是三个不同温度区间进行垂直放置。其在装置中的安瓿瓶内放 PBN 坩埚,在坩埚内由下而上分别是 GaAs 籽晶、多晶 GaAs 和覆盖剂(B_2O_3)。反应开始后,安瓿瓶相对于加热器由高温区向低温区以一定的速度缓慢旋转移动,在高温区,多晶先变为熔融态,然后随着温度的变化,逐步在籽晶处结晶,生成单晶。

传统的由熔体制备的 GaAs 单晶纯度较低、缺陷多,无法制作异质结构,在高端器件的发展应用中受到限制。目前常用的外延工艺有分子束外延法（MBE）、金属有机化学气相沉积法（MOCVD）、液相外延法（LPE）等。

（1）分子束外延法[40]

分子束外延法是指在极其清洁的超真空系统中，使用具有一定热能的两种或两种以上的分子或原子束，在加热的单晶衬底表面进行反应，然后生长成单晶薄膜的过程。GaAs 分子束外延法生长首先将原材料放入真空室中，加热炉将原材料蒸发形成分子束后喷射至衬底表面，与衬底相互作用，在衬底表面进行外延。分子束外延法的优势在于它主要是在原子的尺度上精确地控制 GaAs 外延膜的厚度、成分掺杂浓度和表面平整度，可以生长出高质量的 GaAs 单晶。

（2）金属有机化学气相沉积[41,42]

金属有机化学气相沉积法又称金属有机物气相外延法（MOVPE），它是利用氢化物和金属有机化合物的热分解体系，在 GaAs 的单晶衬底上生长出单晶薄膜技术，具有广泛的适用性。使用 MOCVD 技术生长 GaAs 时，先将处理好的 GaAs 衬底置于基架上，调整好源温和气体流量等参数。抽真空，充入 H_2，温度升至 300℃，充入 AsH_3，继续升温至反应温度时，通入 TMG[$Ga(CH_3)_3$]在衬底上进行外延生长。金属有机化学气相沉积法的生长设备有立式和卧式两种，可采用高频感应加热或辐射加热，可在常压或低压下生长。

（3）液相外延法[43]

液相外延法是高温溶液法（助溶剂法）晶体生长的一种特殊形式，它可以说是高温溶液生长晶体的一种改进和推广。在一定温度的过饱和溶液中放入单晶衬底，对其进行降温处理，此时溶质的溶解度降低，从溶液中析出，在衬底上进行外延生长出单晶薄膜。

2.1.7 GaSe 晶体

GaSe 晶体最早于 1972 年被发现，是一种性能优异的中红外晶体材料，多用于中红外的差频及参量光输出。GaSe 是层状暗红色晶体，每一层中包含 2 个 Ga 原子和 2 个 Se 原子，Ga 原子和 Se 原子之间以共价键结合成 GaSe 分子，并沿 c 轴以 Se—Ga—Ga—Se 的顺序排列，形成一种外面的两层 Se 原子中间夹着两层 Ga 原子的三明治结构,因此在同一层内原子之间的结合力较强[44]。但不同层之间靠范德瓦耳斯力结合,因此层层之间结合力较弱,容易沿垂直于 c 轴方向开裂,且此方向热导率较小。正是由于晶体中同一层内部靠较强的共价键结合,而层与层之间靠较弱的范德瓦耳斯力结合,因此宏观上才表现出层状结构的特性。也正是由于这种层状的结构,导致晶体的机械强度很差,层与层之间很容易劈裂。另外,尽管同一层内部原子的结构是相同的,但是层与层之间的堆积方式有可能不同,这也决定了晶体具有 4 种不同的晶体类型,即 β、γ、δ 和 ε 结构类型。GaSe 在布里渊区中心点具有 D_{3h} 对称性,24 个振动模式可以分解为 $4E' + 4A_2'' + 4E'' + 4A_1'$,其中 1 个 E' 和 1 个 A_2'' 是声学模,1 个 A_2'' 和 1 个 E' 是对应 GaSe 层间的刚性振动,另外的 2 个 A_2'' 和 E' 是 GaSe 晶体的 TO 模,其声子谱和声子态密度如图 2-4 所示[45]。在 GaSe 的振动模式中 A_2'' 仅具有红外活性,而 E' 既具有红外活性又具有拉曼活性。4 个 E'' 和 4 个 A_1' 仅具有拉曼活性。除了声学模和层间刚性振动模式外,频率相近的两个模式被称为一个 Davydov 对,它们的频率差别很小,是由层间的作用引起的。

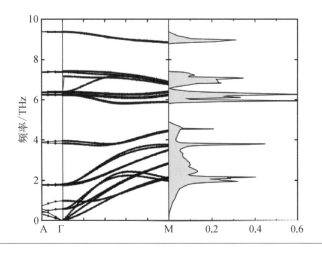

图 2-4
GaAs 的声子谱
和声子态密度[45]

　　GaSe 的振动模式中 E'、E'' 和 A_1' 均具有拉曼活性,由此可见,其拉曼活性也是研究的一个重点。使用氦氖激光背散射方式测量了 GaSe 晶体的傅里叶变换拉曼光谱,结果如图 2-5 所示[46]。其中,实线是完好的 GaSe 晶体的拉曼光谱,短画线是研磨成粉末压片的结果,虚线是激光损伤光斑处的结果。图中显示出 GaSe 晶体有三个明显的拉曼峰，分别为 134 cm^{-1}（A_1'）、213 cm^{-1}（E'）、307 cm^{-1}（A_1'），还有一个鼓包结构，为 252 cm^{-1}（E'）。受滤波片截止带宽的限制，未能观察到 20 cm^{-1}（E'）和 60 cm^{-1}（E''）的拉曼峰。

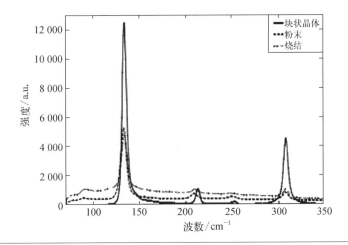

图 2-5
GaSe 晶体的傅里叶变换拉曼光谱[46]

　　GaSe 为负单轴晶体，透光范围较宽（0.62～20 μm），具有较大的二阶非线性系数（d_{22}＝54 pm/V）、较小的吸收系数（$α<0.3$ cm^{-1}）和高激光损伤阈值，适合从近红外到太赫兹波段的激光输出[47]。由于 GaSe 晶体可以通过双折射实现相位匹配，其在太赫兹波低频端的吸收系数比 LiNbO$_3$ 晶体的低一个数量级，而在高频端则比 LiNbO$_3$ 晶体的低数个数量级，使得它可用来获得超宽调谐范围太赫兹辐射源而且开始被用于太赫兹波的产生与探测。另外，晶体硬度低不适合机械加工，这点限制了 GaSe 的应用和发展。为了解决晶体机械性能差、难加工的问题，可以在晶体中掺杂 S 或 In 元素。经过适当比例的掺杂后，晶体能够承受切割和抛光工艺，允许按匹配方向进行切割；其中掺 S 元素的 GaSe 晶体，在 9.56 μm 的倍频处品质因数明显提高，约为 ZnGeP$_2$ 的 2 倍。由于掺杂晶体内部缺陷大，光波在晶体中传播的光学损耗大，另外倍频性能参数与掺杂比例相关，完善晶体性能参数与掺杂比例关系的理论模型也是掺杂晶体需要解决的问题。

　　GaSe 晶体在太赫兹波段其色散方程一般表示为

$$n_o^2 = 7.37 + \frac{0.405\,0}{\lambda^2} + \frac{0.018\,6}{\lambda^4} + \frac{0.006\,1}{\lambda^6} + \frac{3.143\,6\lambda^2}{\lambda^2 - 2\,193.8} + \frac{0.017\lambda^2}{\lambda^2 - 262\,177.357\,7}$$

$$(2-15)$$

$$n_e^2 = 5.76 + \frac{0.387\,9}{\lambda^2} - \frac{0.228\,8}{\lambda^4} + \frac{0.122\,3}{\lambda^6} + \frac{0.420\,6\lambda^2}{\lambda^2 - 1\,780.3} \quad (2-16)$$

GaSe 晶体作为一种中红外非线性晶体材料,其主要的生长方法与其他中红外晶体一样,主要有以下几种方法:熔体定向直拉生长法(Czochralski)、化学气相沉积法(CVD)、导模法(EFG)和凝固法等。GaSe 晶体的生长先后使用两种方法:一是气相传输法,这种方法在二十世纪七八十年代曾被广泛使用;二是布里奇曼法,这种方法属于直拉生长法的一种,上文中已经介绍,在此不再赘述。

2.1.8 ZnGeP₂ 晶体

ZnGeP₂ 晶体是一种中红外波段的大功率晶体,拥有优良的光学性能和较大的非线性系数,在非线性频率变换领域有着广阔的发展前景和应用价值。ZnGeP₂晶体是典型的黄铜矿类结构 II-IV-V 族半导体晶体,属于四方结构,为正单轴晶体[48]。ZnGeP₂ 晶体的优点在于:二阶非线性系数大[$d_{36} = (75 \pm 8)$ pm/V,约是 KDP 晶体的 160 倍];机械性能好(显微硬度为 980 kg/mm²),便于加工;损伤阈值高(100 ns、10.6 μm 时达 60 MW/cm²),不易造成晶体和光学元件损伤;双折射较大(0.040~0.042),透光范围为 0.74~12 μm,同时易于实现角度调谐、相位匹配;它的热导率为 35 W/(m·K),是 AgGaSe₂ 晶体的 32 倍,因此 ZnGeP₂ 晶体的热透镜效应低,不易使晶体、光学元器件损伤;它适用于高功率 OPO 的应用,并且激光损伤阈值高,晶体硬度较大;在近红外区吸收系数小(如在 2.1 μm 时小于 0.04 cm⁻¹),经过退火处理的晶体在太赫兹波段的吸收系数很小。但是黄铜矿结构的明显缺点是:热膨胀的异性大,热导率低,大尺寸的晶体生长困难,其价格昂贵[49~51]。

ZnGeP₂ 晶体在太赫兹波段的色散方程为

$$n_o(\lambda)^2 = 10.939\,04 + \frac{0.606\,75\lambda^2}{\lambda^2 - 1\,600} \quad (2-17)$$

$$n_e(\lambda) = n_o(\lambda) + 0.039\,7 \quad (2-18)$$

ZnGeP₂ 晶体的生长方法目前主要有液封提拉法、水平法(水平温度梯度冷凝法和水平区熔法)和坩埚下降法。

（1）液封提拉法[52]

液封提拉法生长 $ZnGeP_2$ 晶体和普通的提拉法生长晶体没有太大的区别，只是在晶体生长的熔体表面覆盖一层合适的覆盖剂，其主要目的是防止熔体的挥发和分解。将 $ZnGeP_2$ 晶体的原料放在坩埚中加热熔化，在熔体表面接 $ZnGeP_2$ 籽晶提拉熔体，在受控条件下，使籽晶和熔体在交界面上不断进行原子或分子的重新排列，随着温度降低逐渐凝固而生长出 $ZnGeP_2$ 晶体。

（2）水平法[53]

水平法也叫水平布里奇曼法，其主要是利用生长装置中三段不同的温度梯度进行 $ZnGeP_2$ 晶体的结晶生长。将 $ZnGeP_2$ 晶体的原料放入 PBN 坩埚中，将坩埚放入生长装置采用水平温度梯度冷凝的方法生长出高质量的 $ZnGeP_2$ 晶体。

（3）坩埚下降法[54]

坩埚下降法也是常用的生长 $ZnGeP_2$ 晶体的一种方法，使用这种方法生长晶体的生长炉中会设计成具有一定的温度梯度，装有 $ZnGeP_2$ 原料的坩埚先放在高温区进行升温，等原料熔化之后，再将坩埚缓慢移动到低温区，随着坩埚从高温区到低温区移动的过程中，晶体会逐渐结晶，生长成大块单晶。这种方法可以将熔体完全密封在坩埚中，这对某些挥发性材料会起到很好的抑制作用，而且生长炉中可以同时放置多个坩埚，所以可以有多个晶体同时生长，从而提高了生长效率。

2.2 有机非线性晶体

在非线性频率变换技术中，非线性晶体性能的好坏往往对输出能量、转化效率、输出带宽等性能具有决定性的作用。上文中所介绍的无机非线性晶体如 $LiNbO_3$、KTP、KTA、KDP、GaAs、GaSe、$ZnGeP_2$ 等，在非线性频率变换技术中均具有一定的局限性。与传统无机晶体相比，有机晶体具有非线性系数大、色散曲线平稳、吸收系数小等诸多优势，这使得新型有机晶体凭借其更加出色的非线性光学性质，更易于产生超宽带太赫兹波，成为产生非线性频率变换的理想材料。

下面主要介绍目前用于非线性频率变换技术中的几种新型有机晶体材料。

2.2.1 DAST 晶体

1989 年,美国学者 S. R. Marder 首次对具有二阶非线性光学系数的有机盐进行系统研究,设计并发现 DAST 晶体,它是由带负电荷的对甲苯磺酸阴离子和带正电荷的吡啶阳离子组成的。DAST 晶体分子式为 $C_{23}H_{26}N_2SO_3$,结构简式为 $[(CH_3)_2NC_6H_4CH = CHC_5H_4N^+CH_3][CH_3C_6H_4SO_3^-]$。在 DAST 晶体的结构中,包含了苯环和吡啶单原子杂环,晶体分子由两种带电离子间强有力的库仑力相互结合而成,此类分子中含有两个大 π 键(苯环和吡啶环),C=C 双键将两个 π 键共轭起来,在外光场的作用下 DAST 晶体的电荷可以从分子的一段转移到另外一端,从而使 DAST 分子的非线性极化率变大,晶体呈中心对称的宏观晶体堆积[55~57]。DAST 晶体属于单斜晶系,双轴晶体,空间群 Cc,点群 M、$Z=4$,晶格常数 $a=10.365\text{Å}$,$b=11.322\text{Å}$,$c=17.893\text{Å}$,$\beta=92.24°$,其分子结构式和理想单晶生长结构如图 2-6 所示[58]。DAST 晶体的光学主轴和结晶学主轴并不完全重合,光学主轴 x_1 轴、x_3 轴与 a 轴、c 轴分别偏离 5.4°和 3.2°,x_2 轴与 b 轴相互平行,晶体的极轴与 x_1 轴平行,晶体的生色团排列方向与 a 轴有 20°的偏差。DAST 晶体具有两个大的平坦面(ab 面),即(001)面和(00$\bar{1}$)面。其晶轴 a、b 沿对角线分别与 c 轴垂直。晶体中阳离子具有共轭 π 键,具有平面结构,阴离子则使晶体具有非中心对称结构,DAST 晶体结构的特点使其展现出了良好的二阶非线性系数[$\chi^{(2)} = (2\,020\pm220)\,\text{pm/V}@1\,318\,\text{nm}$]和低介电常数($\varepsilon_1 = 5.2\pm0.4$),在 820 nm 波长处的电光系数为 $\gamma_{11} = (400\pm150)\,\text{pm/V}$,比 ZnTe

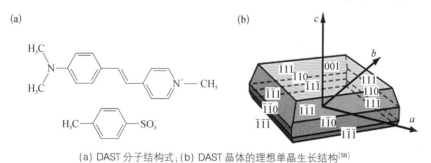

(a) DAST 分子结构式;(b) DAST 晶体的理想单晶生长结构[58]

图 2-6
DAST 晶体结构

晶体的相应值大 1～2 个数量级，其倍频效应为尿素的 1 000 倍[56]。DAST 晶体是一种性能优良的有机非线性晶体，在基于有机晶体差频产生太赫兹辐射领域，有着广泛的应用范围和良好的发展前景。

DAST 晶体在红外波段具有良好的光学性能，其晶体粉末的傅里叶变换-红外光谱(FT-IR)如图 2-7 所示，图谱中各主要峰值均与 DAST 分子官能团相对应，其中 3 436 cm^{-1} 处为 H_2O 伸缩振动峰，表明样品中只含有吸附水而不含有结晶水；1 646 cm^{-1} 为烯烃 C═C 伸缩振动峰；芳环 C═C 伸缩振动峰对应的波数分别为 1 582 cm^{-1}、1 436 cm^{-1}、1 370 cm^{-1}；1 527 cm^{-1} 为吡啶环 C═N 伸缩振动峰；苯环 C—N 伸缩振动峰对应的波数为 1 341 cm^{-1}；甲基 C—N 伸缩振动峰对应的波数为 1 231 cm^{-1}；1 170 cm^{-1} 为 SO_3 反对称伸缩振动峰；821 cm^{-1} 为苯环对位取代特征峰。虽然在图谱中还有其他吸收峰，但并不属于 DAST 晶体结构，这是由于原料的合成过程中，部分反应不充分残留了一些反应物和反应副产物，它们所携带的官能团对红外光的吸收造成杂峰的出现[59]。

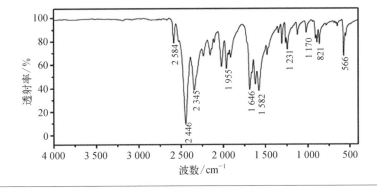

图 2-7
DAST 晶体粉末
的 FT-IR 图[59]

DAST 晶体在红外波段有平稳的色散特性，其色散特性可以用 Sellmeier 方程表示[60]：

$$n^2(\lambda) = n_0^2 + \frac{q\lambda_0^2}{\lambda^2 - \lambda_0^2} \qquad (2-17)$$

DAST 晶体红外色散曲线如图 2-8 所示[60]。

目前 DAST 晶体主要的生长方法有自发成核法、斜板法和籽晶法。每种晶

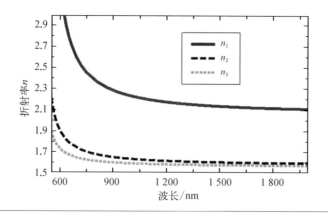

图 2 - 8
DAST 晶体红外色散曲线[60]

体生长方法的生长工艺和技术要求各有不同,生长出来的晶体也各有优缺点。

（1）自发成核法[59]

自发成核法是通过溶液的缓慢降温获得晶体生长所需的驱动力来进行晶体的生长,如图 2 - 9 所示。将制备好的DAST 晶体原料放入育晶瓶中,然后控制温度缓慢降温,这时晶体就会在溶液中结晶,生长成大块晶体。但是这种方法容易造成晶体在育晶瓶底部生长时粘连在一起,形成杂晶。

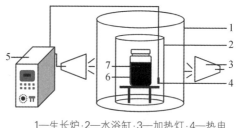

1—生长炉;2—水浴缸;3—加热灯;4—热电偶;5—温度控制器;6—育晶瓶;7—生长溶液

图 2 - 9
自发成核法实验装置[59]

（2）斜板法[61]

斜板法是在自发成核法的基础上在育晶瓶中加入聚四氟乙烯斜板,其主要目的是为了控制晶体的生长姿态,当溶液中出现晶核时,晶核会滑落到斜板的凹槽内并且站立生长,从而避免晶体粘连问题,其实验装置如图 2 - 10 所示。但是在实际生长过程中,并不是所有的晶核都能滑落到凹槽中去,部分晶核没有滑落到斜板凹槽内,而是滑落到育晶瓶底部,缓慢长大可能相互粘连,形成杂晶。可以说斜板法在一定程度上解决了晶体粘连问题,但是并没有完全解决。

（3）籽晶法[62]

籽晶法制备 DAST 晶体是在传统降温法的基础上在育晶瓶中加入质量比较好的籽晶,让 DAST 晶体溶液沿着籽晶的表面定向增长,从而可以有效解决

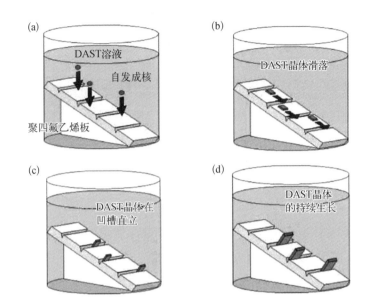

图 2-10
斜板法实验
装置[61]

(a) 在 DAST 溶液中加入聚四氟乙烯斜板,晶体自发成核;(b) DAST 晶体滑落到凹槽;(c) 晶核直立生长;(d) 晶体持续生长

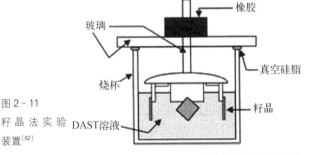

图 2-11
籽晶法实验
装置[62]

晶体粘连问题,生长成尺寸较大的晶体,其实验装置如图 2-11 所示。但是这种生长方法对温度的控制比较严格,对环境稳定性要求较高。

2.2.2 DSTMS 晶体

DSTMS 晶体是另外一种性能优越的有机非线性晶体,它是由 2,4,6-三甲基苯磺酸阴离子和吡啶阳离子组成的,通过 2,4,6-三甲基苯磺酸阴离子对吡啶阳离子之间的库仑力来调节吡啶阳离子生色团的排列,诱导吡啶阳离子在晶体中按非中心对称结构堆积,优化阳离子的排列使其宏观二阶非线性增强,得到排列更优、二阶非线性光学系数更大的 DSTMS 晶体,如图 2-12 所示。DSTMS 晶体化学式为 $C_{25}H_{30}N_2O_3S$(属于单斜晶系),空间群 Cc(点群 M,$Z=4$),晶格常数 $a=10.266$Å,$b=12.279$Å,$c=17.963$Å,$\beta=93.04°$。DSTMS 晶体的光学主轴和结晶学主轴也不是完全平行的，光学主轴 x_1 轴与 a 轴偏离 $3.6°\pm0.3°$，x_2 轴与 b 轴相互平行，晶体的生色团排列方向与 a 轴有 $23°$ 的偏差[63]。

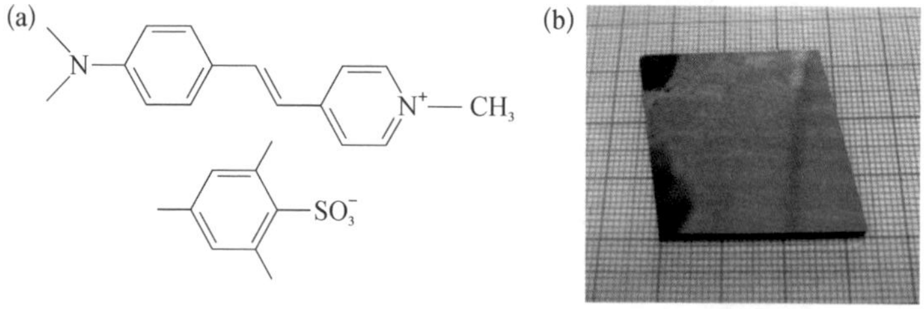

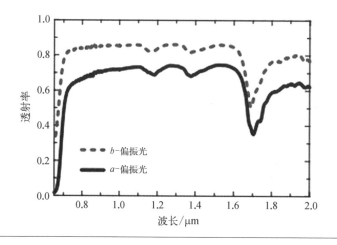

(a) DSTMS 分子结构式；(b) DSTMS 晶体实物[63]

图 2-12
DSTMS 晶体结构

与 DAST 晶体一样，DSTMS 晶体也具有高二阶非线性光学系数[$\chi^2_{111} = (430\pm40)\,\mathrm{pm/V}$]、高电光系数（$r_{111}=37\,\mathrm{pm/V}$）、高双折射效应（$\Delta n=0.5$）和低吸收率 $\alpha < 0.7\,\mathrm{cm^{-1}}$，非常有利于太赫兹辐射的差频输出。与此同时，DSTMS 晶体具有良好的光学透光性和色散性能，其透射率如图 2-13 所示[63]，色散性能如图 2-14 所示[64]。

图 2-13
DSTMS 晶体在 $0.5\sim2\,\mu m$ 的透射率[63]

相同条件下，DSTMS 晶体在甲醇中的溶解度是 DAST 晶体的 2 倍，与 DAST 晶体相比，它更容易获得大尺寸、高质量的晶体。但是与 DAST 晶体类似，同属有机吡啶盐晶体的 DSTMS 晶体在 1 THz 处存在声子吸收，也同样有含结晶水的中心对称晶相，不利于 DSTMS 晶体的实际应用。DSTMS 晶体与

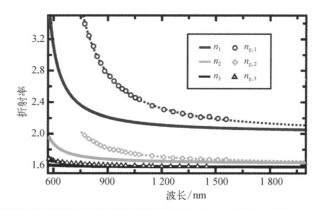

图 2 - 14
DSTMS 晶体的
色散曲线[64]

DAST 晶体具有相似的晶体结构和光学性能,其生长方法也基本一致,主要有自发成核法、斜板法和籽晶法等。

2.2.3 DASC 晶体

通过改变 DAST 晶体的阴、阳离子可以获得类似于 DAST 晶体性质的衍生物,DASC[4 -(4 -二甲基氨基苯乙烯基)甲基吡啶对氯苯磺酸盐]晶体就是其中一种。利用对氯苯磺酸来替代 DAST 晶体中的对甲苯磺酸阴离子,保持吡啶阳离子不变,合成 DASC 晶体,如图 2 - 15 所示。DASC 晶体与 DAST 晶体具有相似的空间群和晶体结构,相同的晶系(单斜晶系,空间群 Cc,点群 M、$Z = 4$),晶胞参数 $a = 10.378\text{Å}$, $b = 11.196\text{Å}$, $c = 17.917\text{Å}$。但是在低频太赫兹领域,相比于 DAST 晶体,DASC 晶体透射率高,可以减弱晶体中阴、阳离子间的相互作用,从而可以有效提高太赫兹转化效率[65,66]。

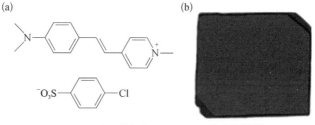

图 2 - 15
DASC 晶体结构

(a) DASC 分子结构式;(b) DASC 晶体实物[65,66]

DASC 晶体熔点高于 DAST 晶体，其高耐热性有利于在太赫兹源方面的实际应用。45℃时 DASC 晶体在甲醇中的溶解度比 DAST 晶体低，根据这一性质，DASC 晶体更容易生长成薄片，而且缺陷少、质量高，是非常好的有机晶体材料，同时也具有强电光效应和大的二阶非线性系数，适用于太赫兹频段的产生和探测。DASC 晶体在太赫兹频段有良好的光学性能，其吸收曲线如图 2 - 16 所示[65]。

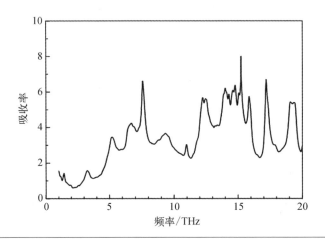

图 2 - 16
0.4 mm 厚 的
DASC 单晶在
0～20 THz 的
吸收曲线[65]

2.2.4 DASB 晶体

DASB 晶体是另外一种性能优越的 DAST 晶体衍生物，它是通过使用 p -溴苯磺酸来代替 DAST 晶体中的对甲苯磺酸阴离子，保持吡啶阳离子不变，阴、阳离子之间通过强有力的库仑力进行连接，如图 2 - 17 所示[67]。DASB 晶体和 DAST 晶体具有相似的晶体结构，相同的晶系（单斜晶系，空间群 Cc，点群 M、$Z = 4$）。但是 DASB 晶体在 3 THz 处和大于 100 THz 时的透射率优于 DAST 晶体，在该区域，高透射率可以减弱晶体中阴、阳离子间的相互作用，从而提高在此区域非线性频率变换效率，而且 DASB 晶体的熔点高于 DAST 晶体，其高耐热性有利于 DASB 晶体在太赫兹辐射方面的应用。

2.2.5 HMQ - T 和 HMQ - TMS 晶体

HMQ - T 晶体是非中心对称结构的喹啉体系离子型晶体，它是由 2 -(4 -羟

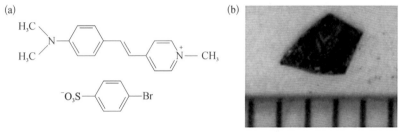

图 2 - 17
DASB 晶体结构

(a) DASB 分子结构式；(b) DASB 晶体实物[67]

基-3-甲氧乙基)-1-甲基喹啉阳离子和 4-甲基苯磺酸阴离子组成的,分子间通过阴、阳离子的相互库仑力连接,其化学结构式如图 2-18(a)所示。HMQ-T 晶体化学式为 $C_{26}H_{25}NO_5S$,属于单斜晶系,空间群 Pn,点群为 M、$Z=2$,晶格常数 $a=6.9304$ Å,$b=11.1154$ Å,$c=14.7594$ Å。在近红外波长 836 nm 处产生太赫兹效率是 OH1 晶体的 3.1 倍、ZnTe 晶体的 8.4 倍。HMQ-T 晶体具有高宏观光学非线性效应和接近理想的分子取向参数,生长出来的 HMQ-T 晶体不需要任何抛光和切割,可以直接用于太赫兹光波的产生[68]。HMQ-T 晶体在太赫兹频段有良好的光学性能,其吸收系数如图 2-19 所示。

图 2 - 18
喹啉体系晶体
分子结构

(a) HMQ-T 分子结构式[68]；(b) HMQ-TMS 分子结构式[69]

此外,用 2,4,6-三甲基苯磺酸取代 HMQ-T 晶体中 4-甲基苯磺酸阴离子可以合成 HMQ-T 晶体衍生物 HMQ-TMS 晶体,其分子结构式如图 2-18(b)所示。HMQ-TMS 晶体也是一种新型有机非线性晶体,在太赫兹频段具有良好的光学性能,其化学式为 $C_{28}H_{29}NO_5S$,具有与 HMQ-T 晶体相似的光学性能

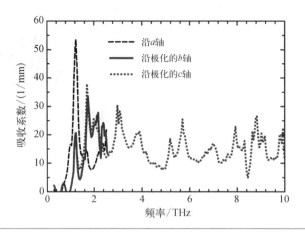

图 2 - 19
HMQ - T 晶体
在太赫兹频段
吸收图[68]

和结构参数(单斜晶系,空间群 Pn,点群为 M、$Z=2$)。 在低频太赫兹范围内,HMQ-TMS 晶体有较小的吸收系数($\alpha < 100\ cm^{-1}$) 和较长的相干长度($l_c > 0.5\ mm$),在甲醇溶液中 HMQ-TMS 晶体有较大的溶解度,可以生长出大尺寸的有机晶体材料,通过优化生长参数,HMQ-TMS 生长厚度可以从 0.05 mm 到几个微米,相比于 DAST 晶体,HMQ-TMS 晶体厚度的可控性更有利于实现泵浦光波和太赫兹光波的群速度匹配,提高转化效率。HMQ-TMS 晶体不易形成水合物,有较好的环境稳定性和耐湿性,从而有利于该晶体在太赫兹领域的应用[69~71]。

2.2.6　HMB - TMS 和 HMB - T 晶体

HMB-TMS 是非中心对称的苯并噻唑类晶体,它是由 2 -(4 -羟基-3 -甲氧乙基)- 3 甲基苯并噻唑阳离子和 2,4,6 -三甲基苯磺酸阴离子组成,通过苯并噻唑阳离子和苯磺酸阴离子之间的库仑力进行连接,如图 2 - 20 所示。HMB-TMS 晶体化学式为 $C_{25}H_{27}NO_5S_2$,属于单斜晶系,空间群 Pn,点群为 M,熔解温度为 $257℃$,生长出来的 HMB-TMS 晶体表面并不平整,需要抛光后才能用于太赫兹光波的产生。利用 4 -甲基苯磺酸阴离子代替 HMB - TMS 中的 2,4,6 -三甲基苯磺酸阴离子,保持 2 -(4 -羟基-3 -甲氧乙基)- 3 甲基苯并噻唑阳离子不变,合成另外一种非中心对称的苯并噻唑类晶体 HMB - T 晶体,如图 2 - 20

所示。HMB-T 晶体与 HMB-TMS 具有相似的晶体结构(单斜晶系,空间群 *Pn*,点群为 *M*),也是一种性能优良的有机非线性光学晶体[72]。

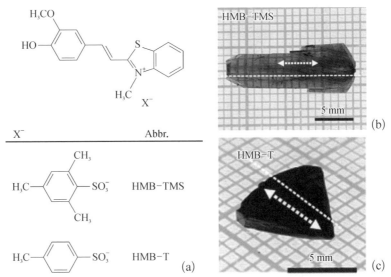

图 2-20
苯并噻唑类晶体结构

(a) HMB-TMS 晶体和 HMB-T 晶体的分子结构式;(b) HMB-TMS 晶体实物;(c) HMB-T 晶体实物[72]

2.2.7 OH1 晶体

OH1 晶体是不同于 DAST 晶体和 DSTMS 晶体的另一种类型的优良非线性光学晶体。1970 年,R. Lemke 等首次报道合成 OH1 化合物,直到 2001 年 Tsonko Kolev 等才报道了 OH1 晶体的结构。OH1 晶体是由酚类电子供体(Ar-OH)和二氰基亚甲基电子受体[C=C(CH)₂]组成的 D-π-A 结构构成的,分子之间依靠氢键相互连接,其分子结构式和理想单晶生长结构如图 2-21 所示。

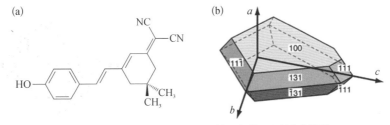

图 2-21
OH1 晶体结构

(a) OH1 分子结构式;(b) OH1 晶体理想单晶生长结构[73,74]

OH1 晶体属于正交晶系,空间群 $Pna2_1$,点群 $mm2$、$Z = 4$,晶胞参数 $a = 15.4413$Å,$b = 10.9988$Å,$c = 9.5699$Å,透光范围为 $700 \sim 1400$ nm,由于 O—H 键和 C—H 键的伸缩共振,其在 $1.5 \mu m$、$1.7 \mu m$、$1.8 \mu m$ 附近存在三个吸收峰,相比于 DAST 晶体,DSTMS 晶体吸收边缘向短波移动了约 40 nm。由于晶体的正交性,其光学主轴和结晶学主轴相互平行,晶体的生色团排列方向与 c 轴方向夹角为 $28°$,这导致 OH1 晶体有高二阶非线性系数[$\chi_{333}^2 = (240 \pm 20)$ pm/ V@1900 nm]和低介质常数等特性[75,76]。由于生色团的非中心对称性结构,OH1 晶体表现出高度的双折射效应($n_3 - n_2 > 0.5$, $0.6 \mu m < \lambda < 2.2 \mu m$),而且 OH1 晶体不易形成水合物,在太赫兹波段有较低的吸收效率,在 $700 \sim 2000$ nm 内,光束沿着 c 轴透射率为 60% 左右,光束沿 b 轴透射率为 85%,其透射率如图 2-22 所示。OH1 晶体(图 2-23)生长周期短、生长质量好,在光电调制、太赫兹光波的产生和探测等方面具有广泛的应用[77]。

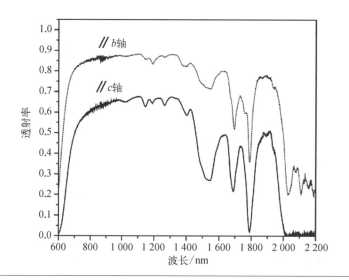

图 2-22
OH1 晶体的透射率[77]

OH1 晶体在红外波段有平稳的色散特性,其色散特性可以用 Sellmeier 方程表示[78]:

$$n^2(\lambda) = n_0^2 + \frac{E_d E_0}{E_0^2 - E^2} = n_0^2 + \frac{q\lambda^2}{\lambda^2 - \lambda_0^2}$$

$$(2-18)$$

式中,λ_0 为共振频率对应的波长;$E_d = qE_0$ 为共

图 2-23
OH1 晶 体 实 物[77]

振强度;n_0 为共振频率入射时对应晶体折射率。

DAST 晶体的红外色散曲线如图 2 - 24 所示。

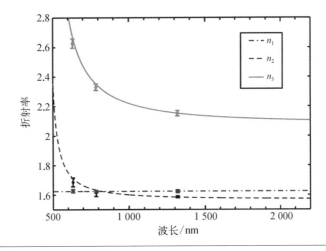

图 2 - 24
OH1 晶体的红外色散曲线[78]

2.2.8　BNA 晶体

1997 年,同为分子型结构的有机晶体 BNA[2 -甲基-硝基(N -甲基)苯胺]由日本学者 Hashimoto 首次提出,其分子结构式和单晶结构示意如图 2 - 25 所示[79,80]。

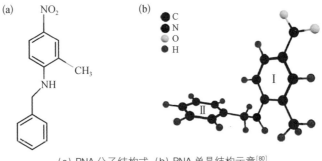

图 2 - 25
BNA 晶体结构

(a) BNA 分子结构式;(b) BNA 单晶结构示意[80]

BNA 晶体处于稳定态和亚稳态时,会呈现出两种不同的晶系,分别为稳定态非中心对称正交晶系和亚稳态中心对称单斜晶系,当 BNA 晶体位于稳定态时,其空间群为 $Pna2_1(C_{2V}^9)$,晶胞参数 $a = 7.327\,3$Å, $b = 21.386$Å, $c = 8.084\,5$Å, $Z = 4$;当 BNA 晶体位于亚稳态时,其空间群为 $P2_1/c(C_{2h}^5)$,晶胞参数 $a =$

16.457Å, $b = 7.1319$Å, $c = 20.992$Å, $Z = 8$。在波长为 1 064 nm 时,BNA 晶体的二阶非线性系数为 $d_{33} = 234$ pm/V, 约是传统无机非线性材料的 10 倍。BNA 晶体(图 2 - 26)不易潮解,有利于后期保存、加工和使用,晶体生长体积大、质量高,适合于太赫兹的产生与探测[80,81]。

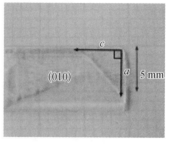

图 2 - 26
BNA 晶 体 实物[82]

BNA 晶体在红外波段有平稳的色散特性,其色散特性可以用 Sellmeier 方程表示[83]:

$$n^2 = 3.106\,11 + \frac{0.120\,89}{\lambda^2 - 0.185} \tag{2-19}$$

BNA 晶体的红外色散曲线如图 2 - 27 所示。

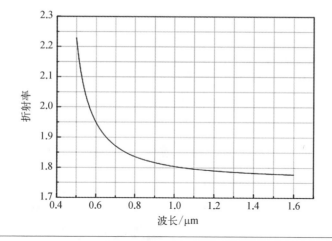

图 2 - 27
BNA 晶体的红外色散曲线[83]

参考文献

[1] 薛冬峰.铌酸锂、钽酸锂晶体的结构特征[J].化学研究,2002,13(4):1 - 3.

[2] Adibi A, Buse K, Psaltis D. Sensitivity improvement in two-center holographic recording[J]. Optics Letters, 2000, 25(8):539 - 541.

[3] 孙军,郝永鑫,张玲,等.铌酸锂晶体及其应用概述[J].人工晶体学报,2020,49(6):

947 - 964.

[4]   Johnston W D, Kaminow I P. Temperature dependence of raman and rayleigh scattering in LiNbO$_3$ and LiTaO$_3$[J]. Physical Review, 1968, 168(3): 1045 - 1054.

[5]   Baker A S, Loudon R. Dielectric and optical phonons in LiNbO$_3$[J]. Physical Review, 1967, 158(2): 433 - 445.

[6]   Prezas P R S, Graca M P F. Structural characterization of lithium niobate nanoparticles prepared by the sol-gel process, using X-ray and raman spectroscopy and scanning eletron microscopy[J]. http://dx.doi.org/10.5772/64395.

[7]   Jundt D H. Temperature-dependent sellmeier equation for the index of refraction, n(e), in congruent lithium niobate[J]. Optics Letters, 1997, 22(20): 1553 - 1555.

[8]   Bordui P F, Norwood R G, Jundt D H, et al. Preparation and characterization of off-congruent lithium niobate crystals[J]. Journal of Applied Physics, 1992, 71: 875 - 879.

[9]   孙德辉,刘宏,桑元华,等.近化学计量比和掺镁近化学计量比铌酸锂晶体的生长与表征[J].人工晶体学报,2012,41(S1):148 - 154.

[10] [俄] Dmitriev V G,[亚美尼亚] Gurzadyan G G,[俄] Nikogosyan D N. 非线性光学晶体手册[M].3 版.王继扬,等译. 北京: 高等教育出版社,2009.

[11] Nagai T, Ikeda T. Pyroelectric and optical properties of potassium lithium niobate[J]. Japanese Journal of Applied Physics, 1973, 12(2): 199 - 204.

[12] Carruthers J R, Peterson G E, Grasso M, et al. Nonstoichiometry and crystal growth of lithium niobate[J]. Journal of Appllied Physics, 1971, 42(5): 1846 - 1851.

[13] Polgar K, Peter A, Kovacs L, et al. Growth of stoichiometric LiNbO$_3$ single crystals by top seeded solution growth method[J]. Journal of Crystal Growth, 1997, 177: 211 - 216.

[14] 孔勇发,刘思敏,许京军.多功能光电材料——铌酸锂晶体[M].北京:科学出版社,2005.

[15] 杨春晖,孙亮,冷雪松,等.光折变非线性光学材料铌酸锂晶体[M].北京:科学出版社,2009.

[16] Furukawa Y, Kitamura K, Takekawa S, et al. The correlation of MgO-doped near-stoichiometric LiNbO$_3$ composition to the defect structure[J]. Journal of Crystal Growth, 2000, 211(1 - 4): 230 - 236.

[17] Iyi N, Yajima Y, Kimura S, et al. Defect structure model of MgO-doped LiNbO$_3$[J]. Journal of Solid State Chemistry, 1995, 118(1): 148 - 152.

[18] 姚建铨.非线性光学频率变换及激光调谐技术[M].北京:科学出版社,1995.

[19] Aronne A, Depero L E, Sigaev V N, et al. Structure and crystallization of potassium titanium phosphate glass containing B$_2$O$_3$ and SiO$_2$[J]. Journal of Non-Crystalline Solids, 2003, 324(3): 208 - 219.

[20] 张克从,张乐溥.晶体生长科学与技术(上册)[M].2 版.北京:科学出版社,1997.

[21] 黄凌雄,霍汉德,张戈,等.KTP 晶体的水热法生长及其光学性能的测量[J].人工晶

体学报,2007,36(2):256-259.

[22] 阮青锋,霍汉德,覃西杰,等.水热法 KTP 晶体生长与宏观缺陷研究[J].人工晶体学报,2006,35(3):608-611.

[23] 刘向阳,蒋民华.助熔剂法生长 KTP 晶体的物理化学过程(Ⅰ)[J].中国激光,1988,15(8):482-486.

[24] 张克从,王系敏.非线性光学晶体材料科学[M].北京:科学出版社,2004.

[25] Loiacono G M, Loiacono D N, Zola J J, et al. Optical properties and ionic conductivity of $KTiOAsO_4$ crystals[J]. Applied Physics Letters, 1992, 61(8): 895-897.

[26] 魏景谦,王继扬,刘耀岗,等.$KTiOAsO_4$ 晶体的生长和性质研究[J].人工晶体学报,1994,23(2):95-101.

[27] 谢英明,李新政,郑滨,等.KDP(KH_2PO_4)晶体材料的研究进展[J].河北工业科技,2006,23(6):377-380.

[28] Nikogosyan D N. Nonlinear optical crystals: a complete survey[M]. Ireland: Springer, 2005.

[29] 李港.激光频率的变换与扩展——实用非线性光学技术[M].北京:科学出版社,2005.

[30] 朱胜军.KDP 晶体快速生长及大尺寸晶体光学参数均一性研究[D].济南:山东大学,2014.

[31] Zaitseva N P, Yoreo J J D, Dehaven M R, et al. Rapid growth of large-scale(40-55 cm) KH_2PO_4 crystals[J]. Journal of Crystal Growth, 1977, 180(2): 255-262.

[32] Shi W, Ding Y J. Jerahertz Technology: Coherent and widely tunable THz and millimeter waves based on difference-frequency generation in GaSe and $ZnGeP_2$[J]. Optical & Photon News, 2002, 13(12): 57.

[33] Staus C, Kuech T, McCaughan L. Continuously phase-matched terahertz difference frequency generation in an embedded-waveguide structure supporting only fundamental modes[J]. Optics Express, 2008, 16(17): 13296-13303.

[34] Cronin-Golomb M. Cascaded nonlinear difference-frequency generation of enhanced terahertz wave production[J]. Optics Letters, 2004, 29(17): 2046-2048.

[35] Tochitsky S Y, Sung C, Trubnick S E, et al. High-power tunable, 0.5-3 THz radiation source based on nonlinear difference frequency mixing of CO_2 laser lines[J]. Journal of the Optical Society of America B, 2007, 24(9): 2509-2516.

[36] Mullin J, Straughan B, Brickell W, et al. Liquid encapsulation techniques: the use of an inert liquid in suppressing dissociation during the melt-growth of InAs and GaAs crystals[J]. Journal of Physics and Chemistry of Solids, 1965, 26(4): 782-784.

[37] 莫培根,杨金华,李寿春.改进的水平梯度凝固法生长无位错掺硅的砷化镓单晶[J].应用科学学报,1985,3(4):355-362.

[38] Rudolph P, Jurisch M. Bulk growth of GaAs an overview[J]. Journal of Crystal Growth, 1999, 199(1): 325-335.

[39] 谈惠祖,杜立新,赵福川.垂直梯度凝固法生长半绝缘 GaAs 单晶的工艺研究[J].功能材料与器件学报,2002,8(1)：73－76.

[40] 罗青青.Ⅲ－Ⅴ族半导体三元含磷化合物的 MBE 生长与拉曼光谱研究[D].天津：南开大学,2009.

[41] Manasevit M. Single crystal gallium arsenide on insulating substrates[J]. Applied Physics Letters, 1968, 12(4)：156－159.

[42] Manasevit H M, Simpson W I J. The use of metal-organics in the preparation of semiconductor materials：I. Epitaxial Gallium－V Compounds[J]. Journal of The Electrochemical Society, 1969,116(12)：1725－1732.

[43] Kayastha M S, Matsunami I, Sapkota D P. Ultrahigh-Purity Undoped GaAs Epitaxial Layers Prepared by Liquid Phase Epitaxy[J]. Japanese Journal of Applied Physics, 2009, 48(12)：121102.

[44] Pellicer-Porres J, Segura A, Ferrer C, et al. High-pressure X-ray-absorption study of GaSe[J]. Physics Review B, 2002, 65(17)：174103.

[45] Blochl P E, Jepsen O, Andersen O K. Improved tetrahedron method for Brillouin-zone integrations[J]. Physics Review B, 1994, 49(23)：16223－16233.

[46] Kuroda N, Ueno O, Nishina Y, et al. Lattice-dynamical and photoelastic properties of GaSe under high pressures studied by Raman scattering and electronic susceptibility[J]. Physics Review B, 1987, 35(8)：3860－3870.

[47] Camara M O, Mauger A, Devos I, et al. Electronic structure of the layer compounds GaSe and InSe in a tight-binding approach[J]. Physics Review B, 2002, 65(12)：125206.

[48] Dmitriev V G, Gurzadyan G G, Nikogosyan D N. Handbook of nonlinear optical crystal[M]. Berlin：Spring－Verlag,1991.

[49] Rud Y V. Optoelectronic phenomena in zinc germanium diphophide [J]. Semiconductors,1994,28：633.

[50] Mason P D, Jackson D J, Gorton E K. CO_2 laser frequency doubling in $ZnGeP_2$[J]. Optics Communications, 1994,110(1－2)：163－166.

[51] 杨春晖,张建.新型中、远红外波段非线性光学晶体磷化锗锌[J].人工晶体学报,2004,33(2)：141－143.

[52] Hobgood H M, Henningsen T, Thomas R N, et al. $ZnGeP_2$ grown by the liquid encapsulated Czo-chralski method[J]. Journal of Applied Physics, 1993, 73(8)：4030－4037.

[53] Verozubova G A, Gribenyukov A I. Growth of $ZnGeP_2$ crystals from melt [J]. Crystallography Reports, 2008, 53(1)：158－163.

[54] Zhao X, Zhu S F, Zhao B J, et al. Growth and characterization of $ZnGeP_2$ single crystals by the modified Bridgman method[J]. Journal of Crystal Growth, 2008, 311(1)：190－193.

[55] Marder S R, Perry J W, Schaefer W P. Synthesis of organic salts with large second-order optical Nonlinearities[J]. Science, 1989, 245(4918)：626－628.

[56] Ruiz B, Jazbinsek M, Günter P, et al. Crystal growth of DAST[J].Crystal Growth & Design, 2008, 8(11): 4173-4184.

[57] Pan F, Knopfle G, Bosshard C, et al. Electro-optic properties of the organic salt 4-N, N-dimethylamino-4$'$-N'-methyl-stilbazolium tosylate[J]. Applied Physics Letters, 1996, 69(1): 13-15.

[58] Pan F, Wong M S, Bosshard C, et al. Crystal growth and characterization of the organic salt 4-N, N-Dimethylamino-4$'$-N-methyl-stilbazolium tosylate (DAST)[J]. Advanced Materials, 1996, 8(7): 592-595.

[59] 由飞.DAST 晶体的原料合成和晶体生长[D].青岛：青岛大学,2011.

[60] Jazbinsek M, Mutter L, Günter P. Photonic applications with the organic nonlinear optical crystal DAST[J]. Journal of Selected Topics in Quantum Electronics, 2008, 14(5): 1298-1311.

[61] Yabuzaki J, Takahashi Y, Adachi H, et al. High-quality crystal growth and characterization of organic nonlinear optical crystal: 4-dimethylamino-N-methyl-4-stilbazolium tosylate (DAST)[J]. Bulletin of Materials Sciences, 1999, 22(1): 11-13.

[62] 李寅,张建秀,傅佩珍,等.有机非线性光学晶体 DAST 的生长、形貌及透过光谱[J].人工晶体学报,2011,40(1): 7-11,16.

[63] Yang Z, Mutter L, Stillhart M, et al. Large-size bulk and thin-film stilbazolium-salt single crystals for nonlinear optics and THz generation [J]. Advanced Functional Materials, 2007, 17(13): 2018-2023.

[64] Mutter L, Brunner F D, Yang Z, et al. Linear and nonlinear optical properties of the organic crystal DSTMS[J]. Journal of the Optical Society of America B, 2007, 24(9): 2556-2561.

[65] Taniuchi T, Ikeda S, Mineno Y, et al. Terahertz properties of a new organic crystal, 4$'$-dimethylamino-N-methyl-4-stilbazolium p-chlorobenzenesulfonate [J]. Japanese Journal of Applied Physics, 2005, 44(29): 932-934.

[66] Brahadeeswaran S, Takahashi Y, Yoshimura M, et al. Growth of ultrathin and highly efficient organic nonlinear optical crystal 4$'$-dimethylamino-N-methyl-4-stilbazolium p-chlorobenzenesulfonate for enhanced terahertz efficiency at higher frequencies[J]. Crystal Growth & Design, 2013, 13(2): 415-421.

[67] Matsukawa T, Notake T, Nawata K, et al. Terahertz-wave generation from 4-dimethylamino-N'-methyl-4$'$-stilbazolium p-bromobenzenesulfonate crystal: effect of halogen substitution in a counter benzenesulfonate of stilbazolium derivatives[J]. Optical Materials, 2014, 36(12): 1995-1999.

[68] Lee S H, Koo M J, Lee K H, et al. Quinolinium-based organic electro-optic crystals: crystal characteristics in solvent mixtures and optical properties in the terahertz range[J]. Materials Chemistry and Physics, 2016, 169: 62-70.

[69] Kang B J, Baek I H, Jeong J H, et al. Characteristics of efficient few-cycle terahertz radiation generated in as-grown nonlinear organic single crystals[J].

Current Applied Physics, 2014, 14(3): 403 - 406.

[70] Kang B J, Baek I H, Lee S H, et al. Highly nonlinear organic crystal OHQ - T for efficient ultra-broadband terahertz wave generation beyond 10 THz[J]. Optics Express, 2016, 24(10): 11054 - 11061.

[71] Jeong J H, Kang B J, Kim J S, et al. High-power broadband organic THz generator[J]. Scientific Reports, 2013, 3(1): 1 - 8.

[72] Lee S H, Lu J, Lee S J, et al. Benzothiazolium single crystals: A new class of nonlinear optical crystals with efficient THz wave generation [J]. Advanced Materials, 2017, 29(30): 1701748.

[73] Lemke R. 80 mu-solvatochromy of arylidene isophorone derivatives in different alcohols [J]. Chemische Berichte-Recueil, 1970, 103(6): 1894 - 1899.

[74] Kolev T, Glavcheva Z, Yancheva D, et al. Bleckmann 2 - { 3 - [2 - (4 - Hydroxyphenyl) vinyl]- 5, 5 - dimethylcyclohex-2-en-1-ylidene} malononitrile[J]. Organic Papers, 2007, 57(6): 0561 - 0562.

[75] Brunner F D, Kwon O P, Kwon S J, et al. A hydrogen-bonded organic nonlinear optical crystal for high-efficiency terahertz generation and detection[J]. Optics Express, 2008, 16(21): 16496 - 16508.

[76] Bharath D, Kalainathan S. Dielectric, optical and mechanical studies of phenolic polyene OH1 organic electrooptic crystal[J]. Optics and Laser Technology, 2014, 63: 90 - 97.

[77] Kwon O P, Kwon S J, Jazbinsek M, et al. Organic phenolic configurationally locked polyene single crystals for electro-optic and terahertz wave applications[J]. Advanced Functional of Materials, 2008, 18(20): 3242 - 3250.

[78] Hunziker C, Kwon S J, Figi H, et al. Configurationally locked, phenolic polyene organic crystal 2 - { 3 - (4 - hydroxystyryl)-5, 5-dimethylcyclohex-2-enylidene} malononitrile: linear and nonlinear optical properties[J]. Journal of the Optical Society of America B, 2008, 25(10): 1678 - 1683.

[79] Hashimoto H, Okada Y, Fujimura H, et al. Second-harmonic generation from single crystals of N-substituted 4-nitroanilines[J]. Japanese Journal of Applied Physics, 1997, 36(11): 6754 - 6760.

[80] Piela K, Turowska-Tyrk I, Drozd M, et al. Polymorphism and cold crystallization in optically nonlinear N-benzyl-2-methyl-4-nitroaniline crystal studied by X-ray diffraction, calorimetry and Raman spectroscopy [J]. Journal of Molecular Structure, 2011,991(1 - 3): 42 - 49.

[81] Miyamoto K, Minamide H, Fujiwara M, et al. Widely tunable terahertz-wave generation using an N-benzyl-2-methyl-4-nitroaniline crystal[J]. Optics Letters, 2008, 33(3): 252 - 254.

[82] Notake T, Nawata K, Kawamata H, et al. Solution growth of high-quality organic N-benzyl-2-methyl-4-nitroaniline crystal for ultra-wideband tunable DFG - THz source[J]. Optical Materials Express, 2012, 2(2): 119 - 125.

[83] Miyamoto K, Minamide H, Fujiwara M, et al. Coherent tunable monochromatic terahertz-wave generation using N - benzyl-2-methyl-4-nitroaniline (BNA) crystal [J]. Proceedings of SPIE, 2008, 6875.

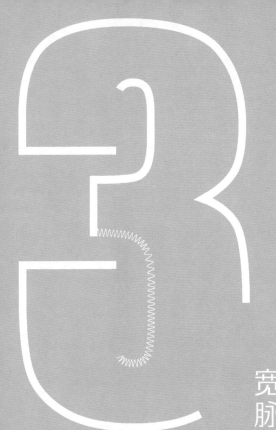

3

宽带光学太赫兹
脉冲辐射源

科学家们对电磁波的研究可以追溯到 20 世纪,之后每一次对电磁技术的掌握和运用都带给人类科学技术和生产生活一次新的革命。对已认识的电磁波波谱可以分为低频区域和高频区域,即包含从直流电、无线电波到微波的电子区,以及覆盖从红外光、可见光到 X 射线、γ 射线的光子区。但对两个区域之间很窄的过渡区域却一直以来受技术的限制并没有成为人类认识和改造自然的有效工具,这个区域被称作太赫兹空隙(1 THz＝10^{12} Hz)[1],其频率范围为 0.1～10 THz(对应的波长是 0.03～3 mm)。近年来,随着各种产生和探测太赫兹方法的出现,特别是飞秒超快光学技术的日益成熟,使得输出宽带且稳定的太赫兹频谱已成为可能,太赫兹技术的相关研究已逐渐成为科研工作者聚焦的热点。

3.1　超快光学

3.1.1　飞秒激光器

　　飞秒激光也叫超快脉冲激光,具有高峰值功率、极窄的脉冲宽度、作用时间短、波长可调谐的特点,广泛应用于各领域。飞秒激光器主要由泵浦源、增益介质、光学谐振腔组成,由泵浦源发出的泵浦光入射到钛宝石晶体产生反转粒子;谐振腔由平面镜和半透镜组成,两个曲率半径相同的凹面镜在腔内起聚焦作用;布儒斯特角的棱镜对用来进行色散补偿。飞秒激光器振荡器如图 3－1 所示。

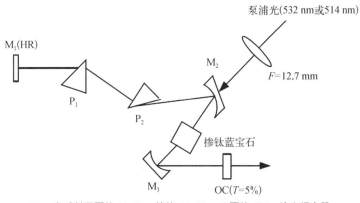

泵浦光(532 nm或514 nm)

M_1(HR)

M_2

F＝12.7 mm

P_1

P_2

掺钛蓝宝石

M_3

OC(T＝5%)

图 3－1
飞秒激光器振
荡器

M_1—高反射平面镜;P_1、P_2—棱镜;M_2、M_3—凹面镜;OC—输出耦合器

获得超短脉冲的主要方法就是运用调 Q 或锁模技术。在飞秒量级的激光技术中,获得超短脉冲的主要方法是锁模技术。利用锁模技术对激光束进行调制,使光束中不同的振荡纵模具有确定的相位关系,从而使各个模式相干叠加得到超短脉冲。锁模激光器脉宽可达(10～11)～(10～14) s,相应地具有很高的峰值功率。锁模的方法主要有两种:主动锁模和被动锁模。主动锁模是在激光腔内插入一个调制器,调制器的调制频率应精确地等于纵模间隔,这样可以得到重复率为 $f = c/(2L)$ 的锁模脉冲序列。根据调制原理的不同,调制可分为相位调制和振幅调制。被动锁模是根据可饱和吸收体的特性进行锁模的,在激光谐振腔中插入可饱和吸收体来调节腔内的损耗,当满足锁模条件时,就可获得一系列的锁模脉冲。根据锁模形成过程的机理和特点,被动锁模分为固体激光器的被动锁模和染料激光器的被动锁模两种类型。

自 1990 年苏格兰 Spence 等发现掺钛蓝宝石激光的自锁模现象以来,自锁模技术已成为目前超短脉冲研究领域的主导。所谓自锁模,是指某些含有强克尔效应介质的振荡器,在特定的腔型结构下,无须采用任何外加的调制或饱和吸收体,即可实现稳定的锁模运转。关于钛宝石激光器自锁模的原理至今尚无统一的理论解释。但大多数学者认为,其锁模现象与掺钛蓝宝石增益介质的克尔效应引起的光束自聚焦有关。掺钛蓝宝石激光器自锁模属于被动锁模。从时域角度看,任何带有被动性质的锁模激光器,腔内都存在这样的元件,它们首先从噪声中选取强度较大的脉冲作为脉冲序列的种子,然后利用其锁模器件的非线性效应使脉冲的前后沿的增益小于 1,而使脉冲中间的增益大于 1,脉冲在腔内往返过程中不断被整形放大,脉冲宽度被压缩,直到稳定锁模。在掺钛蓝宝石自锁模激光器中,掺钛蓝宝石介质折射率的非线性效应可表示为

$$n = n_0 + n_2 I(t) \tag{3-1}$$

式中,n_0 是没有发生非线性效应时的折射率,与光强无关;n_2 是非线性折射率系数;$I(t)$ 为光强。

飞秒激光器具有峰值功率高、在极短时间内可以形成高能量的超短脉冲的

特性。当飞秒激光器照射介质表面时,非线性吸收增强,吸收时间小于能量传递给晶格的时间,从而可以使得激光能量能够传递至介质的某些区域,当聚焦的能量足够大时,价带电子转变为导带电子,使得材料本身发生一些物理性变化,例如折射率的改变等。价带电子转变为导带电子的方式有多光子电离、雪崩电离等。

3.1.2　太赫兹时域光谱学

太赫兹波段包括大部分分子的转动能级和一部分振动能级,很多分子在这一波段都具有特征指纹,因而太赫兹光谱技术可以被用来研究材料的远红外性质和频率的关系,这些关系可以帮助我们深入地了解与材料应用相关的重要的材料性质。目前已经有很多方法可以得到材料的太赫兹光谱。

太赫兹时域光谱(terahertz time-domain spectroscopy,THz - TDS)技术是20世纪80年代由 AT&T、Bell 实验室和 IBM 公司的 T. J. Watson 研究中心发展起来的,是最新的太赫兹技术。THz - TDS 技术基于利用飞秒激光技术获得的宽波段太赫兹脉冲,具有高灵敏度、时间分辨相位信息、高信噪比等优点,越来越多地被应用于各种材料特性的研究当中。

太赫兹波段的中心频率为 0.33 THz,属于远红外区域,光子能量范围为0.4～80 meV,对应分子能级间变化的基本能量范围。当太赫兹光子与一个分子作用时,分子会吸收特定能量的太赫兹光子而改变自身的转动状态。很多材料在太赫兹波段都有基本能量,对太赫兹光子的吸收能够揭示分子转动或振动状态的变化。

在光谱技术中目前主要有傅里叶变换光谱、窄波段技术和太赫兹时域光谱。傅里叶变换光谱(Fourier Transform Spectrometer,FTS)可能是最常见的用来研究分子共振的手段,这种技术的优越性是有着很宽的光谱波段,可以用来研究材料从太赫兹到红外波段的光谱性质。在 FTS 的实验中,材料样品被一个宽波段的辐射源如电弧灯照明,一个直接的测量装置(如液氦冷却的热辐射测量仪)被用来测量干涉信号。样品被置于一个光学干涉仪系统中,扫描干涉仪的一个臂的行程获得被样品调制的红外辐射的时间域的信号,然后对信号进行傅里叶变换,就获得了样品的功率谱密度。FTS方法的缺点是它的光谱分辨率十分有限。

　　窄波段技术比FTS使用更窄波段的可调谐太赫兹光源或者探测器,可以实现更高光谱分辨率的测量。在窄波段技术系统中,可调的太赫兹光源或者探测器被调谐到需要的波段,样品在光谱上的反应被直接测量。FTS和窄波段的光谱技术主要用于天文学的研究中,也都被广泛地用于被动监视分子热发射谱线的系统中。

　　太赫兹时域光谱是一种十分有效的相干探测技术,是太赫兹技术中应用最为普遍的技术之一,它是通过飞秒激光脉冲得到太赫兹脉冲,进而得到幅值和相位信息。通常的TDS系统光路基本由超快飞秒激光器、太赫兹发射元件、太赫兹探测元件和时间延迟控制系统组成,如图3-2所示。

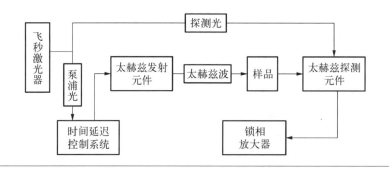

图3-2
太赫兹时域光谱系统示意

　　太赫兹时域光谱系统的实现方式主要有透射式、反射式、差分式和椭偏式等,其中最常用的是透射式和反射式两种。这两种系统的基本工作原理大致相同:飞秒激光脉冲被分束器分成两束光,一束是泵浦光,用于激发太赫兹发射元件产生超短太赫兹脉冲;另一束是探测光,用于探测太赫兹脉冲的瞬时电场振幅,通过扫描探测激光和太赫兹脉冲相对时间延迟获得太赫兹脉冲电场强度随时间变化的波形,最后连接到锁相放大器上,经计算机进行相应的数据采集和处理。

　　通过太赫兹时域光谱系统可以获得时域波形的振幅和相位信息,并由快速傅里叶变换可同时获得被测样品的吸收和色散光谱的频域波形,且太赫兹脉冲峰值功率很高,脉宽在皮秒量级,便于进行时间分辨的研究。同时,通过对测定到的频谱数据进行处理和分析,由此能够得到被测物的折射率和吸收系数等参数曲线。太赫兹时域光谱系统的这些独特性质能够很好地应用于太赫兹成像技术中,对提高太赫兹成像的分辨率和辨别度有着重要的意义。

3.2 基于光电导的超宽带太赫兹脉冲辐射源

关于太赫兹辐射的产生有很多种方法,主要可分为电子学和光子学两种手段。每种方法都有其自身的缺陷,电子学虽然能够产生较高功率的太赫兹辐射,但谱宽较窄,一般只有几百 GHz,而运用光子学方法产生的太赫兹波带宽很宽,最宽可覆盖从零到十多 THz,但是辐射能量相对很低,一般为纳瓦或皮瓦量级。太赫兹波用于频谱分析时,常常会遇到衰减很大的物质,使得测量对物质的厚度和被测物质的形态有很强的选择性,不利于太赫兹频谱技术的推广。因此,宽带且高输出能量的太赫兹源是走向太赫兹技术成熟应用的关键。本节重点介绍基于光电导的太赫兹辐射产生方式。

早在 1970 年代末,人们便利用锁模脉冲对光电导开关进行了早期研究[2,3]。在 1980 年代末,光电导开关首次被制作成太赫兹脉冲发射器和探测器,从此光电导开关法便得到广泛应用[4,5]。1984 年,Auston 等通过在一块半导体介质的表面安装光电导天线的方法获得了脉宽大约为 1.6 ps 的电磁脉冲辐射,并通过对这个重复的电磁脉冲进行采样完成相干测量[6],该实验的成功标志着脉冲太赫兹光电子学研究的开始。1988 年,Auston 和 Nuss 等通过在光电导材料薄膜上添加偶极天线的方式,在实验中观察到频率范围在 0.1~1 THz 的电磁辐射,首次发表了具有太赫兹频率的电磁脉冲的科技论文[7]。接着,Van Exter 等又对发射和探测的光电导天线进行了改进,他们在两者上面各加上一个硅透镜来提高太赫兹的收集利用效率,并利用离轴抛物面镜来收集辐射的太赫兹信号,测量太赫兹辐射的频率成分并用其进行光谱分析研究,他们的工作标志着 THz - TDS 技术的正式出现[8,9]。

当今,尽管产生太赫兹的方法很多,但光电导天线因其结构简单、使用方便、价格相对低廉,并且辐射的太赫兹电磁波具有高功率、超宽谱、性能稳定等特点,成为目前研究最成熟、应用最普遍的太赫兹波发生器，广泛应用于太赫兹光谱技术中，其对太赫兹时域光谱系统的性能有着至关重要的作用。

　　光电导天线是通过在光电导半导体材料表面淀积金属电极制成偶极天线结构，利用在两个电极之间所施加的偏置电压驱动由超快激光激发的自由载流子做加速运动，从而向外辐射脉冲太赫兹波。光电导天线的基本结构和工作原理如图 3-3 所示。制作光电导天线基底的光电导材料要求具有载流子寿命短、载流子迁移率高、材料的暗电阻率大的特点，常用的材料有高电阻率的砷化镓（GaAs）、磷化铟（InP）以及有缺陷结构的硅（Si）晶片等，其中最常用的是低温生长砷化镓材料（LT-GaAs）。常被用于提供偏置电压的天线结构有赫兹偶极子天线结构、共振偶极子天线结构和锥形天线结构等。

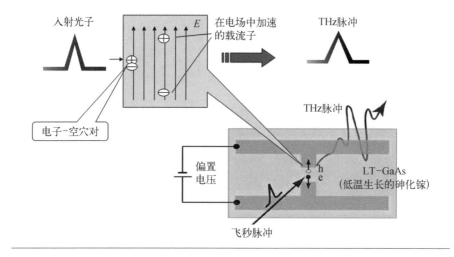

图 3-3
光电导天线的
基本结构和工
作原理示意

　　光电导天线作为太赫兹发射体可以用 Hertzian 偶极子天线模型来表示，其尺寸远小于辐射波长。图 3-4 表示一个典型的光电导天线的电偶极子辐射原理。当发射源的尺寸（与激发光束的光斑大小 ω_0 相近）远小于太赫兹波长 λ_{THz}（1 THz 时对应 300 μm）时，偶极子近似理论是成立的。这里只讨论经过长距离传播（即远场范围：$r \gg \lambda_{\mathrm{THz}}$）。

　　自由空间太赫兹电偶极子辐射可以表示为[10]

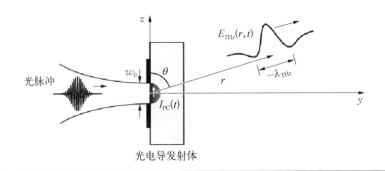

图 3-4
光电导天线的
电偶极子辐射
原理

光电导发射体

$$E_{\mathrm{THz}}(t)=\frac{\mu_0}{4\pi}\frac{\sin\theta}{r}\frac{\mathrm{d}^2}{\mathrm{d}\,t_r^{\,2}}\big[p(t_r)\big]\hat{\theta} \qquad (3-2)$$

式中，$p(t_r)$ 是发射源在 $t_r=t-r/c$ 时的偶极矩。偶极矩的时间导数可以表示为

$$\frac{\mathrm{d}p(t)}{\mathrm{d}t}=\frac{\mathrm{d}}{\mathrm{d}t}\int\rho(r',t)r'\,\mathrm{d}^3r'=\int r'\frac{\partial\rho(r',t)}{\partial t}\mathrm{d}^3r' \qquad (3-3)$$

式中，$\rho(r',t)$ 是电荷载流子密度。用连续性方程

$$\nabla\cdot J+\frac{\partial\rho}{\partial t}=0 \qquad (3-4)$$

可将该积分改写为

$$\frac{\mathrm{d}p(t)}{\mathrm{d}t}=-\int r'\nabla\cdot J(r',t)\,\mathrm{d}^3r'=\int J(r',t)\,\mathrm{d}^3r' \qquad (3-5)$$

式中，$J(r',t)$ 是光电流密度。假设载流子传输是一维的，有

$$\frac{\mathrm{d}p(t)}{\mathrm{d}t}=\int J(z',t)\,\mathrm{d}^3z'=\int_{-\omega_0/2}^{\omega_0/2}I_{\mathrm{PC}}(z',t)\mathrm{d}z'=\omega_0\,I_{\mathrm{PC}}(t) \qquad (3-6)$$

式中，ω_0 是激发光束的光斑大小，$I_{\mathrm{PC}}(t)$ 是光电流。于是太赫兹电场可表示为

$$E_{\mathrm{THz}}(t)=\frac{\mu_0}{4\pi}\frac{\sin\theta}{r}\frac{\mathrm{d}^2}{\mathrm{d}\,t_r^{\,2}}\big[I_{\mathrm{PC}}(t_r)\big]\hat{\theta}\propto\frac{\mathrm{d}\,I_{\mathrm{PC}}(t)}{\mathrm{d}t} \qquad (3-7)$$

由式(3-7)可知，太赫兹电场正比于光电流的时间导数。

3.3 基于光整流的超宽带太赫兹脉冲辐射源

3.3.1 光整流产生太赫兹波的基本过程

光学整流现象是非线性介质(如电光晶体)的二次非线性电极化效应。根据傅里叶变换原理,一束宽频带的超短激光脉冲可以看作一系列单色光的叠加,这些单色光成分在非线性介质中会发生和频与差频振荡现象,其中和频振荡将产生频率接近二次谐波的电磁波成分,而差频振荡则会产生一个低频电极化场,这个随时间变化的低频电极化场便可以辐射太赫兹波。

采用一脉冲宽度为 100 fs、波长为 800 nm 的激光照射非线性晶体 $LiNbO_3$,其光整流产生太赫兹波的过程如图 3-5 所示。发生差频效应的同时也发生了和频效应,可以通过观察 $LiNbO_3$ 晶体中产生蓝光(二次谐波)的强弱来粗略推测光整流效应的强弱。

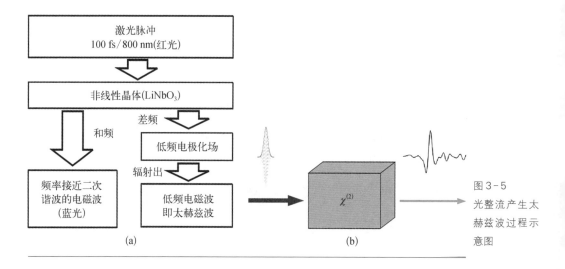

图 3-5 光整流产生太赫兹波过程示意图

3.3.2 光整流产生太赫兹波的机理分析

从本质上讲,光在介质中的传播过程就是光和介质相互作用的过程,是一种动态过程,这一过程可分为介质对光的响应和介质的辐射。在一非线性材料中,电位移矢量表示为[11]

$$D = \varepsilon_0 E + P_L + P_{NL} \tag{3-8}$$

式中，P_L、P_{NL} 分别表示线性极化强度和非线性极化强度；E 是光的电场强度矢量。非线性介质对光电场的响应特性，可用极化强度表示[12]：

$$\begin{aligned} P = P_L + P_{NL} &= \varepsilon_0 \chi(E) \cdot E \\ &= \varepsilon_0 \chi^{(1)} \cdot E + \varepsilon_0 \chi^{(2)} : EE + \cdots \\ &= P^{(1)} + P^{(2)} + \cdots \end{aligned} \tag{3-9}$$

式中，$P^{(1)}$ 为线性极化强度；$P^{(i)}$ 表示 i 阶极化强度；$\chi^{(1)} = \varepsilon - 1$ 为第一阶极化率；$\chi^{(i)}$ 表示第 i 阶极化率。

当入射光的频率远小于非线性材料最低谐振频率时，非线性极化率与频率无关，二阶极化率可由非线性光学系数 d 表示[13]：

$$\chi_{ijk}^{(2)}(\omega, -\omega) = 2d_{ijk}(\omega, -\omega) \tag{3-10}$$

取有效值为

$$\chi_{\text{eff}}^{(2)} = 2d_{i\,\text{eff}} \tag{3-11}$$

式中有效非线性光学系数为 $d_{i\text{eff}} = -\dfrac{n_{\text{opt}} r}{4}$，$r$ 为晶体的电光系数。在非磁性无传导电流的介质中，由麦克斯韦方程组可推导出电场波动方程为

$$\nabla^2 E - \mu_0 \frac{\partial^2 D}{\partial t^2} = 0 \tag{3-12}$$

把式(3-8)代入式(3-12)可得非线性介质中的波动方程：

$$\nabla^2 E - \mu_0 \frac{\partial^2 D^{(1)}}{\partial t^2} = \mu_0 \frac{\partial^2 P_{NL}}{\partial t^2} \tag{3-13}$$

式中，$D^{(1)} = \varepsilon E$ 为一阶电位移矢量。

如果将一单频入射光电场分量表示为

$$\bar{E}(t) = E e^{-j\omega t} + \text{c.c} \tag{3-14}$$

式中 c.c 表示 $E e^{-j\omega t}$ 的复数共轭。若非线性晶体的二次极化率不为零，根据式(3-9)可得二阶极化强度为

$$\bar{P}^2(t) = 2\chi^{(2)}\bar{E}^* E + \left[\chi^{(2)} E^2 e^{-2j\omega t} + \text{c.c}\right] \qquad (3-15)$$

由式(3-15)可知,二阶非线性极化的第一项为直流分量(整流),可产生静态电场,但并不辐射出电磁波,第二项为和频的 2ω 分量,即产生二次倍频的电磁波。当一个超短激光脉冲入射到非线性晶体上时,其不同频率成分在非线性晶体中差频产生随时间变化的极化电场,从而辐射出太赫兹波。也就是说,光整流过程实际上是一种特殊的差频过程。

为简化分析,假设泵浦激光为一有限宽度的超短脉冲,其脉冲宽度为 τ,中心频率为 ω_0,将其近似看成沿 z 轴单向传播的平面波,且时域波形呈高斯分布,则光电场可表示为

$$E(z,\ t) = \frac{1}{2}\left[E_0 \cdot e^{-t^2/\tau^2} \cdot e^{j(\omega_0 t - kz)} + E_0 \cdot e^{-t^2/\tau^2} \cdot e^{j(\omega_0 t - kz)}\right] \quad (3-16)$$

因此,其脉冲的光强包络 $I(t)$ 与 e^{-2t^2/τ^2},脉冲的半高宽(at Half Maximum)为 $\tau_{FWHM} = \sqrt{2\ln 2}\tau = 1.18\tau$,一维非线性波动方程为

$$\frac{\partial^2 E(z,\ t)}{\partial z^2} - \mu_0\varepsilon\frac{\partial^2 E(z,\ t)}{\partial t^2} = \mu_0\frac{\partial^2 P_{NL}(z,\ t)}{\partial t^2} \qquad (3-17)$$

其中,假定入射光波的角频率为 Ω,由其激发的低频电极化场辐射出来的太赫兹波的角频率为 ω,则频域的非线性极化强度可表示为[14,15]

$$P_{NL}(\Omega) = \varepsilon_0\chi^{(2)}\int_{-\infty}^{\infty} E(\omega + \Omega) \cdot e^{-jk\omega + \Omega z} E^*(\omega) \cdot e^{jk\omega z}\,\mathrm{d}\omega \qquad (3-18)$$

$\chi^{(2)}$ 为光整流过程的晶体的二阶非线性极化率。设晶体的长度为 L,泵浦激光入射面位于 $z=0$,即 $E(\Omega, 0) = 0$。光整流辐射出的太赫兹电场分量表达式为

$$E(\Omega,\ L) = -j\frac{\Omega\chi^{(2)} E_0^2 \tau L}{4\sqrt{2\pi}\,cn_{\text{THz}}}\sin c\left(\frac{\Delta k L}{2}\right) \cdot e^{-\tau^2\Omega^2/8} \cdot e^{j\Delta k L/2} \qquad (3-19)$$

其对应的太赫兹波强度为

$$I_{\text{THz}}(\Omega,\ L) = \left(\frac{\Omega\chi^{(2)} E_0^2 \tau L}{4\sqrt{2\pi}\,cn_{\text{THz}}}\right)^2\sin c^2\left(\frac{\Delta k L}{2}\right)e^{-\tau^2\Omega^2/4} \qquad (3-20)$$

由式(3-20)可看出,产生的太赫兹波强度不仅与入射光强度、晶体的二阶

非线性系数有关,还与相位失配分量 Δk 等参数有关。

3.3.3 光整流产生太赫兹波的转换效率

前面已经对无耗晶体光整流产生太赫兹波的机理进行了分析,然而实际使用的非线性晶体对入射光波和太赫兹波均存在吸收损耗,并且在太赫兹波段吸收损耗往往更为显著。现在将晶体对太赫兹波吸收损耗考虑进去,则入射激光到太赫兹波能量转换效率可表示为

$$\eta_{\mathrm{THz}} = \frac{2\Omega^2 d_{\mathrm{eff}} L^2 I}{\varepsilon_0 n_{\mathrm{opt}}^2 n_{\mathrm{THz}} c^3} \exp\left(-\frac{\alpha_{\mathrm{THz}} L}{2}\right) \frac{\sin h^2(\alpha_{\mathrm{THz}} L/4)}{(\alpha_{\mathrm{THz}} L/4)^2} \tag{3-21}$$

式中,Ω 为太赫兹波的角频率;d_{eff} 为有效非线性光学系数;I 为入射光强度;ε_0 为真空中的介电常数;c 为真空中的光速;L 为非线性晶体的长度;α_{THz} 为太赫兹波段晶体的吸收系数;n_{opt} 和 n_{THz} 分别为入射激光和太赫兹波的折射率。

如果晶体对太赫兹波的吸收系数很小,$\alpha_{\mathrm{THz}} L$ 远小于1,则式(3-21)可以近似为

$$\eta_{\mathrm{THz}} = \frac{2\Omega^2 d_{\mathrm{eff}}^2 L^2 I}{\varepsilon_0 n_{\mathrm{opt}}^2 n_{\mathrm{THz}} c^3} \tag{3-22}$$

如果晶体对太赫兹波的吸收系数较大,则式(3-22)可以近似为

$$\eta_{\mathrm{THz}} = \frac{8\Omega^2 d_{\mathrm{eff}}^2 L^2 I}{\varepsilon_0 n_{\mathrm{opt}}^2 n_{\mathrm{THz}} c^3 \alpha_{\mathrm{THz}}^2} \tag{3-23}$$

事实上,并不是 L 越大效率就越高,这是因为当晶体长度大于太赫兹波的趋肤深度时,太赫兹波只有极小一部分能够辐射输出。实际上,只有在离晶体外表面距离小于 1 THz L 的区域产生的太赫兹波才是能够有效辐射输出的太赫兹波。

3.4 强场超宽带太赫兹脉冲辐射源

前面介绍的太赫兹脉冲辐射源中,每种辐射源都有各自的优缺点。光电导

开关方法产生太赫兹脉冲,有很高的转换效率和相对较高的能量;但光导开关装置复杂,而且得到的太赫兹脉冲光谱相对比较窄,这些缺点使其在应用时受到了极大限制。基于光学整流效应的太赫兹发生方法可以达到相对很宽的带宽,而且实验的准备工作相对简单。但这种方法效率很低,量子极限效率只有1%。当我们需要强度很高的太赫兹脉冲时,尤其是用飞秒激光放大器作为太赫兹的泵浦光源时,把飞秒激光聚焦到非线性晶体时会造成非线性晶体的损坏。

下面介绍一种利用空气中的四波混频效应得到太赫兹脉冲的方法,该方法实验装置简单,能得到宽带的强太赫兹脉冲[16]。基于飞秒激光空气等离子体诱导产生太赫兹脉冲的关键主要有两个方面:① 利用基频光(800 nm)和倍频(400 nm)同时聚焦产生空气等离子体,进而辐射出高能量、宽带宽的太赫兹脉冲。这样可以满足高能量太赫兹光谱和成像的需要[17],从而为非线性太赫兹光谱提供了可靠的光源。② 空气中飞秒激光成丝远程辐射太赫兹和基于等离子体的远程探测技术,可以实现太赫兹远程传感。

基于飞秒激光空气等离子体诱导产生太赫兹脉冲的基本原理可以解释为[18,19]:激光脉冲聚焦产生的有质动力(Ponderomotive force)造成原子中离子和电子在空间中的分离,这种空间的瞬时的分离会致使辐射瞬时电磁波,如图 3-6 所示。然而,太赫兹脉冲在空气中传播时,空气中水分子对太赫兹脉冲有很强的吸收,这样太赫兹远程传感就变得非常困难。为了解决这一问题,研究人员提出一种基于飞秒激光成丝的新的太赫兹辐射机制,实验原理如图

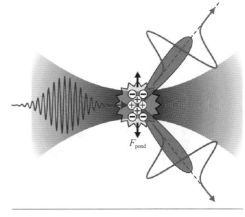

图 3-6
飞秒激光聚焦到气体中辐射太赫兹原理图

3-7所示,飞秒激光脉冲在空气中传播形成等离子体细丝,通过这种方法可以非常容易地把太赫兹辐射源置于被测物体周围,为太赫兹远程传感提供了很好的辐射源。通过分析测量结果,这种辐射的物理机制被认为是[20]:和激光传播方向平行的偶极子(dipole)以光速随激光脉冲传播,在传播过程中辐射太赫兹波。

太赫兹脉冲的时域特性由光丝等离子体中原子-电子碰撞时间(electron-atom collision time)和等离子波周期(plasma wave period)所决定。

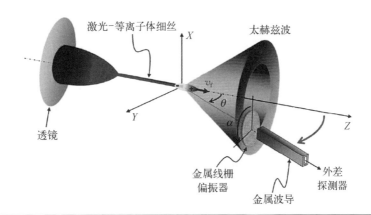

图 3-7
飞秒激光成丝辐射太赫兹的产生机制和探测方法

在解决了太赫兹脉冲远程产生的同时,太赫兹的远程探测技术也得到了很好的发展。和传统的电光取样或光电导取样技术相比,基于空气等离子体的太赫兹探测技术可以在远距离外探测太赫兹脉冲的时域电场,从而解决了太赫兹远程传感的技术难题。

参考文献

[1] Sirtori C. Applied physics: Bridge for the terahertz gap[J]. Nature, 2002, 417 (6885): 132 - 133.

[2] Lee C H. Picosecond optoelectronic switching in GaAs[J]. Applied Physics Letters, 1997, 30(2): 84 - 86.

[3] Lee C H, Mathur V K. Picosecond photoconductivity and its applications[J]. IEEE Journal of Quantum Electronics, 1981, 17(10): 2098 - 2112.

[4] Fattinger C, Grischkowsky D. Terahertz beams[J]. Applied Physics Letters, 1989, 54(6): 490 - 494.

[5] Fattinger C, Grischkowsky D. Point source terahertz optics[J]. Applied Physics Letters, 1988, 53(16): 1480 - 1482.

[6] Auston D H, Cheung K P, Smith P R. Picosecond photoconducting hertzian dipoles [J]. Applied Physics Letters, 1984, 45(3): 284 - 286.

[7] Smith P R, Auston D H, Nuss M C. Subpicosecond photoconducting dipole

antennas [J]. IEEE Journal of Quantum Electronics, 1988, 24(2): 255 - 260.

[8] Van Exter M, Fattinger Ch, Grischkowsky V. Terahertz time-domain spectroscopy of water vapor [J]. Optics Letters, 1989, 14: 1128 - 1130.

[9] Van der Exter M, Grischkowsky D. Characterization of an optoelectronic terahertz beam system [J]. IEEE Transactions on Microwave Theory and Techniques, 1990, 38(11): 1684 - 1691.

[10] Duvillaret L, Garet F, Roux J F, et al. Analytical modeling and optimization of terahertz time-domain spectroscopy experiments using photoswitches as antennas [J]. IEEE Journal of Selected Topics in Quantum Electronics, 2001, 7: 615 - 623.

[11] Armstrong J A, Bloembergen N, Ducuing J, et al. Interactions between light wave in a nonlinear dielectric[J]. Physical Review, 1962, 127(6): 1918 - 1939.

[12] Bass M, Franken P A, Hill A E, et al. Optical mixing [J]. Physical Review Letters, 1962, 8(1): 18.

[13] Shun L, Stefan S. Optical rectification in semiconductor surfaces[J]. Physical Review Letters, 1992, 68(1): 102 - 104.

[14] 马新发,张希成.亚皮秒光整流效应[J].物理,1994,23(7): 390 - 394.

[15] Liu Y. Optical rectification induced by Al - Si schotty barrier potential and mechanism of two-photon response[J]. Chinese Journal of Semiconductors, 2002, 23(8): 805 - 808.

[16] Cook D, Hochstrasser R. Intense terahertz pulses by four-wave rectification in air [J]. Optics Letters, 2000, 25(16): 1210 - 1212.

[17] Ho I, Guo X, Zhang X C. Design and performance of reflective terahertz air-biased-coherent-detection for time-domain spectroscopy[J]. Optics Express, 2010, 18(3): 2872 - 2883.

[18] Bartel T, Gaal P, Reimann K, et al. Generation of single-cycle THz transients with high electric-field amplitudes[J]. Optics Letters, 2005, 30(20): 2805 - 2807.

[19] Hamster H, Sullivan A, Gordon S, et al. Subpicosecond, electromagnetic pulses from intense laser-plasma interaction[J]. Physical Review Letters, 1993, 71(17): 2725 - 2728.

[20] van Tilborg J, Schroeder C, Filip C, et al. Temporal characterization of femtosecond laser-plasma-accelerated electron bunches using terahertz radiation[J]. Physical Review Letters, 2006, 96(1): 5 - 8.

4

基于参量振荡技术的
窄带可调谐脉冲太赫
兹辐射源

基于受激电磁耦子散射过程的可调谐太赫兹波参量振荡技术,不仅可以产生相干窄带、高能量、可连续调谐的太赫兹波辐射,还具有非线性转换效率高、调谐方式简单多样、只需一个固定波长的泵浦源以及所使用的非线性晶体价格较低等优点,因此近十几年来备受人们关注。

本章首先从理论上介绍了基于晶格振动模的受激电磁耦子散射的基本原理,并对在此过程中所涉及的太赫兹波增益、损耗以及泵浦功率、泵浦光波长、工作温度对它们的影响等问题进行了详细的理论分析和数值模拟。

4.1 非线性参量过程

非线性光学参量作用是一种与非线性介质二阶非线性极化率有关的三波混频过程。当一束频率为 ω_p 的强泵浦光入射到非线性晶体中时,基于二阶非线性极化效应,在晶体中便会通过自发辐射机制产生频率分别为 ω_s 和 ω_i 的噪声辐射 ($\omega_s > \omega_i$),一般定义高频(短波长)的为信号光,低频(长波长)的为闲频光。此时,参量过程满足能量守恒条件 $\omega_p = \omega_s + \omega_i$,当满足动量守恒条件(即相位匹配条件)$\vec{k}_p = \vec{k}_s + \vec{k}_i$ 时,信号光和闲频光具有最大增益,从而该混频过程可持续、高效地进行,泵浦光的能量将通过有效非线性极化率 χ_{eff} 不断地耦合到信号光和闲频光中,形成参量放大。图 4-1 为参量过程中三波能量守恒条件和相位匹配条件示意图。如果将非线性晶体放置于一光学谐振腔内,当参量放大的增益不小于腔内损耗加耦合损耗时,则可分别在信号光和闲频光频率处得到持续的相干光振荡输出,这就构成了参量振荡器。

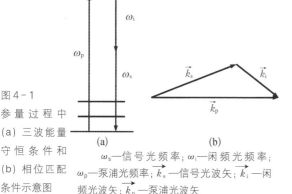

图 4-1
参量过程中
(a) 三波能量守恒条件和
(b) 相位匹配条件示意图

ω_s—信号光频率; ω_i—闲频光频率; ω_p—泵浦光频率; $\vec{k}_s$—信号光波矢; $\vec{k}_i$—闲频光波矢; $\vec{k}_p$—泵浦光波矢

非线性光学参量作用的一个显著特点就是参与作用的三波不与介质发生任

何能量交换,也就是说不考虑晶体对三波的吸收损耗作用。在典型的非线性参量过程中,三波一般都处于可见、近红外或中红外波段范围内,而远离处于紫外波段最低的电子态共振能级(电子吸收带)和处于中、远红外波段最高的晶格振动能级,也就是说产生的信号光和闲频光都是电磁特性的。这时,非线性极化仅由电子运动引起,而离子的贡献可忽略。当满足能量守恒条件和动量守恒条件时,通过选择合适的非线性介质和泵浦波长,信号光 ω_s 和闲频光 ω_i 可以在一定范围内实现连续调谐。此时,非线性极化率的大小可以认为与频率无关,近似为一常数。但当闲频光的频率接近非线性晶体的晶格振动能级时,如图 4 - 2 所示,不仅非线性极化率会共振增强,而且晶体对闲频光的吸收也变得很大,此时的参量增益特性正是研究人员所感兴趣的。在这种情况下,闲频光处于远红外波段,如果它可以和晶格振动模发生耦合,生成如上一章所述的电磁耦子,则可认为该晶格振动模是红外活性的,此时形成的电

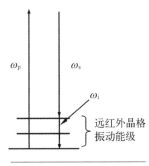

图 4 - 2 接近晶格振动能级时参量作用示意图

磁耦子既具有电磁特性,又具有机械振动特性。晶格振动的红外活性的选择定则为:分子在振动过程中电偶极矩发生变化,且在平衡位置附近电偶极矩导数不为零,即 $\left(\dfrac{\partial \vec{M}}{\partial Q}\right)_0 \neq 0$。

在 20 世纪 60 年代,随着具有高能量、高亮度、相干性和单色性好的激光的出现,使得研究物质对光场的非线性响应成为可能。1961 年,P. A. Franken 等[1]将红宝石激光束入射到石英片上,发现了二次谐波现象,揭开了非线性光学研究史上的第一页。接着,科学家[2-5]在理论上首先预言了三波互作用过程中存在参量增益的可能,并在 1965 年由 C. C. Wang 等[6]首次完成了三波混频的参量实验,同年 J. A. Giodmaine 和 R. C. Miller[7]制成了第一台脉冲运转的光学参量振荡器。几十年来,随着多种非线性光学材料的出现,光学参量振荡器有了连续运转、内腔、外腔式等结构形式,相关研究工作正朝着高功率和高效率输出、实现宽而平滑的调谐、压缩输出谱线宽度等方向迅速发展,其目前已被广泛应用于大气污染遥测、分子光谱、激光红外对抗、光化学和同位素分离等研究中。

4.1.1 拉曼散射过程

拉曼散射过程也是利用一束泵浦光激发介质产生不同频率波辐射的三波互作用过程,在不同条件下具有一阶(自发拉曼散射过程)、二阶(超拉曼、超瑞利散射过程等)和三阶(受激拉曼散射过程等)非线性效应。从量子理论粒子能级跃迁的观点来看,它是入射光子产生或湮灭声子的过程。此时,能发生拉曼散射过程的晶格振动模被认为具有拉曼活性,其选择定则为:在振动过程中,分子的极化率发生变化且在平衡位置附近极化率导数(称作导数极化率)不为零,即 $\left(\dfrac{\partial \chi}{\partial Q}\right)_0 \neq 0$。以斯托克斯(Stokes)光散射过程为例,它与非线性参量过程类似,都是一种频率下转换过程,仍满足能量守恒条件 $\omega_p = \omega_{\text{Stokes}} + \omega_v$ 和动量守恒条件 $\vec{k}_p = \vec{k}_{\text{Stokes}} + \vec{k}_v$,$\omega_v$ 和 $\vec{k}_v$ 是声子的振动频率和波矢。

值得注意的是,在非线性参量过程中三波皆为电磁波辐射,而在拉曼散射过程中产生的 Stokes 光为电磁特性(相当于参量过程中的信号光),它与泵浦光一样都远高于介质最高的晶格振动能级,因而可以认为泵浦光和 Stokes 光在介质中是无损耗的;而产生的声子(相当于参量过程中的闲频光)则是以热振动的形式存在,表现出纯机械振动的特性。声子是一种准粒子,具有确定的能量和一定的准动量。声子的准动量特性可以使其在拉曼散射过程中为任意值,从而在(受激)拉曼散射过程中动量守恒条件(或者说相位匹配条件)很容易被满足,不受双折射效应的约束,对晶体的质量要求不高,因此根据此受激散射原理组成的拉曼激光器受诸如机械振动、热扰动等外界因素的影响较小,这与非线性参量过程的相位匹配技术有着明显的不同。而且,拉曼散射的相对频移只依赖散射介质本身的能级结构,即它是由介质中分子振动或晶格振动的频率所决定的,而与入射光频率无关。换句话说,当入射光频率改变时,拉曼线的相对频移是不变的。人们根据这种特性,利用可调谐激光器作为泵浦源,制成了频率可连续调谐的受激拉曼激光器,目前已被用来获得红外和紫外区的相干辐射。普通的自发拉曼散射的强度约为入射光强度的 $10^{-9} \sim 10^{-6}$,且其散射光为非相干光,方向性差;而在受激拉曼散射过程中,其非线性极化是通过离子运动产生的,其散射光强度可达到与入射光强度相比拟的程度,同时散射光束发散角明显变小,可达到与入射光单色性相当或更窄的程度,并且具有明显的阈值特性。

　　拉曼散射现象的发现距今已有将近 90 年的历史。早在 1922 年法国科学家布里渊(L.Brillouin)、1923 年斯梅卡(A.Smkai)就从理论上预言了,一束单色光入射到物质中,在散射光谱中,除了含有原入射光的频率外,还会在其两侧出现新的谱线(旁带)。1928 年,印度科学家拉曼[8](C. V. Raman)在液态苯中首先观测到了这种现象,所以称为拉曼效应。之后在同年,苏联科学家兰茨贝尔格(G. Landsberg)和曼杰斯塔姆(L. Mandelstam)[9]在研究石英晶体的散射光谱中,独立地发现了这种现象,故在苏联称为联合散射。此后,拉曼散射的研究有了很大发展,特别是 20 世纪 60 年代激光问世以后,这种强单色光源被引入拉曼光散射研究中。1962 年,Woodbury[10]等在利用硝基苯液体作为克尔盒 Q 开关进行红宝石激光器的调 Q 实验中发现了受激拉曼现象。自此以后,这项技术迅速发展起了一门崭新的激光拉曼光谱技术,它与红外光谱技术相结合,成为物质结构研究的一种强大工具。

4.1.2　电磁耦子散射过程

　　在上一章中,我们已经就电磁耦子的一些基本概念和特性进行了简单介绍。电磁耦子是横向光学晶格振动模(TO 模)与电磁波(此时为远红外辐射)在满足一定条件下耦合作用的产物,从而导致晶格振动的色散特性发生明显变化:在长波长、小波矢处表现为明显的类光子特性(电磁特性,与非线性参量作用类似);而在短波长、大波矢处表现为类声子特性(机械振动特性,与拉曼散射过程类似);在这两种情况之间的强耦合区,电磁耦子既不类光子也不类声子,或者说它同时具有电磁和机械振动特性,如图 4 - 3 所示。

　　虽然电磁耦子的色散关系在 20 世纪 50 年代就从理论上预言了[11],但直到60 年代激光拉曼技术出现以后,才从实验上得到证实。如果具有红外活性的晶格振动模可以发生拉曼散射,那么我们称此振动模既具有红外活性又具有拉曼活性。这时,如果在这种晶格振动模上发生受激拉曼散射,那么在满足一定条件的情况下,根据探测到的不同波矢下的 Stokes 光子,不仅可以获得电磁耦子的色散曲线,而且还可在小波矢情况下获得连续可调谐的相干远红外辐射,而不是

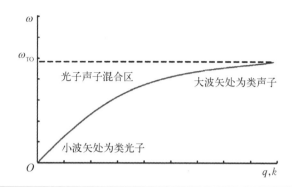

图 4-3
电磁耦子色散
曲线示意

具有机械振动的弹性波,这就是我们感兴趣的太赫兹波辐射。此时,红外活性物质的非线性源自电子和离子振动的共同作用。

电磁耦子的波矢 q 的大小在 10^4 cm^{-1} 以下,而我们所关注的太赫兹波辐射的波矢 $\vec{k}_T$ 则更小,在 300 cm^{-1} 以下。通常拉曼散射所采用的激发光是可见光或近红外光,所以入射光的波矢 $\vec{k}_p$ 和产生的 Stokes 光的波矢 $\vec{k}_s$ 均在 10^5 cm^{-1} 的数量级。因此,只有采用前向拉曼散射技术才可能获得波矢比入射光和散射光波矢小三个数量级以上的电磁耦子色散特性,此时电磁耦子才有可能具有明显的电磁性,从而可通过非线性参量作用产生太赫兹波辐射。在小角度前向拉曼散射的条件下,入射光 ω_p、散射的 Stokes 光 ω_s 和太赫兹波 ω_T 满足能量守恒条件

$$\omega_p = \omega_s + \omega_T \tag{4-1}$$

以及非共线相位匹配条件

$$\vec{k}_p = \vec{k}_s + \vec{k}_T \tag{4-2}$$

式中,$k_i = \dfrac{\omega_i}{c} n_i$;$n$ 为折射率;i=p、s、T,分别代表入射泵浦光、Stokes 光和太赫兹波。

图 4-4 为电磁耦子散射过程的相位匹配示意图。θ 为泵浦光 $\vec{k}_p$ 与信号光 $\vec{k}_s$ 的夹角,φ 为泵浦光 $\vec{k}_p$ 与太赫兹波 $\vec{k}_T$ 的夹角,三波矢满足三角形余弦定理

$$k_T^2 = k_p^2 + k_s^2 - 2k_p k_s \cos\theta \tag{4-3}$$

通过改变 θ，获得不同频移的 Stokes 光子，从而可探测到电磁耦子的色散特性。1965 年，Henry 和 Hopfield[12] 首次采用这种前向拉曼散射的方法，成功测量了闪锌矿结构的 GaP 晶体中电磁耦子的拉曼散射。当时采用 35 mW 的 He-

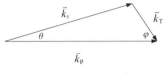

图 4-4
电磁耦子散射
过程的相位匹
配示意图

$\vec{k}_{s}$—信号光波矢；$\vec{k}_{T}$—闲频光波矢；$\vec{k}_{p}$—泵浦光波矢

Ne 激光器作为激发光源，在 $\theta=0° \sim 6°$ 的变化范围内，观察 $60 \sim 70 \ cm^{-1}$ 的拉曼谱线。此后科学家们在一系列样品中都观察到了电磁耦子的拉曼散射。我们在 TPO 实验中亦测量了 $LiNbO_3$ 晶体最低的 A_1 模电磁耦子的色散曲线。需要注意的是，要观察电磁耦子的拉曼散射，正如前面所说的，要求样品必须同时具有红外和拉曼活性。

通过对电磁耦子拉曼散射光谱的研究，不仅可获得离子晶体中电磁耦子的频谱数据，而且利用它还可以决定离子的有效电荷、红外波段的晶体折射率和低频介电常数。通过电磁耦子散射光谱的研究可以更好地理解非线性晶体中的光参量过程和混频过程[13]，以便更好地利用这些过程发展电磁耦子调频激光器[14-16]，并且还有助于了解电磁耦子和双声子的费米共振，以及它与局域模的相互作用。

4.2 基于受激电磁耦子散射过程产生太赫兹波的理论研究

下面我们将根据前人[14,17-24] 已有的理论工作，对在电磁耦子受激散射过程中产生太赫兹波辐射的作用机理进行理论分析和介绍，研究在此受激散射过程中所涉及的晶格振动模色散、与晶格振动有关的三波耦合作用等问题，并给出在此过程中太赫兹波的增益、吸收表达式。需要注意的是，文中引用的理论推导采用的都是 CGS 单位制，而不是国际单位制（SI 制）。

4.2.1 光学晶格振动模的色散

晶格振动可以分解成若干简单的振动，每一种振动方式叫作振动模，用频率 ω 和波矢 $\vec{q}$ 来表示。光波和声波的频率 ω 与波矢 $\vec{k}$ 之间为线性关系，而晶格振动的频率 ω 与波矢 $\vec{q}$ 之间的关系并不是线性关系。晶格振动的 ω-$\vec{q}$ 之间的关系构成了晶格振动的特征色散关系。

从上一章可知,对于简单的双原子复式格子,存在两种独立色散关系的格波,分别为频率较高的光学波支和频率较低的声学波支。对于声学波,相邻不同种原子振动方向相同,在布里渊区中心附近 $(\vec{q} \to 0)$ 时声学波实际上代表原胞质心的振动,不仅相邻原胞中原子振动的相位差趋于零,而且振幅也近乎相等。而对于光学波,情况正好相反,相邻不同种原子振动方向相反,振动过程中原胞的质心保持不动。如果相邻原子分别具有正、负不同种电荷,那么这种振动模可以吸收或产生与晶格振动频率相同的电磁辐射,这时我们称该模具有红外活性。具有红外活性的晶格振动模可以在介质中与具有相同或相近频率的电磁波发生耦合,不仅会改变该电磁波在介质中的传输特性,而且在接近共振频率处晶格振动模的色散曲线也将发生明显变化。

下面我们将从理论上简单介绍具有红外活性的晶格振动模的色散特性。通常,耦合波方程可写为

$$\nabla \times \nabla \times \vec{E}(\omega) + \frac{1}{c^2}\varepsilon_\infty \frac{\partial^2 \vec{E}(\omega)}{\partial^2 t} = -\frac{4\pi}{c^2}\frac{\partial^2 \vec{P}(\omega)}{\partial^2 t} \qquad (4-4)$$

式中,$\vec{E}(\omega)$ 和 $\vec{P}(\omega)$ 分别表示在频率为 ω 时的电场和极化强度;c 为光速;ε_∞ 为与频率无关的高频介电常数。由于在实验中,三波的偏振方向都平行于晶体的光轴方向,而极化矢量亦平行于泵浦光偏振方向,因此上述耦合波方程就可简化为标量方程。简单起见,在这里我们只考虑单一振动模时的情形,其结果可以推广到多振动模情况。

在光电场作用下,介质中的电荷会在电场的作用下产生移动,这种在外电场作用下介质体系内部电荷的移动将会产生相应的电极化强度,简而言之,介质的极化源自外电场作用下介质中电荷的位移。在简谐近似情况下,极化强度和电子振动偏离平衡位置的位移之间有如下关系:

$$P(\omega) = NeQ(\omega) \qquad (4-5)$$

式中,e 为与横向振动有关的电子电荷;N 为单位体积内原胞的粒子数;Q 为振动粒子偏离平衡位置时的位移。则运动方程可表示为

$$\mu\left[\ddot{Q}(\omega)+\Gamma\dot{Q}(\omega)+\omega_0^2(\omega)\right]=eE(\omega) \qquad (4-6)$$

式中，μ 为振动粒子的折合质量；ω_0 为晶格振动的本征共振频率；Γ 为阻尼系数。

假设 $E(\omega)$、$P(\omega)$ 和 $Q(\omega)$ 都以 $e^{i(\vec{k}\cdot\vec{r}-\omega t)}$ 的形式变化，则式（4-4）、式（4-6）可分别改写为

$$\left(-k^2+\frac{\omega^2}{c^2}\varepsilon_\infty\right)E(\omega)=-\frac{4\pi\omega^2}{c^2}P(\omega) \qquad (4-7)$$

和

$$\mu D(\omega)Q(\omega)=eE(\omega) \qquad (4-8)$$

式中，$D(\omega)=\omega_0^2-\omega^2-i\Gamma\omega$。根据式（4-5）和式（4-8）可以求解得到

$$P(\omega)=\frac{Ne^2}{\mu D(\omega)}E(\omega) \qquad (4-9)$$

将式（4-9）代入式（4-7），则可得到色散方程

$$k^2=\frac{\omega^2}{c^2}\left[\varepsilon_\infty+\frac{4\pi Ne^2}{\mu D(\omega)}\right] \qquad (4-10)$$

定义 $\Omega_p^2=\dfrac{4\pi Ne^2}{\mu}$，则上述色散方程可以改写为

$$k^2=\frac{\omega^2}{c^2}\left[\varepsilon_\infty+\frac{\Omega_p^2}{D(\omega)}\right]=\frac{\omega^2}{c^2}\varepsilon(\omega) \qquad (4-11)$$

图 4-5 是根据式（4-11）计算得出的单振动模电磁耦子色散曲线示意图。定义波矢 $k=k'+ik''$，其中 k 的实部 $\mathrm{Re}(k)=k'$（图中右侧部分）为传播常数，表示电磁波的色散，虚部 $\mathrm{Im}(k)=k''$ 表示电磁波的吸收。从图 4-5 中可以看出，传播常数 k' 随着频率的变化而改变，吸收常数 $\alpha=2k''$ 在频率 ω_{TO} 处共振增强，而在 $\omega\to 0$ 时趋

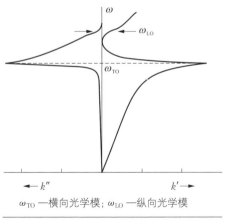

图 4-5
单振动模电磁耦子色散曲线示意图

ω_{TO}—横向光学模；ω_{LO}—纵向光学模

于零。

上面分析的是单振动模的情况,而对于具有多振动模介质的情形,式(4-9)变为

$$P(\omega) = \left[\sum_j \frac{N_j e_j^2}{\mu_j D_j(\omega)} \right] E(\omega) \qquad (4-12)$$

同时色散方程式(4-11)变为

$$k^2 = \frac{\omega^2}{c^2} \left[\varepsilon_\infty + \sum_j \frac{\Omega_{p_j}^2}{D_j(\omega)} \right] = \frac{\omega^2}{c^2} \varepsilon(\omega) \qquad (4-13)$$

式中,$\Omega_{p_j}^2 = \frac{4\pi N_j e_j^2}{\mu_j}$, $D_j(\omega) = \omega_0^2 - \omega^2 - i\Gamma_j\omega$。

4.2.2 与晶格振动模有关的三波耦合作用的理论研究

在这一节,我们将根据 Henry 和 Garrett 以及 Sussman[20] 等的理论研究工作,对在受激电磁耦子散射中三波互作用的机理进行理论分析,并推导出在此受激散射过程中太赫兹波和 Stokes 光的增益系数和吸收系数的表达式。

简单起见,我们假设泵浦光、Stokes 光和太赫兹波的电场 E 以及晶格振动位移场 Q 均为单色平面波,则有

$$E_\beta = E_\beta(\omega) + \text{c.c.} = A_\beta \exp[i(\vec{k}_\beta \cdot \vec{r} - \omega_\beta t) + \vec{\gamma}_\beta \cdot \vec{r}] + \text{c.c.} \qquad (4-14)$$

和

$$Q_T = Q(\omega_T) + \text{c.c.} = Q_T \exp[i(\vec{k}_T \cdot \vec{r} - \omega_T t) + \vec{\gamma}_T \cdot \vec{r}] + \text{c.c.} \qquad (4-15)$$

式中,β=p、s、T 分别代表泵浦光、Stokes 光和太赫兹波;$\vec{\gamma}$ 为增长或衰减常数;c.c.表示复共轭。

在上一节提到的耦合波方程(4-4)、极化方程(4-5)以及运动方程式(4-6)中,极化项是线性的,所以耦合波方程亦为一线性微分方程。对于非线性频率变换过程,极化项不仅具有线性项,还具有非线性项 P_{NL}。这时,非线性耦合波方程变为

$$\nabla \times \nabla \times \vec{E}(\omega) + \frac{1}{c^2}\varepsilon_\infty \frac{\partial^2 \vec{E}(\omega)}{\partial^2 t} = -\frac{4\pi}{c^2}\left[\frac{\partial^2 \vec{P}(\omega)}{\partial^2 t} + \frac{\partial^2 \vec{P}_{\mathrm{NL}}(\omega)}{\partial^2 t}\right]$$

$$(4-16)$$

而此时多振动模物质的第 j 个振动模的运动方程变为

$$\mu_j D_j(\omega_{\mathrm{T}})Q_j(\omega_{\mathrm{T}}) = F_j(\omega_{\mathrm{T}}) = e_j E(\omega_{\mathrm{T}}) + F_j^{\mathrm{NL}}(\omega_{\mathrm{T}}) \qquad (4-17)$$

式(4-17)中,右边驱动力项分为两个部分:线性部分和源自散射过程的非线性部分。根据 Kleinman[21] 首次提出的能量密度方法,该过程中的能量密度函数可写为

$$U[Q(\omega_{\mathrm{T}}), E(\omega_{\mathrm{T}}), E(\omega_{\mathrm{S}}), E(\omega_{\mathrm{P}})]$$
$$= -[E(\omega_{\mathrm{P}})E(\omega_{\mathrm{S}})^* N d_{\mathrm{Q}} Q(\omega_{\mathrm{T}})^* + d_{\mathrm{E}} E(\omega_{\mathrm{P}})E(\omega_{\mathrm{S}})^* E(\omega_{\mathrm{T}})^*] + \mathrm{c.c.}$$

$$(4-18)$$

式中,d_{E} 和 d_{Q} 为物质的非线性系数,在后面的分析中我们可以看到 d_{E} 项与非线性极化过程中的参量过程有关,而 d_{Q} 则源于极化过程中的振动过程。

根据能量密度函数推得的非线性驱动项分别为

$$P_j^{\mathrm{NL}}(\omega_\beta) = -\frac{\partial U}{\partial E(\omega_\beta)^*} \qquad (4-19)$$

和

$$F_j^{\mathrm{NL}}(\omega_{\mathrm{T}}) = -\frac{1}{N_j}\frac{\partial U}{\partial Q_j(\omega_{\mathrm{T}})^*} \qquad (4-20)$$

将式(4-19)和式(4-20)代入式(4-4)和式(4-17),可得

$$\left(\nabla^2 + \frac{\omega_{\mathrm{T}}}{c^2}\varepsilon_{\infty\mathrm{T}}\right)E(\omega_{\mathrm{T}}) = -\frac{4\pi\omega_{\mathrm{T}}^2}{c^2}\left[d_{\mathrm{E}} E(\omega_{\mathrm{p}})E(\omega_{\mathrm{s}})^* + \sum_j N_j e_j Q_j(\omega_{\mathrm{T}})\right]$$

$$(4-21\mathrm{a})$$

$$\left(\nabla^2 + \frac{\omega_{\mathrm{s}}}{c^2}\varepsilon_{\infty\mathrm{s}}\right)E(\omega_{\mathrm{s}}) = -\frac{4\pi\omega_{\mathrm{s}}^2}{c^2}\left[d_{\mathrm{E}} E(\omega_{\mathrm{p}})E(\omega_{\mathrm{T}})^* + E(\omega_{\mathrm{p}})\sum_j N_j d_{Q_j} Q_j(\omega_{\mathrm{T}})^*\right]$$

$$(4-21\mathrm{b})$$

$$\left(\nabla^2 + \frac{\omega_p}{c^2}\varepsilon_{\infty p}\right)E(\omega_p) = -\frac{4\pi\omega_p^2}{c^2}\left[d_E E(\omega_p)E(\omega_T) + E(\omega_s)\sum_j N_j d_{Q_j}Q_j(\omega_T)\right]$$

$$(4-21c)$$

$$\mu_j D_j(\omega_T)Q_j(\omega_T) = e_j E(\omega_T) + d_{Q_j}E(\omega_p)E(\omega_s)^* \qquad (4-21d)$$

考虑一定的边界条件,通过求解方程组(4-21),就可完全描述该受激散射过程。为了进一步了解该作用过程,我们求解式(4-21d)中的 $Q_j(\omega_T)$,得到

$$Q_j(\omega_T) = \frac{e_j E(\omega_T)}{\mu_j D_j(\omega_T)} + \frac{d_{Q_j}E(\omega_p)E(\omega_s)^*}{\mu_j D_j(\omega_T)} \qquad (4-22)$$

并假设在作用过程中泵浦光无衰减损耗($\vec{\gamma}_p = 0$),将式(4-22)代入式(4-21a)和式(4-21b),则有

$$Q_j'(\omega_T)^* = \frac{\Omega_{p_j}^2 E(\omega_T)^*}{D_j(\omega_T)^*} + \frac{\Omega_{p_j}^2 d_{Q_j}' E(\omega_T)^* E(\omega_s)}{D_j(\omega_T)^*} \qquad (4-23a)$$

$$\left(\nabla^2 + \frac{\omega_T^2}{c^2}\varepsilon_T^*\right)E(\omega_T)^* = -\frac{\omega_T^2}{c^2}\left[d_E' + \sum_j \frac{\Omega_{p_j}^2 d_{Q_j}'}{D_j(\omega_T)^*}\right]E(\omega_p)^* E(\omega_s)$$

$$(4-23b)$$

$$\left(\nabla^2 + \frac{\omega_s^2}{c^2}\varepsilon_{\infty s}\right)E(\omega_s) = -\frac{\omega_s^2}{c^2}\left[d_E' E(\omega_p)E(\omega_T)^* + \sum_j \frac{\Omega_{p_j}^2 d_{Q_j}'}{D_j(\omega_T)^*}E(\omega_p)E(\omega_T)^* \right.$$

$$\left. + |E(\omega_p)|^2 E(\omega_s)\sum_j \frac{\Omega_{p_j}^2 d_{Q_j}'^2}{D_j(\omega_T)^*}\right] \qquad (4-23c)$$

式中,$d_E' = 4\pi d_E$, $d_{Q_j}' = d_{Q_j}/e_j$, $Q_j' = 4\pi N_j e_j Q_j$, $\varepsilon_T^* = \varepsilon_{\infty T} + \sum_j \frac{\Omega_{p_j}^2}{D_j(\omega_T)}$。

下面我们来分析式(4-23c)中右边其中两项的重要物理意义。

第一项 $d_E'E(\omega_p)E(\omega_T)^*$,它是典型的与参量过程有关的非线性极化项,其仅与两电磁场的乘积有关,而与任何晶格振动模都无关。在 $E(\omega_T)$ 为最大值的区域,该项具有最大值。而发生此现象时的区域就是最低振动模的电磁耦子色散曲线的类光子特性部分,在该区域电磁耦子的绝大部分能量是电磁特性的,并且此时对闲频光或太赫兹波的吸收较小。因此,色散曲线的类光子部分也称为参量作用区。

最后一项 $|E(\omega_p)|^2 E(\omega_s) \sum_j \dfrac{\Omega^2_{p_j} d'^2_{Q_j}}{D_j(\omega_T)^*}$，它是常见的拉曼极化项，其与泵浦光场和晶格振动位移的乘积有关，而与闲频光场 $E(\omega_T)$ 的存在无关(也就是说在非红外活性物质中也成立)。当振动位移 $Q(\omega_T)$ 较大时，此拉曼项占主导地位，对应色散曲线的类声子区域。另外，当 ω_T 等于 TO 模本征频率 ω_{0j} 时，该项具有最大值，从而此时纯拉曼增益在 $\omega_s = \omega_p - \omega_{0j}$ 时达到最大值。这时，频率 ω_s 即为通常所能观察到的 Stokes 光散射频率。因此，色散曲线在类声子部分也被称为拉曼区。

4.2.3 散射过程中增益与损耗的理论计算

我们根据式(4-23b)和式(4-23c)推导计算在散射过程中太赫兹波的增益和损耗。根据前面所假设的泵浦光无衰减损耗情形($\vec{\gamma}_p = 0$)以及相位匹配条件 $\vec{k}_p = \vec{k}_s + \vec{k}_T$ 的要求，将信号光 $E(\omega_s)$、太赫兹波 $E(\omega_T)$ 以及晶格振动场 Q 的平面波表达式(4-14)和式(4-15)代入式(4-23b)和式(4-23c)，则这两个方程可分别简化为

$$\left[-(\vec{k}_T + i\vec{\gamma}_T)^2 + \frac{\omega^2_T}{c^2}\varepsilon^*_T\right]A^*_T + \frac{\omega^2_T}{c^2}\left[d'_E + \sum_j \frac{\Omega^2_{p_j} d'_{Q_j}}{D_j(\omega_T)^*}\right]A^*_p A_s = 0$$

$$(4-24a)$$

$$\left\{\frac{\omega^2_s}{c^2}|A_p|^2\left[\sum_j \frac{\Omega^2_{p_j} d'^2_{Q_j}}{D_j(\omega_T)^*}\right] - (\vec{k}_s - i\vec{\gamma}_s)^2 + \frac{\omega^2_s}{c^2}\varepsilon_{\infty s}\right\}A_s$$

$$+ \frac{\omega^2_s}{c^2}\left[d'_E + \sum_j \frac{\Omega^2_{p_j} d'_{Q_j}}{D_j(\omega_T)^*}\right]A_p A^*_T = 0 \qquad (4-24b)$$

其解为

$$\left[-(\vec{k}_T + i\vec{\gamma}_T)^2 + \frac{\omega^2_T}{c^2}\varepsilon^*_T\right]\left\{\frac{\omega^2_s}{c^2}|A_p|^2\left[\sum_j \frac{\Omega^2_{p_j} d'^2_{Q_j}}{D_j(\omega_T)^*}\right] - (\vec{k}_s - i\vec{\gamma}_s)^2 + \frac{\omega^2_s}{c^2}\varepsilon_{\infty s}\right\}$$

$$= \frac{\omega^2_T \omega^2_s}{c^4}|A_p|^2\left[d'_E + \sum_j \frac{\Omega^2_{p_j} d'_{Q_j}}{D_j(\omega_T)^*}\right]^2$$

$$(4-25)$$

定义增益是沿着传播方向的强度变化量，则对于太赫兹波和信号光的增益

表达式可分别表示为 $g_T = 2\hat{k}_T \cdot \vec{\gamma}_T$ 和 $g_s = 2\hat{k}_s \cdot \vec{\gamma}_s$，其中 $\hat{k}_T$ 和 $\hat{k}_s$ 分别为 $\vec{k}_T$ 和 $\vec{k}_s$ 方向的单位矢量。将 $(\vec{k}_T + i\vec{\gamma}_T)^2$ 和 $(\vec{k}_s - i\vec{\gamma}_s)^2$ 展开成 $\vec{\gamma}$ 一阶级数，有

$$(\vec{k}_T + i\vec{\gamma}_T)^2 \approx k_T^2 + 2i\vec{k}_T \cdot \vec{\gamma}_T = k_T^2 + ik_T g_T \tag{4-26}$$

$$(\vec{k}_s - i\vec{\gamma}_s)^2 = k_s^2 - ik_s g_s \tag{4-27}$$

将式(4-26)和式(4-27)代入式(4-25)，则得最后的方程为

$$\left(-k_T^2 - ik_T g_T + \frac{\omega_T^2}{c^2}\varepsilon_T^*\right)\left\{\frac{\omega_s^2}{c^2}\mid A_p\mid^2\left[\sum_j \frac{\Omega_{p_j}^2 d_{Q_j}^{'2}}{D_j(\omega_T)^*}\right] - k_s^2 + ik_s g_s + \frac{\omega_s^2}{c^2}\varepsilon_{\infty s}\right\}$$

$$= \frac{\omega_T^2 \omega_s^2}{c^4}\mid A_p\mid^2\left[d_E' + \sum_j \frac{\Omega_{p_j}^2 d_{Q_j}'}{D_j(\omega_T)^*}\right]^2 \tag{4-28}$$

在式(4-28)中，假设除了增益系数 g_T 和 g_s 未知外，其他参数都已知。为了求解这两个增益系数，仍需要一个可以联系这两个参数的方程。由于我们所研究的是前向拉曼散射过程，散射的信号光或 Stokes 光是小角度散射，并且泵浦光是基本垂直入射到非线性晶体的，所以根据 Bloembergen 和 Pershan[22] 提出的计算方法，通过考虑非线性物质表面的边界条件，可以确定 $\vec{\gamma}$ 的方向，进而可以得到在前向散射过程中信号光增益 g_s 和太赫兹波增益 g_T 的关系为

$$g_T = g_s \cos\varphi \tag{4-29}$$

式中，φ 为太赫兹波与泵浦光的相位匹配夹角，如图 4-5 所示。设 $k_s^2 = \frac{\omega_s^2}{c^2}\varepsilon_{\infty s}$，将其和式(4-29)代入式(4-28)，则有

$$\left(-k_T^2 - ik_T g_T + \frac{\omega_T^2}{c^2}\varepsilon_T^*\right)\left\{\frac{\omega_s^2}{c^2}(\mid A_p\mid^2)'\left[\sum_j \frac{\Omega_{p_j}^2 d_{Q_j}^{'2}}{D_j(\omega_T)^*}\right] + ik_s g_T\right\}$$

$$= \frac{\omega_T^2 \omega_s^2}{c^4}(\mid A_p\mid^2)'\left[d_E' + \sum_j \frac{\Omega_{p_j}^2 d_{Q_j}'}{D_j(\omega_T)^*}\right]^2 \tag{4-30}$$

式中，$(\mid A_p\mid^2)' = \mid A_p\mid^2\cos\varphi$。根据式(4-30)可计算得到太赫兹波在散射过程中的增益表达式为

$$g_T = g_s\cos\varphi = \frac{\alpha_T}{2}\left\{\left[1 + 16\left(\frac{\alpha_p'}{\alpha_T}\right)^2\right]^{\frac{1}{2}} - 1\right\} = \frac{\alpha_T}{2}\left\{\left[1 + 16\cos\varphi\left(\frac{g_0}{\alpha_T}\right)^2\right]^{\frac{1}{2}} - 1\right\}$$

$$\tag{4-31}$$

式中，$\alpha_p'^2 = \alpha_p^2 \cos\varphi = g_0^2 \cos\varphi$，定义

$$g_0^2 = \frac{\omega_s \omega_T}{4c^2 \, n_s n_T} \mid A_p \mid^2 \left(d_E' + \sum_j \frac{\Omega_{p_j}^2 d_{Q_j}'}{\omega_{0_j}^2 - \omega_T^2} \right)^2 \qquad (4-32)$$

为低损耗极限情况下的参量增益，n_s、n_T 分别为信号光和太赫兹波在频率为 ω_s、ω_T 时的折射率，$d_E' = 16\pi d_{33}$ 与二阶非线性参量过程有关，$d_Q' = \left\{ \dfrac{8\pi c^4 n_P [S_{ijk}^m/(Ld\Omega)]_0}{S_j \, \hbar \, \omega_{0_j} \omega_s^4 n_s (\bar{n}_T + 1)} \right\}^{\frac{1}{2}}$ 与三阶拉曼散射过程有关，其中 $\bar{n}_T = \dfrac{1}{e^{\frac{\hbar \omega_T}{kT}} - 1}$ 为玻色-爱因斯坦分布函数（其中 $\hbar$ 为约化普朗克常数，k 为玻耳兹曼分布常数，T 为温度）；$S_{ijk}^m/(Ld\Omega)$ 与拉曼散射截面成正比，表示晶格振动模自发拉曼散射效率，可看作拉曼（或电磁耦子）散射的"品质因数"，其中 S_{ijk}^m 为散射光与入射泵浦光的比值，L 为散射介质的长度，$d\Omega$ 为收集立体角。S_{ijk}^m 是一三阶张量，其脚标 i、j、k 分别表示散射光（Stokes 光）、入射泵浦光极化方向以及第 m 个晶格振动模振动方向。α_T 为太赫兹波在频率 ω_T 处的吸收系数，定义为

$$\alpha_T = 2 \mid \text{Im} \, k_T \mid = 2\frac{\omega_T}{c} \mid \text{Im} \sqrt{\varepsilon(\omega_T)} \mid = 2\frac{\omega_T}{c} \text{Im} \left[\varepsilon_\infty + \sum_j \frac{\Omega_{p_j}^2}{D_j(\omega_T)} \right]^{\frac{1}{2}}$$

$$(4-33)$$

需要说明的是，在 Henry 和 Garrett 以及 Sussman 的论文中，对复振幅的定义与通常情况的定义不同，没有"$\dfrac{1}{2}$"这一项。也就是说对式（4-14）取实部的结果为 $\text{Re}(E_\beta) = 2A_\beta \cos(\vec{k}_\beta \cdot \vec{r} - \omega_\beta t)$，因此这时光强的表达式则变为

$$I_\beta = \frac{cn_\beta \mid A_\beta \mid^2}{2\pi} \qquad (4-34)$$

根据 Barker 和 Loudon[23,24] 的定义 $\Omega_{p_j}^2 = S_j \omega_{0_j}^2$，$S_j$ 为第 j 个振动模的振子强度，并有 ε_s 或 $\varepsilon_{dc} = \varepsilon_\infty + \sum_j S_j$。则式（4-32）和式（4-33）可分别改写为

$$g_0 = \sqrt{\frac{\pi \omega_s \omega_T I_p}{2c^3 n_p n_s n_T}} \left(d_E' + \sum_j \frac{S_j \omega_{0_j}^2 d_{Q_j}'}{\omega_{0_j}^2 - \omega_T^2} \right) \qquad (4-35)$$

$$\alpha_{\mathrm{T}} = 2 \mid \mathrm{Im}\, k_{\mathrm{T}} \mid = 2\frac{\omega_{\mathrm{T}}}{c} \mid \mathrm{Im}\sqrt{\varepsilon(\omega_{\mathrm{T}})} \mid = 2\frac{\omega_{\mathrm{T}}}{c}\mathrm{Im}\Big(\varepsilon_{\infty} + \sum_{j} \frac{S_{j}\omega_{0}^{2}}{\omega_{0j}^{2} - \omega_{\mathrm{T}}^{2} - i\omega_{\mathrm{T}}\Gamma_{j}}\Big)^{\frac{1}{2}}$$

$$(4-36)$$

而前面提到的色散方程式(4-13),亦可改写为

$$k^{2} = \frac{\omega^{2}}{c^{2}}\varepsilon(\omega) = \frac{\omega^{2}}{c^{2}}\Big(\varepsilon_{\infty} + \sum_{j} \frac{S_{j}\omega_{0}^{2}}{\omega_{0j}^{2} - \omega_{\mathrm{T}}^{2} - i\omega_{\mathrm{T}}\Gamma_{j}}\Big) \qquad (4-37)$$

根据式(4-28)和式(4-29)我们还可推导出在非线性散射过程中,产生的太赫兹波功率与信号光(Stokes 光)功率的理论比值关系,其表达式为

$$\frac{P_{\mathrm{T}}}{P_{\mathrm{s}}} = \frac{\omega_{\mathrm{T}}}{\omega_{\mathrm{s}}}\frac{g_{\mathrm{s}}\cos\varphi}{\cos\varphi + \alpha_{\mathrm{T}}} \qquad (4-38)$$

式(4-38)同样可以利用量子力学的速率方程来分析获得。利用式(4-38),我们可以通过测量 Stokes 光的能量来间接计算得出太赫兹波的输出能量。但实际实验中我们发现,此理论值与测量值相差较大。从该表达式可以看出,在低损耗区域 ($\alpha_{\mathrm{T}} \to 0$),式(4-38)可以简化为 $\frac{P_{\mathrm{T}}}{P_{\mathrm{s}}} = \frac{\omega_{\mathrm{T}}}{\omega_{\mathrm{s}}}$,这就是我们常见的 Manley-Rowe 关系;而当 α_{T} 数值较大即在高损耗区时,式(4-38)则可简化为 $\frac{P_{\mathrm{T}}}{P_{\mathrm{s}}} = \frac{\omega_{\mathrm{T}}}{\omega_{\mathrm{s}}}\frac{g_{\mathrm{s}}\cos\varphi}{\alpha_{\mathrm{T}}}$。从中可以看出,在此情况下,产生的太赫兹波的功率与吸收损耗成反比。

4.3 适合参量振荡技术的太赫兹波段非线性晶体

4.3.1 铌酸锂晶体和钽酸锂晶体光学特性简介

铌酸锂(LiNbO₃)晶体和钽酸锂(LiTaO₃)晶体在结构和性能上都极为相似,都具有各种优良的物理和化学特性。以 LiNbO₃ 晶体为例,它是一种具有多种优异非线性光学性能的多功能材料,凭借其在电光、声光、压电、光折变以及非线性光学等方面的优良特性,它在电光调制、声光开关、光波导、非线性频率变换、高密度信息存储以及光放大等方面都有着广阔应用前景和很大的实用价值,因

而赢得了光学"硅"的美誉,被英国《自然》杂志称为"最为成功的全能型非线性光学晶体"。[25]这两种晶体都是极性晶体,其振动频率最小的A₁对称性振动模都是拉曼和红外活性的,因此都可以形成与产生太赫兹波辐射有关的电磁耦子。本节仅对它们的一些在后面理论分析中要用到的光学和结构特性进行简单描述,以便进行对比。

LiNbO₃晶体是负单轴晶体,透光区域在 0.33~5.5 μm 内[26],且在可见光和近红外区的双折射效应比较大($\Delta n = n_0 - n_e > 0.07$),因此有利于在非线性频率变换过程中实现双折射相位匹配。而 LiTaO₃ 晶体是正单轴晶体,虽然在 2.9~3.2 μm 中间有一个光吸收区域,但它在紫外的透光范围要比 LiNbO₃ 大,能够透过远至 280 nm 的紫外光,并且损伤阈值和抗光折变能力都要高于 LiNbO₃ 晶体。值得注意的是,LiTaO₃ 晶体的双折射效应很小($\Delta n \approx 0.004$),不易实现双折射相位匹配,因此在周期极化准相位匹配技术出现以前,很少被用作非线性频率变换晶体,这是两种晶体的一个重要区别。

LiTaO₃ 晶体的居里点为 $T_c = 620℃$,而 LiNbO₃ 晶体的则高达 1 210℃,是目前已知的居里点最高和自发极化最大(室温时约为 0.7 C/m²)的晶体[27]。其在居里点以下时是铁电晶体,晶体属三角晶系,其空间群为 $C_{3v}^6 (R3c)$,点群为 $C_{3v} (3 m)$;在居里点以上时为顺电相,空间群分别为 $D_{3d}^6 (R\bar{3}c)$,点群为 $D_{3d} (\bar{3} m)$,其结构如图 4 - 6 所示。

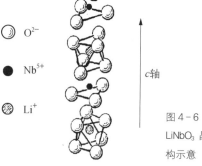

○ O²⁻

● Nb⁵⁺

▨ Li⁺

c轴

图 4 - 6
LiNbO₃ 晶体结构示意

这两种晶体分子式都属于 ABO₃ 型,但是其结构偏离了 ABO₃ 型的普遍结构——钙钛矿型结构。以铌酸锂晶体为例,从图 4 - 6 中可以看出,它的特征结构为氧八面体以共面形式堆垛,金属离子 Li⁺ 处于两个共面八面体的公共面中,而 Nb⁵⁺ 都处于氧八面体中。顺电相时,Li⁺ 和 Nb⁵⁺ 分别位于氧平面和氧八面体中心,无自发极化。铁电相时,Li⁺ 和 Nb⁵⁺ 均沿着 +c 轴发生偏移,前者离开氧八面体的公共面,后者离开氧八面体中,形成了 c 轴的电偶极矩,即自发极化。

4.3.2 铌酸锂晶体和钽酸锂晶体色散与吸收特性的研究

在铁电相时,对于 LiNbO$_3$ 晶体,每个初基晶胞中包含两个 LiNbO$_3$ 分子,即在每个最小晶胞中包含 $N=10$ 个原子,因此共有 $3N=30$ 个振动自由度,亦即具有 30 个声子支,包括 3 个声学声子支和 27 个光学声子支。在 Γ 点晶格振动群论对称性分类的结果为:$5A_1+5A_2+10E$。其中,4 个 A_1 对称模同时具有拉曼活性和红外活性,5 个 A_2 对称振动模是非拉曼活性和非红外活性,而 9 个双重简并的 E 对称振动模也是同时具有拉曼活性和红外活性,而剩下的一个 A_1 对称模和 E 对称振动模则是声学支。根据群论知识可知,具有 E 对称性的晶格振动模振动方向垂直于 LiNbO$_3$ 晶体光轴,即极化方向 $\vec{E} \perp c$ 轴,而具有 A_1 对称性的晶格振动模振动方向则平行于光轴,即 $\vec{E} /\!/ c$ 轴。在我们所研究的与具有 A_1 对称性振动模有关的受激电磁耦子散射产生太赫兹波辐射过程中,泵浦光、Stokes 光、太赫兹波辐射以及晶格振动位移方向都平行于 LiNbO$_3$ 晶体光轴,因而在此过程中所涉及的色散和相位匹配特性都是与非寻常光(e 光)有关。

在可见光和近红外区,LiNbO$_3$ 晶体的折射率色散方程为[29]

$$\begin{cases} n_o = 4.904\,8 + \dfrac{0.117\,68}{\lambda^2 - 0.047\,50} - 0.027\,169\lambda^2 \\[2mm] n_e = 4.582\,0 + \dfrac{0.099\,169}{\lambda^2 - 0.044\,43} - 0.021\,95\lambda^2 \end{cases} \tag{4-39}$$

式中,λ 为光波波长,μm。

LiTaO$_3$ 晶体与温度有关的 n_e 的色散方程为[30]

$$n_e^2(\lambda,\ T) = A + \frac{B + b(T)}{\lambda^2 - [C + c(T)]^2} + \frac{E}{\lambda^2 - F^2} + D\lambda^2 \tag{4-40}$$

式中,$A = 4.514\,261$,$B = 0.011\,901$,$C = 0.110\,744$,$D = -0.023\,23$,$E = 0.076\,144$,$F = 0.195\,596$,$b(T) = 1.821\,94 \times 10^{-8} \times (T + 273.15)^2$,$c(T) = 1.566\,2 \times 10^{-8} \times (T + 273.15)^2$。这里,我们取 $T = 27\,℃$,λ 的单位为 μm。

图 4-7 为根据 LiNbO$_3$ 晶体和 LiTaO$_3$ 晶体的色散方程,计算得出的在 $0.4 \sim 5\ \mu$m 波长内的折射率色散曲线。从图 4-7 中可以看出,在此范围内 LiNbO$_3$ 晶体折射率比 LiTaO$_3$ 晶体的略大些。

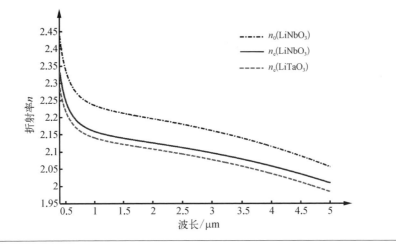

图 4-7
LiNbO₃ 晶体和
LiTaO₃ 晶体在
可见光、近红
外波段的折射
率色散曲线

根据晶体的晶格振动参数,我们可以理论计算出晶体在晶格振动频率范围附近即远红外、太赫兹波段的折射率色散曲线和吸收曲线。定义传播常数 k 为一复数,其表达式为

$$k(\omega)=k_r(\omega)+\mathrm{i}k_i(\omega)=2\pi\omega n(\omega) \qquad (4-41)$$

式中,实部 k_r 与色散有关;虚部 k_i 与吸收有关;ω 为频率,cm^{-1}。

晶体的介电常数亦为复数,其表达式为

$$\varepsilon(\omega)=\varepsilon_r(\omega)+\mathrm{i}\varepsilon_i(\omega)=\varepsilon_\infty+\sum_j \frac{S_j\omega_0^2}{\omega_{0j}^2-\omega^2-i\omega\Gamma_j} \qquad (4-42)$$

式中 $\varepsilon_r=\varepsilon_\infty+\sum_j \dfrac{S_j(\omega_{0j}^2-\omega^2)\omega_{0j}^2}{(\omega_{0j}^2-\omega^2)^2-\omega^2\Gamma_j^2}$。

而折射率复 $n(\omega)$ 与介电常数的关系为

$$n(\omega)=\sqrt{\varepsilon(\omega)} \qquad (4-43)$$

根据式(4-41)、式(4-42)和式(4-43),可以计算得到

$$k_r(\omega)=2\pi\omega\sqrt{\frac{1}{2}(\varepsilon_r+\sqrt{\varepsilon_r^2+\varepsilon_i^2})} \qquad (4-44)$$

$$k_i(\omega)=2\pi\omega\sqrt{\frac{1}{2}(-\varepsilon_r+\sqrt{\varepsilon_r^2+\varepsilon_i^2})} \qquad (4-45)$$

根据晶格振动群论对称性分类可知，LiNbO$_3$晶体和LiTaO$_3$晶体的具有E对称性的晶格振动模应包括9个TO模和9个LO模，而具有A$_1$对称性的振动模则分别应具有4个TO模和4个LO模。表4-1[31]和表4-2[32]分别是这两种晶体在温度为$T=300$ K时，A$_1$和E对称振动模TO模的本征振动频率ω_{0j}、振子或模强度S_j以及阻尼系数Γ_j等参数。

表4-1 在室温时，LiNbO$_3$晶体A$_1$和E对称振动模TO模的晶格振动参数

A$_1$ 对称模（$\bar{E}\ /\!/\ c$ 轴）				E 对称模（$\bar{E}\perp c$ 轴）		
ω_{0j}/cm^{-1}	S_j	Γ_j/cm^{-1}	$S_{33}/(Ld\Omega)$ /($\times10^{-6}$ cm$^{-1}\cdot$sr^{-1})	ω_{0j}/cm^{-1}	S_j	Γ_j/cm^{-1}
248	16.00	21	16.0	92	—	—
				152	22.0	14
274	1.00	14	4.0	265	5.5	12
307	0.16	25	0.95	322	2.2	11
628	2.55	34	10.2	431	0.18	12
				586	3.3	35
692	0.13	49		630	—	—
				670^a	0.2	47
$\varepsilon_\infty=4.6$				$\varepsilon_\infty=5.0$		

表4-2 在室温时，LiTaO$_3$晶体A$_1$和E对称振动模TO模的晶格振动参数

A$_1$ 对称模（$\bar{E}\ /\!/\ c$ 轴）				E 对称模（$\bar{E}\perp c$ 轴）		
ω_{0j}/cm^{-1}	S_j	Γ_j/cm^{-1}	$S_{33}/(Ld\Omega)$ /($\times10^{-6}$ cm$^{-1}\cdot$sr^{-1})	ω_{0j}/cm^{-1}	S_j	Γ_j/cm^{-1}
				(65)	0.8	11
				(75)	0.24	7
				(215)	0.36	13
241	2.0	30	0.64	(238)	2.0	19
				316	2.5	14
357	0.055	11	0.18	375	2.0	26
				(405)	0.15	24
596	2.66	18	3.2	462	0.036	6
657	0.34	56		594	2.33	32
				(673)	0.05	34
(760)	0.02	44		(750)	0.002	22
$\varepsilon_\infty=4.53$				$\varepsilon_\infty=4.5$		

注：1. LiTaO$_3$晶体A$_1$对称性657 cm^{-1}模被认为是氧原子造成的寄生模式；

2. 括号中的振动模式由于附近其他模式较强因而在反射光谱中贡献较小。

这些晶体的晶格振动参数都是根据红外反射光谱技术测量的数据反推拟合得到的。由于 A_1 和 E 对称性振动模同时具有红外活性和拉曼活性,所以这些参数也可以通过拉曼光谱测量技术测得,其结果在误差允许范围内十分吻合,从而可以互相补充、相互印证。根据红外反射光谱实验中测得的数据,利用克拉默斯-克勒尼希关系(Kramers – Kronig relation)可以计算出介电常数的实部 ε_r 和虚部 ε_i,由介电常数虚部的峰值频率位置可以确定横向晶格振动模 TO 模的频率 ε_{TO},而根据介电常数倒数的虚部可以确定纵向晶格振动模 LO 模的频率 ω_{LO}。然后结合振子拟合的方法计算出反射光谱曲线,并与实验测得的反射光谱进行对比,就可分别得到晶格振动的静态介电常数 ε_s、高频介电常数 ε_∞ 以及阻尼系数 Γ_j 等参数。

其中 $LiNbO_3$ 晶体中 A_1 对称性 692 cm^{-1} 模式在拉曼光谱中无法进行验证,可以认为是二阶声子组合谱带,但在考虑介电常数时仍须将其考虑在内。而 E 对称性 670 cm^{-1} 这个模式也可认为其是一组合谱带;亦有文献报道为 $\varepsilon_\infty = 8.3$[33]。ε_∞ 取值的差别会导致一些计算结果存在细微偏差。为了使前后计算结果一致,我们在文中的计算一律取 $\varepsilon_\infty = 4.6$。

根据式(4-42)、式(4-44)和式(4-45),以及表 4-1 和表 4-2 列出的参数,分别计算得出了两种晶体的 A_1 对称性振动模和 E 对称性振动模的色散与吸收曲线,如图 4-8 和图 4-9 所示。图中右侧为传播常数 k 的实部,表示晶格振动模的色散;左侧为传播常数 k 的虚部,表示晶格振动模的吸收损耗。在图 4-8(a)中,有两个明显的"凸起"部分,它们分别是频率为 248 cm^{-1} 和 628 cm^{-1} 的晶

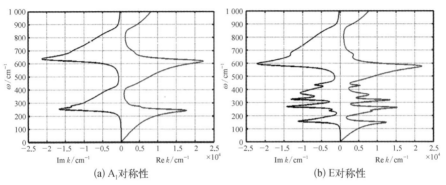

(a) A_1对称性   (b) E对称性

图 4-8
$LiNbO_3$晶体 A_1 对称性振动模和 E 对称性振动模的色散与吸收曲线

格振动模,而我们所关心的与产生太赫兹波辐射有关的电磁耦子模式,就是与振动频率为 248 cm^{-1} 的晶格振动模有关。从图中还可以看出,在共振能级附近色散曲线较为平滑,色散曲线表现为声子特性,且对太赫兹波的吸收损耗(与 $2k_i$ 有关)呈共振增强趋势;当远离共振能级时,色散曲线呈现电磁辐射特性,亦即参量特性,这时吸收损耗迅速减小,当频率 $\omega \to 0$ 时,吸收损耗接近零,从而导致太赫兹波辐射的产生。

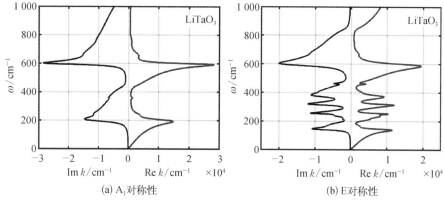

图 4-9 LiTaO$_3$ 晶体 A$_1$ 对称性振动模和 E 对称性振动模的色散与吸收曲线

根据上述参数和公式,计算得出在 0.3~3 THz 频段内,LiNbO$_3$ 晶体和 LiTaO$_3$ 晶体的与 A$_1$ 和 E 对称性振动模相关的折射率色散曲线,如图 4-10 所示。图中实线是根据文献[34]提供的参数计算得出的。该文献中晶体的晶格振动参数是根据太赫兹时域光谱技术计算得出的。从图中可以看出,根据文献[34]提供的参数计算出的 LiNbO$_3$ 晶体的折射率色散曲线与本文中所采用的参数计算得出的相比误差较大,而对于 LiTaO$_3$ 晶体则差别较小。而且还可发现在太赫兹波频段,LiTaO$_3$ 晶体非寻常光的折射率 n_e 要比 LiNbO$_3$ 晶体的大,而寻常光的折射率 n_o 则基本相同,这恰好与在可见光、近红外波段的情况相反。值得注意的是,此时不仅 LiNbO$_3$ 晶体具有很大的双折射效应($\Delta n > 1.5$),而且 LiTaO$_3$ 晶体也具有很大的双折射效应($\Delta n > 0.2$),并且 $n_o > n_e$,呈现出负单轴晶体特性。

根据式(4-36),计算出了 LiNbO$_3$ 晶体和 LiTaO$_3$ 晶体在 0~3 THz 频段内的吸收系数 α_T 随频率的变化情况,如图 4-11 所示。虽然利用不同参数计算得出的吸收曲线有所不同,但吸收系数在该频段范围内随频率的变化规律是相似

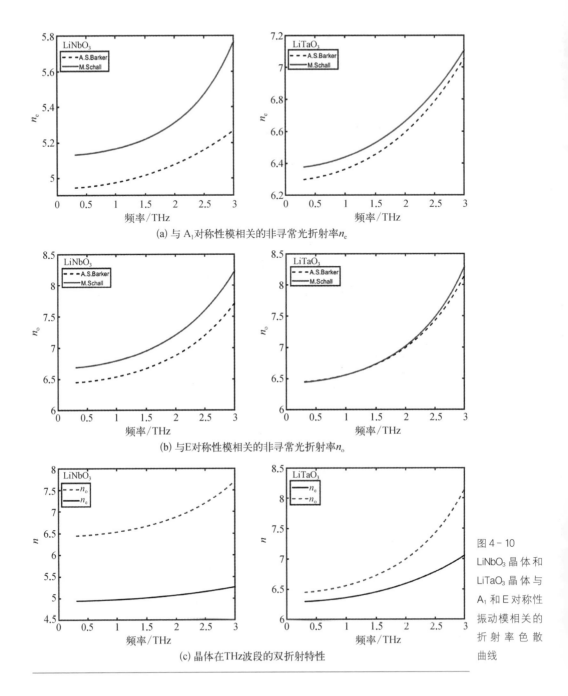

(a) 与 A_1 对称性模相关的非寻常光折射率 n_e

(b) 与 E 对称性模相关的非寻常光折射率 n_o

(c) 晶体在 THz 波段的双折射特性

图 4 - 10
LiNbO₃ 晶 体 和
LiTaO₃ 晶 体 与
A₁ 和 E 对 称 性
振 动 模 相 关 的
折 射 率 色 散
曲线

的。从图中可以看出，对于 LiNbO₃ 晶体，在该太赫兹波频段范围内 E 对称性振动模式的吸收系数 α_o 始终大于 A₁ 对称性振动模式的吸收系数 α_e，这也是在下面的实验研究中要采用与 A₁ 对称性振动模有关的电磁耦子散射过程产生太赫兹波的原因之一;而对于 LiTaO₃ 晶体,α_o 曲线与 α_e 曲线有交叉点。总的来说,在该太赫兹波频段范围内,LiNbO₃ 晶体对太赫兹波的吸收要小于 LiTaO₃ 晶体。

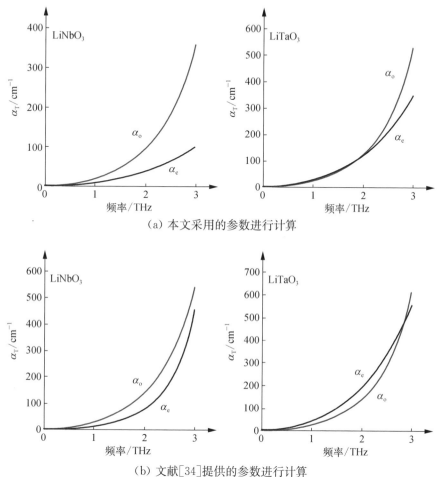

图 4 - 11 LiNbO₃ 晶体和 LiTaO₃ 晶体在 0~3 THz 频段内的吸收系数 α_T 随频率的变化情况

4.4 电磁耦子散射过程中角度相位匹配的数值模拟

在利用前向拉曼散射光谱技术研究小波矢、长波长处的受激电磁耦子散射时,三波非线性互作用在满足能量守恒条件的同时,亦满足相位匹配条件式 (4 - 3),根据式 (4 - 3) 可以计算出在不同观察角度 θ(亦即泵浦光与 Stokes 光的相位匹配夹角)时,泵浦光、Stokes 光和太赫兹波三波互作用的相位匹配曲线。这些相位匹配曲线与晶体的电磁耦子色散曲线的交点,决定了在不同观察条件下测得的电磁耦子的散射频率,从而在小波矢 $\vec{k}$ 处可以确定在此受激散射过程中产生的太赫兹波以及 Stokes 光的散射频率和波矢。通过连续改变相位匹配角 θ,就可以同时实现太赫兹波和 Stokes 光的连续调谐输出。当对 Stokes 光添加一谐振腔使其发生谐振时,不仅可实现 Stokes 光的连续可调谐、相干窄带、高能量的输出,而且根据能量守恒条件还可获得同样特性的太赫兹波输出。

根据上述分析,我们理论计算研究了在利用电光调 Q 脉冲 Nd∶YAG 激光器的 1 064 nm 激光输出作为泵浦源时,LiNbO₃ 晶体和 LiTaO₃ 晶体的 A₁ 对称性晶格振动模的色散曲线与在不同相位匹配角 θ 时的相位匹配曲线的相交情况,如图 4 - 12 所示。

从图 4 - 12 可以看出,由于晶格振动模的色散曲线是连续变化的,因此当连续改变相位匹配角 θ 时,它们的交点亦发生连续变化,从而此时产生的太赫兹波与 Stokes 光在满足能量守恒的条件下可实现连续调谐。以 LiNbO₃ 晶体为例,当 θ 在 0°~8°连续变化时,分别与频率为 248 cm⁻¹ 和 628 cm⁻¹ 的模式发生相交。θ 在此范围内变化时,可产生的太赫兹波辐射(Stokes 光)的频率随 θ 的变大而向高频(低频)方向移动;当 θ 大于 8°时,相位匹配曲线与 $\omega_{TO}=248$ cm⁻¹ 的振动模的色散曲线不存在交点,如图 4 - 12(b)所示。这是因为晶格振动模的红外色散曲线是根据红外反射光谱技术测的数据计算得出的,在此红外色散曲线区域时,晶格的振动与产生的远红外辐射(或太赫兹波辐射)是同相位的,从而在晶体中形成电磁耦子体系。当超出此红外色散曲线[图 4 - 12(b)中波矢 $\vec{k}$ 大于 17 720 cm⁻¹]时,频率为 $\omega_{TO}=248$ cm⁻¹ 的晶格振动与远红外辐射(或太赫兹波辐射)出现失配,电磁耦子体系被破坏,此时色散曲线接近纯机械振动特性的声子色散曲线。因此,由红外反射光谱测的数据所计算得出的色散曲线在大波矢 $\vec{k}$ 时不存在[35]。但正如前面所述,可以利用拉曼光谱技术通过观察 Stokes 光的频移特性,将电磁耦子色散曲线延伸到纯机械振动特性的声子色散曲线处。

从图 4 - 12 中还可以看出,对于 LiNbO₃ 晶体,当相位匹配角 $\theta=0°$ 时,即共

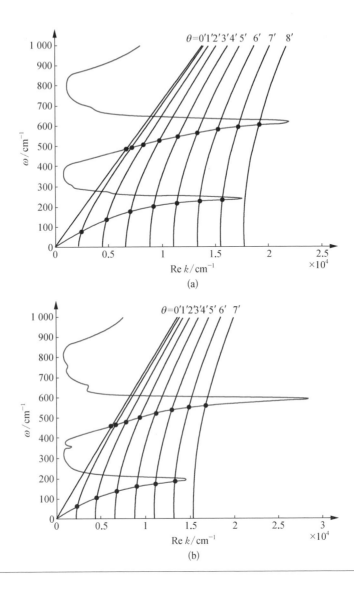

图 4-12

(a) LiNbO₃ 晶体和(b) LiTaO₃ 晶体的 A₁ 对称性晶格振动模的色散曲线及相位匹配曲线

线前向散射情况,相位匹配曲线与 $\omega_{TO}=248\ cm^{-1}$ 的振动模的色散曲线的交点在原点(此时频率 $\omega=0$),这就是说在共线散射情况下 $\omega_{TO}=248\ cm^{-1}$ 的振动模无法实现散射;而对于 $\omega_{TO}=628\ cm^{-1}$ 的振动模,此时它的色散曲线则与 $\theta=0°$ 的相位匹配曲线在 $\omega\approx484\ cm^{-1}$ 处相交,也就是说该振动模可以实现共线散射。同理,对于 LiTaO₃ 晶体而言情况也类似。相位匹配曲线分别与它的两个散射较强的振动模($\omega_{TO}=200\ cm^{-1}$ 和 $\omega_{TO}=596\ cm^{-1}$)色散曲线相交。当 $\theta=0°$ 时,$\omega_{TO}=$

$200\ \mathrm{cm^{-1}}$的振动模不发生共线散射现象,而 $\omega_{\mathrm{TO}}=596\ \mathrm{cm^{-1}}$的振动模的色散曲线在 $\omega=460\ \mathrm{cm^{-1}}$处与相位匹配曲线相交。值得注意的是,对于最小的 A_1 对称性晶格振动模,当 θ 为某一确定值时,在不考虑增益和吸收损耗的情况下,$LiNbO_3$ 晶体所可能产生的太赫兹波辐射的频率要高于 $LiTaO_3$ 晶体所产生的,也就是说,如果利用这两种晶体组成太赫兹波参量振荡器(Terahertz-wave Parametric Oscillator, TPO),要产生相同频率的太赫兹波辐射,用 $LiNbO_3$ 晶体组成的 TPO 需要调谐的角度(即泵浦光与 Stokes 光的夹角 θ)要小于 $LiTaO_3$ 晶体组成的 TPO 所需调谐的角度。

4.5 电磁耦子散射过程中太赫兹波增益、吸收特性的数值模拟

根据 4.2 节中对电磁耦子散射过程中太赫兹波增益系数和吸收损耗系数的理论推导,以 $LiNbO_3$ 晶体 $\omega_{\mathrm{TO}}=248\ \mathrm{cm^{-1}}$ 的 A_1 对称性振动模的电磁耦子散射过程为例,我们对在不同温度、泵浦功率密度条件下太赫兹波以及 Stokes 光的增益、吸收特性进行了数值模拟,分析了它们的变化规律。需要指出的是,由于根据不同文献查得的数据参数不同,所以计算出的增益、吸收特性的曲线亦有所不同,但其形状、变化趋势相似。

根据式(4-30)、式(4-33)和式(4-34),我们计算了当泵浦波长为 $1\,064\ \mathrm{nm}$ 时,在泵浦功率密度分别为 $I_\mathrm{p}=100\ \mathrm{MW/cm^2}$、$200\ \mathrm{MW/cm^2}$、$400\ \mathrm{MW/cm^2}$ 和 $800\ \mathrm{MW/cm^2}$ 情况下的太赫兹波和同时产生的 Stokes 光的理论增益特性,以及室温时太赫兹波在晶体中的吸收特性,如图 4-13 所示。从图中可以看出,在图中所表示的频率范围内,太赫兹波增益系数的峰值大小为几个到十几个 $\mathrm{cm^{-1}}$,而根据 $g_\mathrm{s}=\dfrac{g_\mathrm{T}}{\cos\varphi}$ 计算得出的 Stokes 光增益则为太赫兹波增益的两倍多,如图 4-13(b)所示。吸收系数在近原点处小于增益系数,并且增长比较缓慢,然后随着频率的增加而迅速增长。

从式(4-31)和式(4-35)可以发现,太赫兹波增益系数与泵浦光功率密度的开方几乎成正比。当泵浦功率密度增加时,增益系数也增加并且其峰值位置

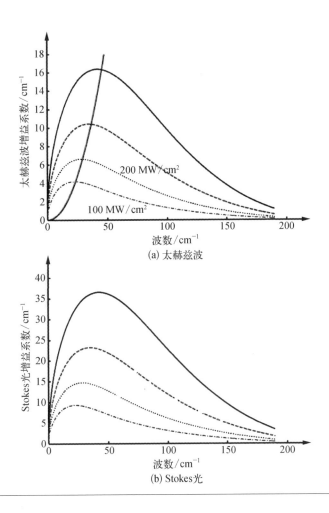

图 4-13
太赫兹波和
Stokes 光的增
益系数随泵浦
功率密度的变
换关系

向高频方向移动。因此,可以像普通非线性参量过程和拉曼散射过程一样,通过利用增加泵浦功率密度的方法来提高太赫兹波的转换效率。但需要注意的是,$LiNbO_3$ 晶的激光损伤阈值较低,在实际实验操作中应控制泵浦光的功率密度在损伤阈值以下,而图中的理论计算所使用的功率密度数值只是为了定性地分析说明太赫兹波增益特性的变化情况,并不代表 $LiNbO_3$ 晶体真正可承受的泵浦功率。

U. T. Schwarz 等[36,37]通过对 $LiNbO_3$ 晶体振动频率为 248 cm^{-1} 的 A_1 对称性振动模受激拉曼散射的增益问题,以及在低频区振动模阻尼系数的频率相关性问题的研究,分析了电磁耦子阻尼效应的产生机理,指出 $LiNbO_3$ 晶体在太赫兹波段的介电响应特性除了受到四个 A_1 对性振动模的影响外,还受到与晶体微结构缺陷有关的低频(<200 cm^{-1})振动模的干扰。因此在介电常数表达式中引入了修正量——衰减(阻尼)系数 $M(\omega)$,从而式(4-42)可改写为

$$\varepsilon(\omega) = \varepsilon_\infty + \sum_j \frac{S_j \omega_0^2}{\omega_{0j}^2 - \omega^2 - i\omega\Gamma_j + M(\omega)} \qquad (4-46)$$

而衰减(阻尼)系数 $M(\omega)$ 的表达式为

$$M(\omega) = \sum_j \frac{K_j}{\omega_j^2 - \omega^2 + i\gamma_j\omega} \qquad (4-47)$$

式中,ω_j、K_j 和 γ_j 分别为低频模的本征振动频率、耦合系数和线宽常数。它们的数值如表 4-3 所示。理论计算结果表明,修正量 $M(\omega)$ 的引入会稍微改变晶体在太赫兹波低频范围的折射率色散特性。根据上述分析,我们重新计算模拟了在不同泵浦功率密度情况下太赫兹波的增益特性,如图 4-14 所示。从图中可以看出,此时不仅太赫兹波的增益曲线的形状发生了变化,而且增益的大小也发生了改变。图 4-14(b)为 $I_p = 400$ MW/cm^2 时两种增益曲线的对比。从图中可以发现,在小于 40 cm^{-1} 的低频区,由于此时电磁耦子主要表现为电磁特性,其增益主要与参量过程有关,基本不受振动模的影响,所以两条增益曲线基本重合;而在高频(> 40 cm^{-1})区域,引入与低频振动模有关的修正量阻尼系数的太赫兹波增益曲线[如图 4-14(b)中虚线所示]明显小于没有引入修正量的情况,并且由于低频振动模的影响,增益曲线出现大小起伏。此时,太赫兹波的吸收损耗特性亦发生变化,如图 4-15 所示。

ω_j/cm^{-1}	γ_j/cm^{-1}	K_j/(10^6 cm^{-4})
90	10	5
100	20	5
112	25	15
150	15	3
185	3	0.5
200	30	18

表 4-3 LiNbO$_3$晶体低频(< 200 cm^{-1})模的晶格振动参数

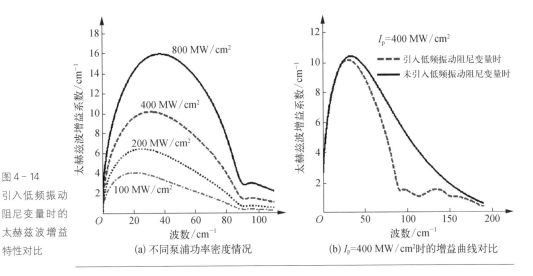

图 4 - 14
引入低频振动
阻尼变量时的
太赫兹波增益
特性对比

(a) 不同泵浦功率密度情况

(b) I_p=400 MW/cm²时的增益曲线对比

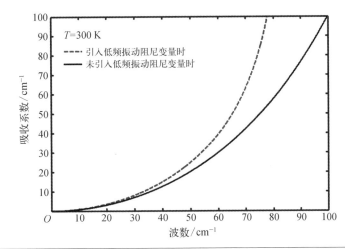

图 4 - 15
引入低频振动
模阻尼变量时
太赫兹波的吸
收特性

图 4 - 16 为当泵浦功率密度 I_p＝300 MW/cm² 时,太赫兹波增益系数随泵浦光波长的变化关系曲线。从图中可以看出,在泵浦功率密度一定的情况下,泵浦光波长越短,太赫兹波增益系数就越大,并且此时增益系数峰值位置向太赫兹波高频方向发生移动。由此可以看出,当在 TPO 实验中使用短波长的泵浦源时,可以提高太赫兹波转换效率,降低振荡阈值。但正如前面所提到的,泵浦光波长较短时,尤其是在可见光波段,LiNbO₃晶体很容易发生光折变现象,不仅会严重破坏相位匹配条件从而导致太赫兹波转换效率的下降,而且还会使散射光斑变形、发散,空间相干性变差。

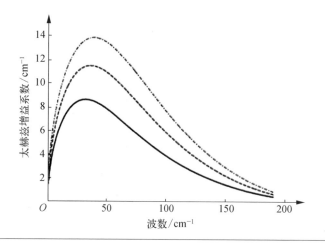

图 4 - 16
I_p = 300 MW/cm² 时, 太赫兹波增益系数随泵浦光波长的变化关系曲线

在室温情况下, 太赫兹波在 LiNbO₃ 晶体中的吸收系数是很大的。根据基于电磁耦子受激散射过程产生太赫兹波辐射的作用机理可知, 晶体的工作温度对太赫兹波吸收系数的影响较为显著, 因此可以通过降低晶体温度来提高太赫兹波的转换效率, 降低 TPO 振荡阈值。在受激散射过程中, 温度的改变会影响散射效率 $S_{ijk}^m/(Ld\Omega)$ 和晶格振动模线宽(或晶格振动阻尼系数)Γ_j 的大小[38]。虽然散射效率 $S_{ijk}^m/(Ld\Omega)$ 会随着温度的升高而逐渐变小, 以至于在居里点 T_C 时趋于零, 但在低温和室温时变化较小, 从而对非线性系数 d'_Q 以及太赫兹波增益系数 g_T 的影响可以忽略不计。而温度对晶格振动模的线宽 Γ_j 的影响较为显著, 温度降低则线宽变窄, 亦即阻尼系数变小, 尤其是对于具有 A_1 对称性的软模来说, 振动线宽随温度的变化更为明显, 如图 4 - 17 所示。非线性系数 d'_E = $16\pi d_{33}$ 中的 d_{33} 在小于 800℃ 时基本不变, 因此在低温和室温情况下可以认为 d'_E 与温度无关, 为常数; 而升温至 T_C 时 d_{33} 则趋于零[39]。

假设太赫兹波的增益和吸收的表达式(4 - 31)、式(4 - 32)和式(4 - 33)在低温情况下仍然适用, 那么从中可以看出, 对于 LiNbO₃ 晶体, 当温度降低时太赫兹波增益系数的增大主要是由于 A_1 对称性 TO 模的线宽变窄, 或者说是吸收系数变小。图 4 - 18 为在泵浦波长为 1 064 nm、泵浦功率密度为 300 MW/cm² 时, Stokes 光和太赫兹波在不同温度时的增益特性曲线。从图中可以发现, 晶体温度越低, 增益系数就越大, 并且在低频区增益系数受温度的影响较小, 而在高频区增益系

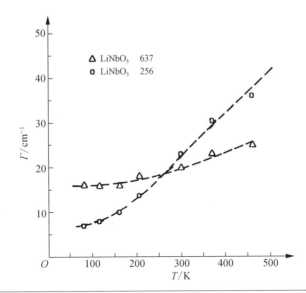

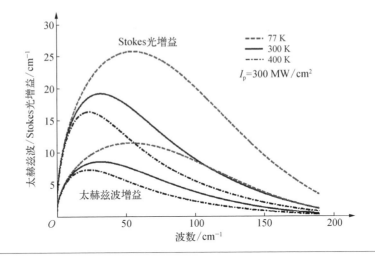

数随温度的降低而显著提高。这是由于在受激电磁耦子散射过程中,非线性参量作用在低频区占明显优势,而在高频区受激拉曼散射过程起主要作用。对于普通的受激拉曼散射过程,如果将 LiNbO₃ 晶体从室温冷却至 80 K,那么其频率为 248 cm⁻¹ 的晶格振动模的受激拉曼散射增益系数将会提高 3 倍[38];而对于单纯的非线性参量过程,温度的变化除了对相位匹配条件有细微的影响外,对参量增益基本没有任何影响。因此总的来说,降低温度将会提高电磁耦子在高频区域的散射增益

系数,而低频部分则基本不受影响。因为在我们所关心的小于 100 cm^{-1} 的太赫兹波区域,增益系数的峰值位置远离 TO 模的共振频率,因此纯拉曼增益效应的影响在此范围内将会减小。因此在温度降低时,相对于高频区,增益曲线峰值附近的增益系数的增加幅度要小于纯受激拉曼散射增益的增加幅度。需要说明的是,在 80 K 的基础上进一步降低温度,增益系数不会有显著提高。这是因为晶格振动模的线宽 Γ_j 和散射效率 $S_{ijk}^m/(Ld\Omega)$ 在 80 K 附近或更低时基本无明显变化。

图 4-19 为在工作温度分别为 77 K、300 K 和 400 K 时,LiNbO$_3$ 晶体对太赫兹波的吸收系数变化曲线。从图中可以看出,在液氮温度(77 K)时的吸收系数约为室温情况时的 1/3,而且温度越高,吸收系数增加的速率也就越大。

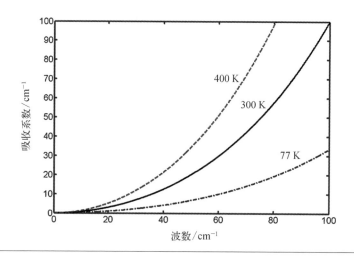

图 4-19
LiNbO$_3$ 晶体在太赫兹波段范围内太赫兹波吸收系数随温度的变化关系

4.6 基于外腔参量振荡的脉冲太赫兹波辐射源

太赫兹参量源的研究已经有了很长的历史,1969 年,美国斯坦福大学的 Yarborough 等[40] 就利用调 Q 红宝石激光器泵浦 LiNbO$_3$ 晶体,利用晶体抛光的平行表面实现光学参量效应的放大和相位匹配条件的选择,实现了 50~238 μm 的太赫兹波辐射。1971 年,斯坦福大学的 Johnson 等[41] 利用相似的装置实现了 66~200 μm 的可调谐太赫兹辐射源,线宽小于 0.5 cm^{-1},在 200 μm 处的峰值功率达到 3 W。1975 年,斯坦福大学的 Piestrup 等[42] 使用腔镜来实现 Stokes 光谐振频率的选择,获得了 150～700 μm 的可调谐太赫兹辐射源。在之后的 20 年里,由于 LiNbO₃ 晶体在太赫兹波段的吸收系数较高,以前的工作都是采用切角法耦合输出生成的太赫兹波,绝大部分生成的太赫兹波能量被晶体所吸收,而铌酸锂较低的晶体损伤阈值使得其非线性效率较低,太赫兹波参量技术发展缓慢。

20 世纪 90 年代,随着全固态激光器的小型化、稳定化和非线性晶体生长技术的长足进步,学者们开始对太赫兹参量振荡器进行更加细致和深入的研究。其进展主要有三个方面:耦合技术的提高、新晶体在太赫兹波参量振荡器中的应用和腔型结构的优化设计。

4.6.1   太赫兹波参量源耦合技术的发展

在太赫兹波参量技术中,泵浦源通常为红外波段或可见光波段的激光,产生的参量光(Stokes 光)与泵浦光角度很小(对于 LiNbO₃ 晶体一般小于 5°),而产生的太赫兹波与泵浦光的角度较大(约为 30°),而 LiNbO₃ 晶体在太赫兹波段的吸收系数和折射率都很大,太赫兹波易在晶体表面发生全反射。最初的耦合方式是通过在太赫兹波出射方向上对晶体进行切割(切角法),使得生成的太赫兹波从晶体表面垂直出射,实现太赫兹波的耦合输出,结构如图 4-20 所示[41]。但

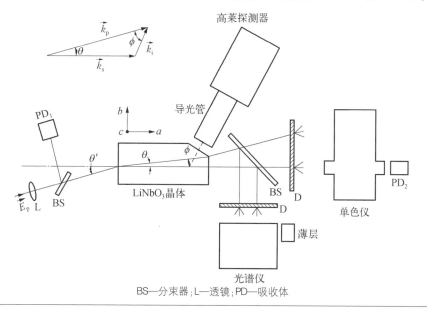

图 4-20
切角法耦合输出太赫兹波装置示意图

BS—分束器;L—透镜;PD—吸收体

其生成的大部分太赫兹波都被晶体所吸收,耦合效率低下。

　　1996 年,日本的 Kawase 等[43] 提出在 LiNbO₃晶体表面蚀刻光栅结构的方法来耦合输出太赫兹波,较之前的切角耦合结构转换效率提高了 250 倍。他们使用了砷化镓薄片组成的法布里-珀罗标准具测量了太赫兹脉冲的频率。他们使用 1 064 nm 的调 Q 激光器作为泵浦源,脉宽 25 ns,输出能量 30 mJ。他们使用 Si - Bolometer 探测器探测太赫兹波能量,使用肖特基二极管阵列来探测太赫兹波脉冲的时域波形,具体结构如图 4 - 21 所示。他们测量到的太赫兹波脉宽比 Stokes 光脉宽略宽,但要比泵浦光脉冲脉宽更窄,证明了产生的太赫兹波脉冲宽度在泵浦光和 Stokes 光脉冲宽度之间。

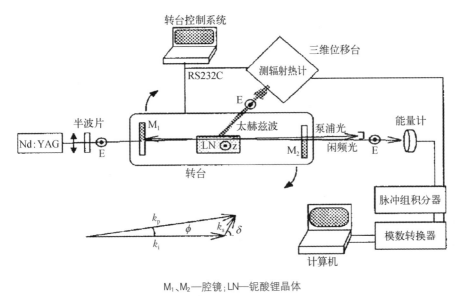

图 4 - 21
表面蚀刻光栅
方法耦合输出
太赫兹波

M₁、M₂—腔镜;LN—铌酸锂晶体

　　1997 年,Kawase 等[44] 又提出了利用单硅棱镜耦合的方式输出太赫兹波,这种耦合方式使得太赫兹参量振荡器在调谐过程中的太赫兹波输出方向几乎不改变,提高了太赫兹参量振荡源的实用性,结构如图 4 - 22 所示。随后,Kawase 等[45] 在 2001 年提出了改进方案(图 4 - 21),通过在晶体侧表面贴合若干个硅棱镜,实现了六倍于单硅棱镜耦合方案的耦合效率并使得其光斑远场直径减少了40%,结构如图 4 - 23 所示。由于耦合损耗的降低,他们也探测到了更宽频率的太赫兹波范围(1~3 THz)。

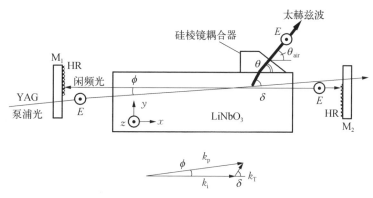

图 4 - 22
单硅棱镜耦合
输出太赫兹波
装置示意图

M₁、M₂—腔镜;HR—高反射膜;LiNbO₃—铌酸锂晶体

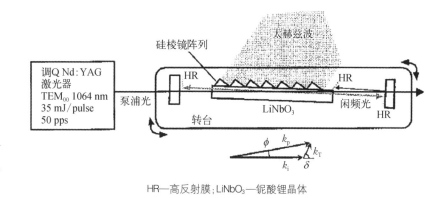

图 4 - 23
多硅棱镜耦合
输出太赫兹波
装置示意图

HR—高反射膜;LiNbO₃—铌酸锂晶体

2006 年,日本 Ikari 等[46]又提出了浅表面垂直出射结构,进一步提高了耦合效率并且有效改善了输出太赫兹波的光束质量,如图 4 - 24 所示。通过设计晶体的结构,使得泵浦光和 Stokes 光在晶体内表面反射一次后通过晶体,且生成的太赫兹波出射方向垂直于晶体的出射面。这种结构使得在耦合输出点附近生成的太赫兹波在晶体内的传输距离很短,大大减小了输出点附近晶体对太赫兹波的吸收。同时,由于没有附加任何的耦合器件,输出的太赫兹波拥有很好的光束质量。但其出射点以外生成的太赫兹波几乎都被晶体所吸收,且出射点处产生的太赫兹波在输出晶体时也有着很大的菲涅耳反射损耗,依然没有克服晶体在太赫兹波段的强吸收和高折射率对太赫兹波所带来的影响。

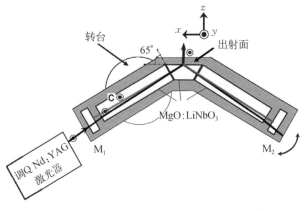

图 4 - 24
浅表面垂直出射结构耦合输出太赫兹波装置示意图

M₁、M₂—腔镜;MgO∶LiNbO₃—掺氧化镁铌酸锂晶体

2014 年,山东大学王伟涛等[47]提出了多点同时输出的浅表面垂直出射太赫兹参量振荡器结构,结构如图 4 - 25 所示。通过设计板条状的晶体结构,使得泵浦光和 Stokes 光在晶体内部发生 5 次全内反射,从而拥有 5 个太赫兹波出射点,

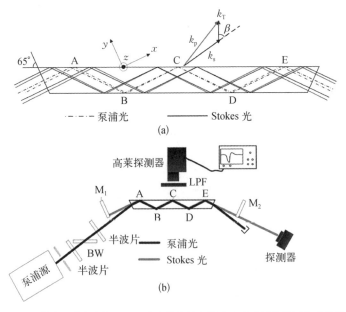

(a) 铌酸锂晶体中泵浦光束和 Stokes 光束传输示意图;(b) 多点浅表面垂直出射结构参量振荡实验装置示意图

LPF—低通滤波器;M₁、M₂—平面镜

图 4 - 25
多点同时输出的浅表面垂直出射太赫兹参量振荡器结构示意图

并且能够实现 1.30～2.47 THz 的调谐范围。这种结构大大提高了对非线性晶体的利用效率,提高了太赫兹参量振荡器的转换效率。与普通的浅表面垂直出射结构相比,这种结构的太赫兹波能量输出提高了 3.56 倍。

4.6.2 新晶体在太赫兹参量振荡器中的应用

在最初的太赫兹参量振荡器[40]中,都是使用 $LiNbO_3$ 晶体作为非线性介质,它具有较高的非线性系数,但其损伤阈值较低。而掺氧化镁的铌酸锂晶体早在 19 世纪 60 年代就已有报道[48],但直到 1999 年,Shikata 等[49]才将其应用在太赫兹参量振荡器中。通过使用 5%(摩尔分数) MgO 掺杂的铌酸锂晶体作为非线性介质,他们获得了更高功率的太赫兹波输出。通过理论计算他们发现 $LiNbO_3$ 晶体和 $MgO:LiNbO_3$ 晶体在太赫兹波段的色散特性没有很大区别,但 $MgO:LiNbO_3$ 晶体的增益比纯 $LiNbO_3$ 晶体高 5 倍,并且拥有更高的损伤阈值,从而获得更高的太赫兹波输出。

在此后的 15 年里,有关太赫兹参量振荡器的报道都是主要基于 $MgO:LiNbO_3$ 晶体的,直到 2014 年,山东大学王伟涛等首次使用 KTP 一族的晶体[50,51](如 $KTiOPO_4$、$KTiOAO_4$ 晶体)作为非线性介质,使用浅表面垂直出射耦合输出方式,成功拓宽了原有基于掺氧化镁的铌酸锂晶体的太赫兹参量振荡器的调谐范围。基于铌酸锂晶体的太赫兹参量振荡器的典型调谐范围为 0.6～3.2 THz,而基于 KTP 晶体和 KTA 晶体的太赫兹参量振荡器的调谐范围分别为 3.17～6.13 THz 和 3.59～6.43 THz。但是这两种晶体的调谐范围并不连续,在调谐范围内有数个空隙,输出结果如图 4 - 26 所示。尽管 KTP 晶体和 KTA 晶体的损伤阈值远大于铌酸锂晶体,但是得到的太赫兹波脉冲输出能量和基于铌酸锂晶体的结果没有多少差别,这是因为 KTP 晶体和 KTA 晶体在太赫兹波段的吸收比铌酸锂晶体更高,更多的太赫兹波被晶体所吸收。

2016 年,澳大利亚 Ortega 等[52]报道了另外一种 KTP 一族的晶体——RTP 晶体在太赫兹波参量振荡器中的应用,实现了 3.10～4.15 THz 内的连续太赫兹波输出(图 4 - 27),也伴随了调谐间隙的出现,同时报道了双波长 Stokes 光同时谐振的情况。如图 4 - 27 所示,在角度调谐过程中 Stokes 光波长改变的同时会出现两种波长

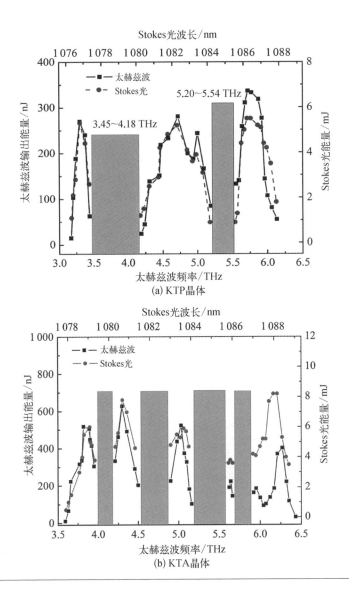

图 4 - 26
基于 KTP 晶体
和 KTA 晶体的
太赫兹参量振
荡器的不同太
赫兹波频率的
输出情况

Stokes 光同时谐振的情况,但他们没有给出具有说服力的解释来说明这类现象。

2017 年,天津大学王与烨等[53]利用近化学计量比的铌酸锂晶体来实现太赫兹波宽调谐范围的输出。太赫兹波的输出范围从 1.16 THz 到 4.64 THz,在 165 mJ/pulse 情况下太赫兹波在 1.88 THz 实现最大输出为 17.49 μJ,对应的太赫兹波转换效率为 $1.06×10^{-4}$,光子转换效率为 1.59%。而且在相同的实验条件下,SLN 晶体的太赫兹波输出是 CLN 晶体的 2.75 倍。

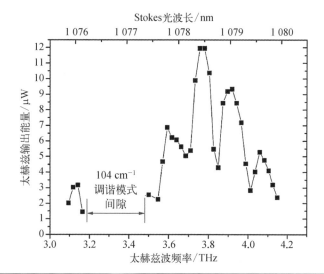

图 4 - 27
基于 RTP 晶体
的太赫兹参量
振荡源的输出
特性

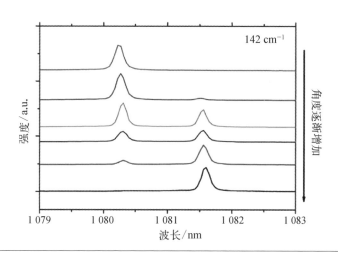

图 4 - 28
RTP 晶体中的
双波长 Stokes
光输出现象

4.6.3 太赫兹参量振荡器腔型结构的优化设计

除了耦合输出方式和晶体选择的进展之外,学者们也从腔型结构的优化设计方面来改进太赫兹波参量振荡器的性能。

2001 年,日本 Imai 等[54]利用腔外注入种子光(Stokes 光)的方式来实现窄线宽的太赫兹波输出,采用的实验装置如图 4 - 29 所示。泵浦源为种子注入 1 064 nm 脉冲激光器,脉宽 16 ns,频率 10 Hz。种子源为掺镱的光纤激光器,波长 1 070 nm,线宽小于 1 MHz,他们将后腔镜的透射率换成 30% 透射率的镜片,同时加入隔离器防止光纤激光器损坏。在获得线宽小于 200 MHz 的太赫兹波输出的同时,这种方法也降低了太赫兹参量振荡源的阈值。

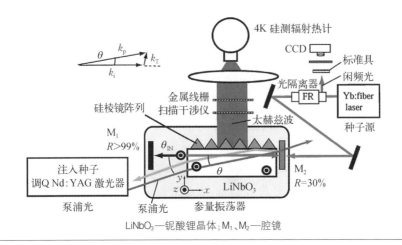

图 4 - 29 腔外注入种子光(Stokes 光)窄线宽太赫兹波输出实验装置

LiNbO₃—铌酸锂晶体;M₁、M₂—腔镜

在以往的设计中,为了避免晶体对生成的太赫兹波的强吸收,泵浦光和 Stokes 光的相互作用区域相对固定,在进行角度调谐时转动整个谐振腔来实现不同角度的相位匹配。2001 年,日本 Imai 等[55]设计了一种结构实现了太赫兹波频率的快速调谐输出。他们使用望远镜系统和扫描振镜来实现太赫兹波频率的快速调谐,装置如图 4 - 30 所示,调谐范围为 1～2 THz。这种结构虽然实现了太赫兹波频率快速调谐,但其望远镜系统会对泵浦光光束质量带来一定影响,同时其结构也相对较大。

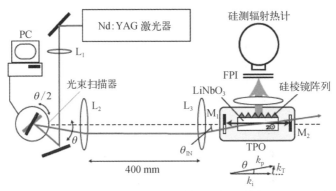

图 4 - 30 望远镜系统快速调谐太赫兹参量振荡源实验方案

LiNbO₃—铌酸锂晶体;M₁、M₂—TPO 腔镜;FPI—法布里-珀罗干涉仪;L₁、L₂、L₃—透镜

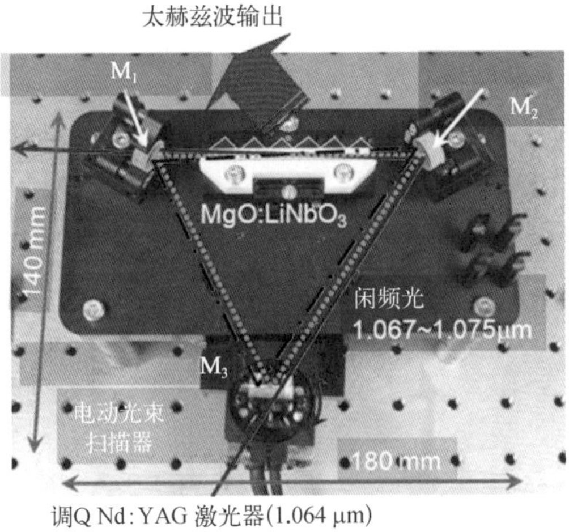

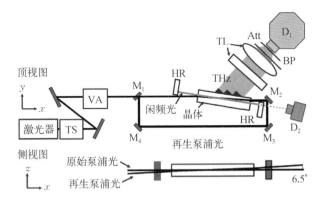

太赫兹波输出

140 mm

MgO:LiNbO₃

M_1

M_2

闲频光
1.067~1.075 μm

M_3

电动光束
扫描器

180 mm

调Q Nd:YAG 激光器(1.064 μm)

M_1、M_3—振镜；M_2—高反镜；MgO：LiNbO₃—掺氧
化镁铌酸锂晶体

图 4 - 31
环形腔结构硅
棱镜耦合输出
方式太赫兹参
量振荡源

2009 年,日本 Minamide 等[56]进一步改进了腔型结构,设计了基于环形腔结构的硅棱镜耦合太赫兹波参量振荡器,如图 4 - 31 所示。通过参考罗兰圆光栅的结构,这种环形结构能够通过转动振镜改变腔内允许谐振的 Stokes 光波长,而泵浦光和晶体的角度固定。这种结构采用多硅棱镜耦合方式输出太赫兹波,调谐范围 $0.93 \sim 2.7$ THz,它进一步减小了快速调谐结构的体积,但其最大脉冲输出能量只有 nJ 量级。

2009 年,日本 Dong Ho Wu 等[57]报道了一种循环泵浦结构以实现更高的能量转换效率。在一般的太赫兹参量振荡器中,泵浦光在一次入射晶体后就会被黑体吸收,能量转换效率很低。他们设计的结构如图 4 - 32 所示,将泵浦光进行循环利用,输出的太赫兹波功率提升了接近 4 倍。

顶视图

y

x

激光器

TS

VA

M_1

M_4

闲频光

晶体

HR

再生泵浦光

HR

THz

TL

Att

D_1

BP

M_2

D_2

侧视图

z

x

原始泵浦光

再生泵浦光

6.5°

图 4 - 32
泵浦循环结构
太赫兹波参量
振荡源

M_1、M_2、M_3、M_4—平面镜；VA—可调衰减器；TS—望远镜系统；HR—高反射膜；Att—衰减；BP—
黑色聚乙烯衰减片；TL—太赫兹超透镜

2011 年,华中科技大学孙博等[58]提出了使用直角棱镜(CCP)和平面反射镜组成的谐振腔来实现太赫兹波频率的调谐,结构如图 4 - 33 所示。通过旋转直角棱镜,可以选择腔内允许谐振的 Stokes 光波长,从而实现太赫兹波输出频率的调谐。这种结构和以往旋转整个谐振腔的调谐方式相比调谐过程中太赫兹波稳定性提高了 1~2 个量级。但这种结构由于腔长较长,角锥棱镜三边和顶角带来的衍射损耗也较大致使腔损耗较大,从而影响太赫兹波输出。

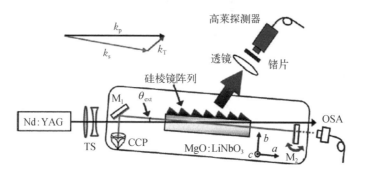

M₁、M₂—腔镜;TS—望远镜系统;OSA—光谱分析仪;CCP—直角棱镜;MgO：LiNbO₃—掺氧化镁铌酸锂晶体

图 4 - 33
直角棱镜谐振腔结构的太赫兹参量振荡源

2016 年,天津大学姚建铨院士课题组闫超等[59]报道了利用 532 nm 激光作为泵浦源来拓宽太赫兹参量振荡器的调谐范围,如图 4 - 34 所示。太赫兹参量振荡器通常使用波长为 1 064 nm 的激光器作为泵浦源,在以往的报道结果中,使用 KTP 晶体和 1 064 nm 波长泵浦源的太赫兹参量振荡器的调谐范围在

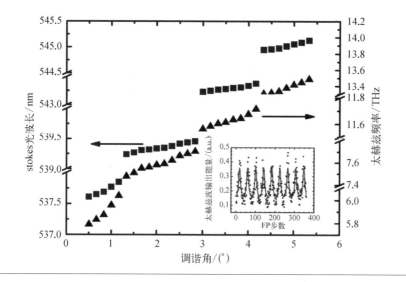

图 4 - 34
532 nm 泵浦KTP 晶体的太赫兹波参量振荡源输出特性

$3.17\sim6.13\,\mathrm{THz}$。他们报道的基于 $532\,\mathrm{nm}$ 脉冲式纳秒激光泵浦的太赫兹参量振荡器的调谐范围为 $5.7\sim13.5\,\mathrm{THz}$,大幅度拓宽了调谐范围,而且使用波长更小的泵浦源能够获得更高的拉曼效率,从而提高了太赫兹参量振荡源的能量转换效率。

2016 年,天津大学姚建铨院士课题组报道了一种基于环形腔结构的快速可调谐太赫兹参量振荡源,如图 4-35 所示[60]。通过使用环形腔结构,得到的太赫兹波输出是普通平行平面腔结构的 3.29 倍,调谐范围在 $0.7\sim2.8\,\mathrm{THz}$,调谐速度为 $600\,\mu\mathrm{s}$,最大太赫兹输出能量达到 $12.9\,\mu\mathrm{J/pulse}$。采用的泵浦源为闪光灯泵浦多模 Nd∶YAG 激光器,脉宽为 $15\,\mathrm{ns}$,重复频率为 $10\,\mathrm{Hz}$,M^2 因子小于 5。这种结构有效地提高了太赫兹波的脉冲输出能量,比以往报道的太赫兹波输出能量高了一个数量级,同时精确快速调谐的特性使得它能得到更快速精细的测量结果。

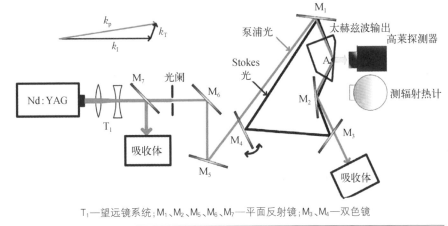

图 4-35
环形腔浅表面垂直出射结构的太赫兹参量振荡源

T_1—望远镜系统;M_1、M_2、M_5、M_6、M_7—平面反射镜;M_3、M_4—双色镜

2012 年,日本 S. Hayashi 科学家在理论上分析了当泵浦功率越高时,其太赫兹波增益越大,但晶体对纳秒脉冲的损伤阈值有限,为了进一步提高泵浦光利用效率,他们采用亚纳秒激光脉冲进行泵浦太赫兹参量产生器,获得高峰值功率的太赫兹波输出,其峰值功率大于 $120\,\mathrm{W}$[61]。2013 年,日本科学家 Yuma Takida 成功实现了可调谐的皮秒太赫兹参量振荡器(ps-TPO),在实验中,分别采用了硅棱镜耦合输出和浅表面耦合输出两种方式,如图 4-36 所示,对应地在

2 THz 处获得的约 20 nW 最大功率输出和 2 THz 处获得的约 40 nW 最大功率输出[46]。

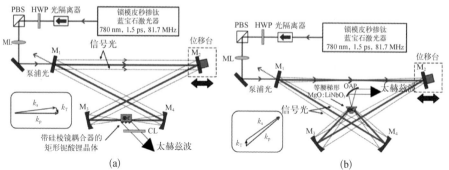

HWP—半波片；PBS—偏振分束器；OAP—离轴抛物面镜；M_1、M_2—平面镜；M_3、M_4—凹面镜；MgO∶LiNbO₃—掺氧化镁铌酸锂晶体

图 4 - 36
皮秒太赫兹参量振荡器

4.6.4　基于内腔参量振荡的脉冲太赫兹辐射源

上一章主要介绍了外腔 TPO 技术的进展，与外腔 TPO 相比，由于具有更高的腔内泵浦功率密度，使得内腔 TPO 具有更高的太赫兹波能量转换效率。因此内腔 TPO 拥有更高的转换效率和更低的泵浦阈值。

2001 年，日本的 Imai 科学家报道了一种采用种子注入技术来压窄太赫兹波输出线宽[62]。他们用一台输出为 1 070 nm 的连续光纤激光器作为种子源，并将 Stokes 腔的后腔镜替换为 30% 透射率的镜片，通过种子光注入技术，获得了线宽为 200 MHz 的太赫兹波输出。2002 年，他们又将种子激光器替换为 1 066～1 074 nm 可调谐的单纵模激光器，得到了可调谐的窄线宽太赫兹波输出[63]。

2006 年，英国圣安德鲁斯大学的 Edwards[64] 在 Nd∶YAG 激光器基频光谐振腔内放置一块 MgO∶LiNbO₃ 晶体，采用基频光谐振腔和 Stokes 光谐振腔交叉结构产生可调谐输出的太赫兹波。由于 LiNbO₃ 晶体放置在基频光谐振腔内，所以受到高功率循环泵浦光的激励。而且泵浦光和 LiNbO₃ 晶体之间不需要其他的光学耦合装置。采用这套装置，TPO 阈值为 1 mJ，获得了 1.2～3.05 THz 的太赫兹波输出，其峰值功率为 1 W，线宽小于 100 GHz。2008 年，同一个科研小组的 Stothard[65] 改进了内腔 TPO，取得了更佳的性能。他们在基频光谐振腔和

Stokes 光谐振腔内分别放置一块标准具,得到了线宽为 1 GHz 的太赫兹波输出,调谐范围为 1～3 THz,峰值功率达到 3 W。2009 年,同一个科研小组的 Walsh[66]采用种子注入内腔 TPO 实现了线宽小于 100 MHz 的太赫兹波输出,太赫兹波的最大单脉冲输出能量达到 5 nJ 以上,实验装置如图 4-37 所示。

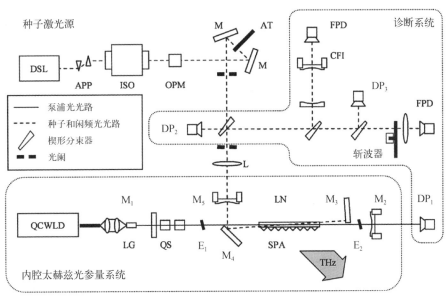

图 4-37
种子注入内腔
TPO 示意图

APP—整形棱镜对;ISO—光隔离器;OPM—相位调制器;AT—可调滤波轮;M—光束转向器;DP₁、DP₂、DP₃—吸收器;FPD—快速光电二极管;LG—激光增益介质;QS—调 Q 器件;L—透镜;LN—铌酸锂晶体;SPA—高阻硅棱镜阵列;M₁、M₂、M₃、M₄、M₅—平面镜;E₁、E₂—标准具

2007 年,日本理化所的 Hayashi 等使用纳秒级别的调 Q 脉冲式 Nd∶YAG 激光器,泵浦掺氧化镁的铌酸锂晶体,泵浦光一次通过晶体后被黑体所吸收。整个结构没有谐振腔,产生宽带太赫兹波。通过对泵浦光斑进行整形,实现高功率的泵浦光注入,从而提高参量效率,最终的泵浦损耗率超过 70%。2012 年,他们在参量产生器的基础上加入种子光[67],实现了线宽小于 5 GHz 的窄带太赫兹波输出。他们采用的实验装置如图 4-38 所示,泵浦源为一台脉宽为 420 ps 的小型化 Nd∶YAG 激光器,能够输出单纵模的高质量 1 064 nm 脉冲激光。使用一台半导体激光器和放大器作为种子源,提供窄线宽的连续 Stokes 光输出,输出功率为 80 mW。

以上介绍的基于非线性光学参量方法的太赫兹波辐射源采用的是非共线相

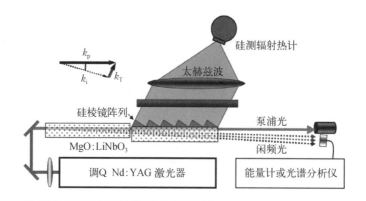

图 4 - 38
太赫兹参量产生器结构示意图

硅测辐射热计
太赫兹波
硅棱镜阵列
泵浦光
闲频光
MgO:LiNbO₃
调Q Nd:YAG 激光器
能量计或光谱分析仪

位匹配方式。由于泵浦光、Stokes 光和太赫兹波三者在空间上走离,导致三者间的有效相互作用体积很小,严重限制了太赫兹波的转换效率。为了增大三者间的相互作用体积,可以选择周期极化 $LiNbO_3$ 晶体(PPLN)作为 TPO 的增益介质。PPLN 可以实现泵浦光、Stokes 光和太赫兹波三者中的两者或者三者共线传输,从而有效增大三者间的相互作用体积。但是采用 PPLN 晶体产生太赫兹波给频率调谐输出太赫兹波带来了困难,因为一个极化周期只对应一种频率的太赫兹波。2009 年,德国科学家 Molter[68] 利用一块 PPLN 晶体,种子注入 Stokes 光,实现了频率为 1.5 THz 的太赫兹波输出,太赫兹波腔内平均功率为 8 mW,实验装置如图 4 - 39 所示。同年,德国波恩大学的 Sowade[69] 采用连续泵浦光,在 PPLN 晶体内实现了连续太赫兹波的输出,实验装置如图 4 - 40 所示。实验中使泵浦光和 Stokes 光共线传输,产生的一阶 Stokes 光在谐振腔内共振增

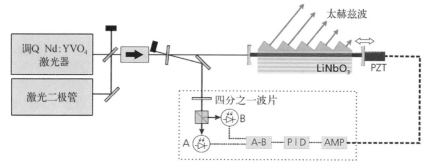

太赫兹波
调Q Nd:YVO₄ 激光器
激光二极管
LiNbO₃
PZT
四分之一波片
B
A
A-B
PID
AMP

图 4 - 39
种子注入准相位匹配 TPO(增益介质为 PPLN 晶体)

PID—比例-积分-微分控制器;AMP—放大器;PZT—压电陶瓷;LiNbO₃—铌酸锂晶体

强,其强度可以产生下一个参量过程,这种级联 TPO 增强了太赫兹波的功率。实验中通过更换不同极化周期的 PPLN,获得了范围为 1.3～1.7 THz 的太赫兹波输出,在 1.35 THz 处测得平均功率大于 1 μW。2010 年,英国圣安德鲁斯大学的 Walsh[70] 实现了内腔准相位匹配 TPO。

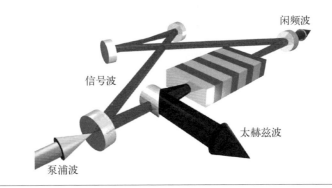

图 4-40
连续泵浦准相位匹配 TPO

2013 年,天津大学王与烨等首次将浅表面输出结构应用于内腔太赫兹参量振荡系统[71],其实验装置如图 4-41 所示,该系统实现了 0.74～2.75 THz 的太赫兹波输出,且泵浦阈值仅为 12.9 mJ,在 1.54 THz 处取得了最大太赫兹波输出能量为 283 nJ,转换效率为 $4.8×10^{-6}$。

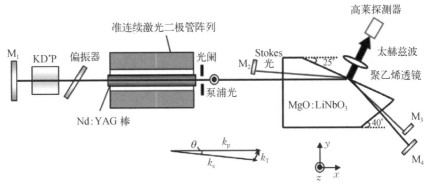

图 4-41
内腔太赫兹参量振荡系统

KD*P—磷酸二氘钾;MgO:LiNbO₃—掺氧化镁铌酸锂晶体;M₁、M₂、M₃、M₄—平面反射镜

2014 年,澳大利亚麦考瑞大学 Andrew J. Lee 等报道了内腔连续太赫兹参量振荡源[72],其实验装置如图 4-42 所示,该系统实现了 1.4～2.3 THz 的连续太赫兹波输出,且泵浦阈值仅为 2.3 W,在 1.8 THz 处获得最大输出功率 2.3 μW。

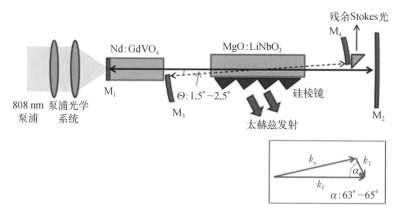

MgO：LiNbO$_3$—掺氧化镁铌酸锂晶体；Nd：GdVO$_4$—掺钕钒酸钆晶体；M$_1$、M$_2$、M$_3$、M$_4$—平面反射镜

图 4 – 42
内腔连续 TPO
系统

2017 年，该组又报道了一种浅表面出射内腔太赫兹参量振荡源[73]，通过在铌酸锂晶体的太赫兹波出射表面涂覆特氟龙保护层，从而提高了晶体的抗激光损伤阈值，其实验装置如图 4 – 43 所示，实现了 1.46～3.84 THz 内的太赫兹波输出，且在 1.76 THz 处获得最大输出功率 56.8 μW。

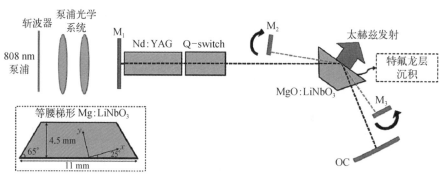

MgO：LiNbO$_3$—掺氧化镁铌酸锂晶体；M$_1$、M$_2$、M$_3$—平面反射镜；Q-switch—调 Q 器件；OC—输出耦合器

图 4 – 43
浅表面出射内
腔 TPO

2018 年，该组提出了基于 RTP 晶体的内腔太赫兹参量振荡源[74]，实验装置如图 4 – 44 所示，获得了 3.04～3.16 THz、3.50～4.25 THz、4.57～4.75 THz 和 5.40～5.98 THz 分立调谐的太赫兹波输出，其在 4.10 THz 处获得最大输出功率 124.7 μW。

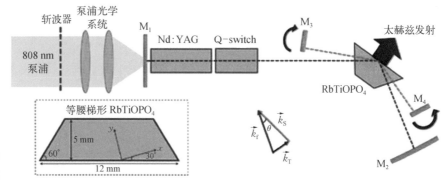

图 4-44
基于 RTP 晶体
的内腔太赫兹
参量振荡源

RbTiOPO₄—磷酸钛氧铷晶体;M₁、M₂、M₃、M₄—平面反射镜;Q-switch—调Q器件;f—基频光

4.6.5　其他新型参量振荡的脉冲太赫兹辐射源

此外,日本东北大学学者理论上设计了其他结构的微型谐振腔。2014年,东北大学 Saito 等[75] 提出了一种新型结构,如图 4-45 所示。这是一种基于波导结构的太赫兹参量振荡谐振器,这种脊状结构的砷化镓波导能够将泵浦光、Stokes 光以及通过参量过程产生的太赫兹波以单模形式限制在波导内部,从而使得谐振腔内的三波互作用能够大大增强。根据文章作者的理论分析,这种结构太赫兹参量振荡源中参量过程的转化效率能够提升到量子极限。

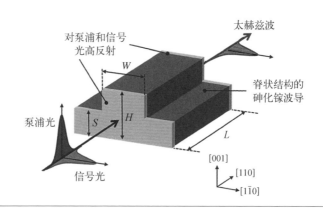

图 4-45
基于砷化镓波
导结构的太赫
兹参量振荡器
示意图

同年，Saito 等还提出了一种基于磷化镓材料的微腔结构太赫兹参量振荡器[76]，可以实现兆瓦量级峰值功率的太赫兹波输出。通过使用软件进行模拟，发现这种参量振荡器结构内的谐振腔中的相位匹配方式和准相位匹配类似，能够实现极高量子效率的参量振荡，提高转换效率。他们还将标准耦合模理论带入软件，对这种参量振荡结构的输出特性进行了理论计算，最终结果显示其在 3 THz 处的输出峰值功率预计能够达到 4 MW。

参考文献

[1] Franken P A, Hill A E, Peters C W, et al. Generation of optical harmonics, Physical Review Letters, 1961, 7: 118-119.

[2] Kingston R H. Parametric amplification and oscillation at optical frequencies[J]. Proceedings of the institute of Radio Engineers, 1962, 50(4): 472-474.

[3] Kroll N M. Parametric amplification in spatially extended media and application to the design of tunable oscillators at optical frequencies. Physical Review, 1962, 127 (4): 1027-1211.

[4] Akhmanov S A, Khoklov R V. Concering one possibility of amplification of light waves. Soviet Physics. JETP, 1963, 16: 252.

[5] Armstrong J A. Bloembergen N, Ducuing J, et al. Interactions between light waves in a nonlinear dielectric[J]. Physical Review, 1962, 127(6): 1918-1939.

[6] Wang C C, Raceete G W. Measurement of parametric gain accompanying optical difference frequency generation [J]. Applied Physics Letters, 1965, 6 (8): 169-171.

[7] Giordmaine J A, Miller R C. Tunable coherent parametric oscillation in LiNbO₃ at optical frequencies[J]. Physical Review Letters, 1965, 14(24): 973-976.

[8] Raman C V, Krishnan R S. A new type of secondary radiation[J]. Nature, 1928, 121: 501-502.

[9] Landsberg G, Mandelsltam L. Eine neue erscheinung ber der lichtzerstreuung in krystallen[J]. Naturwissenschaften, 1928, 16: 557.

[10] Woodbury E J, Ng W K. Ruby laser operation in the near IR[J]. Proceedings of the Institute of Radio Engineers, 1962, 50(11): 2367.

[11] Huang K. On the interaction between the radiation field and ionic crystals[J]. Proceedings of the Royal Society, 1951, A208(1094): 352-365.

[12] Henry C H, Hopfield J J. Raman scattering by polaritons[J]. Physical Review

Letters，1965，15(25)：964－966.

[13] 张光寅,蓝国祥,王玉芳.晶格振动光谱学[M].2 版.北京：高等教育出版社,2001.

[14] Loudon R. Theory of stimulated raman scattering from lattice vibrations[J]. Proceedings of the Physical Society，1963，82(3)：393－400.

[15] Piestrup M A，Fleming R N，Pantell R H. Continuously tunable submillimeter wave source[J]. Applied Physics Letters，1975，26(8)：418－421.

[16] Yang K H，et al. Phase-matched far-infrared generation by optical mixing of dye laser beams[J]. Applied Physics Letters，1973，23(12)：669－671.

[17] Butcher P N，Loudon R，McLear T P. Parametric amplification near resonance in nonlinear dispersive media[J]. Proceedings of the Physical Society，1965，85：565－581.

[18] Shen Y R. Theory of stimulated raman effect[J]. Physical Review，1965，138(6A)：A1741－A1746.

[19] Henry C H，Garrett C G B. Theory of parametric gain near a lattice resonance[J]. Physical Review，1968，171(3)：1058－1064.

[20] Sussman S S. Tunable light scattering from transverse optical modes in Lithium Niobate，Microwave Laboratory Report No. 1851，Stanford University，pp. 34，Apr. 1970.

[21] Kleinman D A. Nonlinear dielectric polarization in optical media[J]. Physical Review，1962，126(6)：1977－1979.

[22] Bloembergen N，Pershan P S. Light wave at the boundary of nonlinear media[J]. Physical Review，1962，128(2)：606－622.

[23] Barker A S. Transverse and longitudinal optic mode study in MgF2 and ZnF2[J]. Physical Review，136(5A)：A1290～A1295 1964.

[24] Barker A S，Loudon Jr R. Dielectirc properties and optical phonons in $LiNbO_3$[J]. Physical Review，1967,158(2)：433－445.

[25] http：// www. nature. com/cgi-taf/gateway. taf? g ＝ 3&file ＝/materials/month/articles/m021031－6.himl

[26] Dmitriev V G，Grzdyan G G，Nikogosiyan D N. Handbook of Nonlinear Optical Crystals[M]. Berlin：Springer-Verlag，1991.

[27] 李铭华,杨春晖,徐玉恒,等.光折变晶体材料科学导论[M].北京：科学出版社,2003.

[28] Penna A F，Chaves A，Andrade P da R，et al. Light scattering by lithium tantalite at room temperature[J]. Physical Review B，1976，13(11)：4907－4917.

[29] Edwards G J，Lawrence M. A temperature-dependent dispersion equation for congruently grown lithium niobate[J]. Optical and Quantum Electronics，1984，16：373－375.

[30] Ariel Bruner，David Eger，Moshe Oron，et al. Refractive index dispersion measurements of congruent and stoichiometric $LiTaO_3$[J]. Proceedings of SPIE，2002，4628：66－73.

[31] Barker A S, Loudon R. Dielectric properties and optical phonons in LiNbO$_3$[J]. Physical Review, 1967, 158(2): 433 – 445.

[32] Barker A S, Ballman A A, Ditzenberger J A. Infrared study of the lattice vibrations in LiTaO$_3$[J]. Physical Review B, 1970, 2(10): 4233 – 4239.

[33] Shikata Jun-ichi, Kawase Kodo, Ito Hiromasa. The generation and linewidth control of terahertz waves by parametric processes [J]. Electronics and Communications in Japan. Part 2, 2003, 86(5): 52 – 65.

[34] Schall M, Helm H, Keiding S R. Far infrared properties of electro-optic crystals measured by THz time-domain spectroscopy, international[J]. Journal of Infrared and Millimeter Waves, 1999, 20(4): 595 – 604.

[35] Puthoff H E, Pantell R H, Huth B G, et al. Near-forward raman scattering in LiNbO$_3$[J]. Journal of Applied Physics, 1968, 39(4): 2144 – 2146.

[36] Schwarz U T, Maier M. Frequency dependence of phonon-polariton damping in lithium niobate[J]. Physical Review B: Condensed Matter and Materials Physics, 1996, 53(9): 5074 – 5077.

[37] Schwarz U T, Maier M. Damping mechanisms of phonon polaritons, exploited by stimulated Raman gain measurements[J]. Physical Review B, 1998, 58 (2): 766 – 775.

[38] Johnston W D, Kaminow I P. Temperature dependence of raman and rayleigh scattering in LiNbO$_3$ and LiTaO$_3$[J]. Physical Review, 1968, 168(3): 1045 – 1054.

[39] Miller R C, Savage A. Temperature dependence of the optical properties of ferroelectric LiNbO$_3$ and LiTaO$_3$ [J]. Applied Physics Letters, 1966, 9 (4): 169 – 171.

[40] Yarborough J, Sussman S, Purhoff H, et al. Efficient, tunable optical emission from LiNbO$_3$ without a resonator[J]. Applied Physics Letters, 1969, 15 (3): 102 – 105.

[41] Johnson B, Puthoff H, SooHoo J, et al. Power and linewidth of tunable stimulated far-infrared emission in LiNbO$_3$ [J]. Applied Physics Letters, 1971, 18 (5): 181 – 183.

[42] Piestrup M, Fleming R, Pantell R. Continuously tunable submillimeter wave source. Applied Physics Letters, 1975, 26(8): 418 – 421.

[43] Kawase K, Sato M, Taniuchi T, et al. Coherent tunable THz-wave generation from LiNbO$_3$ with monolithic grating coupler[J]. Applied Physics Letters, 1996, 68(18): 2483 – 2485.

[44] Kawase K, Sato M, Nakamura K, et al. Unidirectional radiation of widely tunable THz wave using a prism coupler under noncollinear phase matching condition[J]. Applied Physics Letters, 1997, 71(6): 753 – 755.

[45] Kawase K, Shikata J, Minamide H, et al. Arrayed silicon prism coupler for a terahertz-wave parametric oscillator[J]. Applied Optics, 2001, 40 (9): 1423 – 1426.

[46] Ikari T, Zhang X, Minamide H, et al. THz-wave parametric oscillator with a surface-emitted configuration[J]. Optics Express, 2006, 14(4): 1604-1610.

[47] Wang W, Zhang X, Wang Q, et al. Multiple-beam output of a surface-emitted terahertz-wave parametric oscillator by using a slab MgO : LiNbO$_3$ crystal[J]. Optics Letters, 2014, 39(4): 754-757.

[48] Iwasaki H, Toyoda H, Niizeki N, et al. Temperature and optical frequency dependence of the DC electro-optic constant r22T of LiNbO$_3$[J]. Japanese Journal of Applied Physics, 1967, 6(12): 1419-1422.

[49] Shikata J i, Sato M, Taniuchi T, et al. Enhancement of terahertz-wave output from LiNbO$_3$ optical parametric oscillators by cryogenic cooling[J]. Optics Letters, 1999, 24(4): 202-204.

[50] Wang W, Cong Z, Chen X, et al. Terahertz parametric oscillator based on KTiOPO$_4$ crystal[J]. Optics Letters, 2014, 39(13): 3706-3709.

[51] Wang W, Cong Z, Liu Z, et al. THz-wave generation via stimulated polariton scattering in KTiOAsO$_4$ crystal[J]. Optics Express, 2014, 22(14): 17092-17098.

[52] Ortega T A, Pask H M, Spence D J, et al. Stimulated polariton scattering in an intracavity RbTiOPO$_4$ crystal generating frequency-tunable THz output[J]. Optics Express, 2016, 24(10): 10254-10264.

[53] Wang Y, Tang L, Xu D, et al. Energy scaling and extended tunability of terahertz wave parametric oscillator with MgO-doped near-stoichiometric LiNbO$_3$ crystal[J]. Optics Express, 2017, 25(8): 8926-8936.

[54] Imai K, Kawase K, Shikata J i, et al. Injection-seeded terahertz-wave parametric oscillator[J]. Applied Physics Letters, 2001, 78(8): 1026-1028.

[55] Imai K, Kawase K, Ito H. A frequency-agile terahertz-wave parametric oscillator [J]. Optics Express, 2001, 8(13): 699.

[56] Minamide H, Ikari T, Ito H. Frequency-agile terahertz-wave parametric oscillator in a ring-cavity configuration[J]. The Review of Scientific Instruments, 2009, 80(12): 123104.

[57] Wu D H, Ikari T. Enhancement of the output power of a terahertz parametric oscillator with recycled pump beam[J]. Applied Physics Letters, 2009, 95(14): 141105.

[58] Sun B, Li S, Liu J, et al. Terahertz-wave parametric oscillator with a misalignment-resistant tuning cavity[J]. Optics Letters, 2011, 36(10): 1845-1847.

[59] Yan C, Wang Y, Xu D, et al. Green laser induced terahertz tuning range expanding in KTiOPO$_4$ terahertz parametric oscillator[J]. Applied Physics Letters, 2016, 108(1): 1-4.

[60] Yang Z, Wang Y, Xu D, et al. High-energy terahertz wave parametric oscillator with a surface-emitted ring-cavity configuration[J]. Optics Letters, 2016, 41(10): 2262-2265.

［61］ Hayashi S，Nawata K，Sakai H，et al. High-power，single-longitudinal-mode terahertz-wave generation pumped by a microchip Nd：YAG laser［J］. Optics Express，2012，20(3)：2881－2886.

［62］ Imai K，Kawase K，Shikata J i，et al. Injection-seeded terahertz-wave parametric oscillator［J］. Applied Physics Letters，2001，78(8)：1026－1028.

［63］ Kawase K，Minamide H，Imai K，et al. Injection-seeded terahertz-wave parametric generator with wide tenability［J］. Applied Physics Letters，2002，80(2)：194－197.

［64］ Edwards T J，Walsh D，Spurr M B，et al. Compact source of continuously and widely tunable terahertz radiation［J］. Optics Express，2006，14(4)：1582－1589.

［65］ Stothard D J M，Edwards T J，Walsh D，et al. Line-narrowed，compact，and coherent source of widely tunable terahertz radiation［J］. Applied Physics Letters，2008，92(14)：141105－141107.

［66］ Walsh D，Stothard D J M，Edwards T J，et al. Injection-seeded intracavity terahertz optical parametric oscillator［J］. Journal of the Optical Society of America B：Optical Physics，2009，26(6)：1196－1202.

［67］ Hayashi S，Nawata K，Sakai H，et al. High-power，single-longitudinal-mode terahertz-wave generation pumped by a microchip Nd：YAG laser［J］. Optics Express，2012，20(3)：2881－2886.

［68］ Molter D，Theuer M，Beigang R. Nanosecond terahertz optical parametric oscillator with a novel quasi phase matching scheme in lithium niobate［J］. Optics Express，2009，17(8)：6623－6628.

［69］ Sowade R，Breunig I，Mayorga I C，et al. Continuous-wave optical parametric terahertz source［J］. Optics Express，2009，17(25)：22303－22310.

［70］ Walsh D A，Browne P G，Dunn M H，et al. Intracavity parametric generation of nanosecond terahertz radiation using quasi-phase-matching［J］. Optics Express，2010，18(13)：13951－13963.

［71］ Wang Y Y，Xu D G，Jiang H，et al. A high-energy，low-threshold tunable intracavity terahertz-wave parametric oscillator with surface-emitted configuration［J］. Laser Physics，2013，23(5)：055406.

［72］ Lee A J，Pask H M. Continuous wave，frequency-tunable terahertz laser radiation generated via stimulated polariton scattering［J］. Optics Letters，2014，39(3)：442－445.

［73］ Ortega T A，Pask H M，Spence D J，et al. THz polariton laser using an intracavity Mg：$LiNbO_3$ crystal with protective Teflon coating［J］. Optics Express，2017，25(4)：3991－3999.

［74］ Ortega T A，Pask H M，Spence D J，et al. Tunable 3－6 THz polariton laser exceeding 0.1 mW average output power based on crystalline $RbTiOPO_4$［J］. IEEE Journal of Selected Topics in Quantum Electronics，2018，24(5)：1.

［75］ Saito K，Tanabe T，Oyama Y. Design of a terahertz parametric oscillator based on a resonant cavity in a terahertz waveguide[J]. Journal of Applied Physics, 2014, 116(4): 043108.

[76] Saito K, Tanabe T, Oyama Y. Pump enhanced monochromatic terahertz-wave parametric oscillator toward megawatt peak power[J]. Optics Letters, 2014, 39 (19): 5681 – 5684.

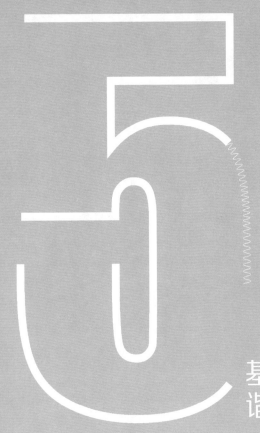

5

基于差频技术的可调
谐脉冲太赫兹辐射源

基于非线性晶体二阶非线性效应的差频过程可实现可调谐太赫兹波输出,差频方法与参量振荡技术相比,最大的区别在于直接采用双波长入射非线性晶体,且一般条件下无腔结构进行振荡反馈。差频技术具有无阈值、输出线宽窄、快调谐、系统紧凑等优势,成为目前太赫兹产生的重要的技术之一,近十几年来备受人们关注。

本章从二阶非线性基本原理出发,通过耦合波方程详细介绍了基于差频手段产生太赫兹波的基本原理。对差频过程中泵浦强度、泵浦波长、晶体吸收、晶体长度等因素对三波能量变化以及调谐范围的影响进行了数值分析。并结合多种有机/无机非线性光学晶体,对基于差频技术的太赫兹辐射源的研究成果进行系统总结与对比。

5.1 太赫兹差频技术基本原理

差频技术是最早于 20 世纪 60 年代提出的产生太赫兹的技术,最近三十多年得到了长足的发展,不断有新的成果出现,成为目前太赫兹产生的重要技术之一。利用非线性差频可以产生功率较高的相干、可调谐单频太赫兹波,这在材料科学、固体物理、生物科学、高频谱分辨率的分子光谱、射电天文、通信等基础研究和应用研究领域具有重要研究价值和实用意义。

差频技术产生太赫兹辐射的最大优点是没有阈值,实验设备简单,结构紧凑。与光整流、光电导以及光混频技术产生太赫兹相比,可以获得较高功率、窄带太赫兹波辐射,且不需要价格昂贵的泵浦装置。对于利用差频技术的太赫兹辐射源来说,双波长激光器与非线性增益介质的选择和研究至关重要,不仅关系到太赫兹辐射源输出波长的覆盖范围,还影响着激光器的输出功率以及能量转换效率等。为了获得较高效率的太赫兹波输出,需要选择合适的差频材料。选择应用于太赫兹波频段的非线性晶体的条件是:① 在所作用的波段范围内具有较高的透射率;② 具有高的损伤阈值;③ 具有高的光学质量;④ 具有大的非线性系数;⑤ 优秀的相位匹配能力;⑥ 晶体可以大尺寸地生长。差频过程中的相位匹配是决定辐射源输出功率和转换效率的重要因素。选择在差频晶体中可满足相位匹配条件,且输出功率高、波长比较接近的差频泵浦光(两波长间隔视其所在波段范围所定,一般在十几个纳米左右),从而理论可获得调谐范围较宽的相干窄带、高功率的太赫兹波输出。

差频的动力学过程可以用高斯模型[1]和平面波[2]模型来分析。若波长与光束的尺寸可以相比拟、衍射作用不能忽略时,这时就需要用高斯模型并考虑到光束的有效截面、聚焦和吸收等因素来进行准确的分析,但是其中涉及傅里叶积分变换,计算较为烦琐。若当光束直径与波长比 $a/\lambda \gg 1$ 的情况下,无限平面波在半无限介质中沿 z 方向上差频也能给出很好的近似。差频产生太赫兹波的原理如图 5-1 所示,两个频率相近的激光 ω_{p1} 和 ω_{p2} 在非线性晶体

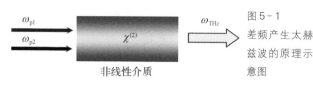

图 5-1 差频产生太赫兹波的原理示意图

中差频产生太赫兹波输出,即 $\omega_{\mathrm{p1}} - \omega_{\mathrm{p2}} = \omega_{\mathrm{THz}}$,其中 $\chi^{(2)}$ 为二阶非线性极化强度。为了分析差频产生太赫兹波的输出特性,假设 ω_{p1}、ω_{p2} 和 ω_{THz} 三波均为平面波,并且均沿 z 方向传输,其电场强度用下式来表示:

$$E_{\mathrm{p1}}(z,\ t) = E_{\mathrm{p1}}(z)\mathrm{e}^{-\alpha_{\mathrm{p1}} z/2}\mathrm{e}^{i(\omega_{\mathrm{p1}} t - k_{\mathrm{p1}} z)} \tag{5-1a}$$

$$E_{\mathrm{p2}}(z,\ t) = E_{\mathrm{p2}}(z)\mathrm{e}^{-\alpha_{\mathrm{p2}} z/2}\mathrm{e}^{i(\omega_{\mathrm{p2}} t - k_{\mathrm{p2}} z)} \tag{5-1b}$$

$$E_{\mathrm{THz}}(z,\ t) = E_{\mathrm{THz}}(z)\mathrm{e}^{-\alpha_{\mathrm{THz}} z/2}\mathrm{e}^{i(\omega_{\mathrm{THz}} t - k_{\mathrm{THz}} z)} \tag{5-1c}$$

其中 k_{p1}、k_{p2} 和 k_{THz} 分别代表频率 ω_{p1}、ω_{p2} 和 ω_{THz} 三波波矢;α_{p1}、α_{p2} 和 α_{THz} 分别代表三波在非线性晶体内的功率吸收系数。值得的注意的是,由于目前差频产生太赫兹波所用的非线性介质均在太赫兹波和近红外波段内有较强的吸收,因此此处的吸收作用不能忽略。这样,非线性介质内总的电场强度为

$$E(z,\ t) = E_{\mathrm{p1}}(z,\ t) + E_{\mathrm{p2}}(z,\ t) + E_{\mathrm{THz}}(z,\ t) \tag{5-2}$$

将式(5-2)代入麦克斯韦方程,得到如下的方程:

$$\nabla^2 E = \mu_0 \sigma \frac{\partial E}{\partial t} + \mu_0 \varepsilon \frac{\partial^2 E}{\partial^2 t} + \mu_0 \frac{\partial^2 P_{\mathrm{NL}}}{\partial t^2} \tag{5-3}$$

式中，σ 为介质的电导率张量；μ_0 为真空中的磁导率；$\varepsilon = \varepsilon_0 (\chi^{(1)} + 1)$ 为介电常数张量；P_{NL} 为非线性极化强度。将差频 ω_{THz} 非线性极化强度分量改为标量形式：

$$P_{NL}(\omega_{THz}, z, t) = \varepsilon_0 \chi^{(2)} E_{p1}(z) E_{p2}(z) e^{i\left[(\omega_{p1} - \omega_{p2})t - t(k_{p1} - k_{p2})z\right]} e^{-\alpha_{p1} z/2 - \alpha_{p2} z/2}$$

$$(5-4)$$

令 $\sigma = 0$，并采用慢变振幅近似，即在空间约化波长的范围内，振幅的变化很小，可以忽略，得到耦合波方程：

$$\frac{dE_j(z)}{dz} = \frac{i}{2} \omega_j \left(\frac{\mu_0}{\varepsilon_j}\right)^{1/2} R_{NL} e^{-i\beta_j z} \qquad (5-5)$$

利用 P_{NL}，我们可以得到 E_{THz} 的空间形式如下：

$$\frac{dE_{THz}(z)}{dz} = \frac{\alpha_{THz}}{2} E_{THz}(z) - \frac{i\omega_{THz} d}{c n_{THz}} \omega_j \left(\frac{\mu_0}{\varepsilon_j}\right)^{1/2} E_{p1}(z) E_{p2}^*(z) e^{-\Delta\alpha z/2} e^{-i\Delta k z}$$

$$(5-5a)$$

同样可以得到：

$$\frac{dE_{p2}(z)}{dz} = \frac{\alpha_{p2}}{2} E_{p2}(z) - \frac{i\omega_{p2} d}{c n_{p2}} \omega_j \left(\frac{\mu_0}{\varepsilon_j}\right)^{1/2} E_{p1}(z) E_{THz}^*(z) e^{-\Delta\alpha_2 z/2} e^{-i\Delta k z}$$

$$(5-5b)$$

$$\frac{dE_{p1}(z)}{dz} = \frac{\alpha_{p1}}{2} E_{p1}(z) - \frac{i\omega_{p1} d}{c n_{p1}} \omega_j \left(\frac{\mu_0}{\varepsilon_j}\right)^{1/2} E_{p2}(z) E_{THz}^*(z) e^{-\Delta\alpha_1 z/2} e^{-i\Delta k z}$$

$$(5-5c)$$

$$\Delta k = k_{p1} - k_{p2} - k_{THz}; \quad \Delta\alpha = \alpha_{p1} + \alpha_{p2} - \alpha_{THz}$$

$$\Delta\alpha_2 = \alpha_{p1} + \alpha_{THz} - \alpha_{p2}; \quad \Delta\alpha_1 = \alpha_{p2} + \alpha_{THz} - \alpha_{p1}$$

式中，Δk 为三波间的相位失配量；c 为真空中的光速；n_{p1}、n_{p2} 和 n_{THz} 分别为三波的折射率；$d = \chi^{(2)}/2$ 为最低阶的非线性系数。

假设注入晶体中差频的两波 ω_{p1} 和 ω_{p2} 的幅度衰减可以忽略不计，即在小信号情况下，认为整个晶体内 $E_1(z)$ 和 $E_2(z)$ 是常数，则对式(5-5a)在整个晶体长度内积分，可以得到晶体出射表面内侧的电场强度：

$$E_{THz}(L) = \frac{\omega_{THz}d}{cn_{THz}} E_{p1} E_{p2}^* e^{-\Delta\alpha_{THz}z/2} \frac{e^{-i(\Delta k + \Delta\alpha/2)L} - 1}{\Delta k + \Delta\alpha/2} \qquad (5-6)$$

式中，L 为晶体的长度。通过光强 I_{THz} 与电场 E_{THz} 的关系：

$$I_{THz} = \frac{1}{2}\left(\frac{\varepsilon_{THz}}{\mu_0}\right)^{1/2} E_{THz}E_{THz}^* \qquad (5-7)$$

将式(5-6)代入式(5-7)，可以得到

$$I_{THz} = \frac{1}{2}\left(\frac{\mu_0}{\varepsilon_j}\right)^{1/2} \frac{\omega_{THz}^2(\chi)^2 L^2}{c^2 n_{THz} n_1 n_2} I_{p1} I_{p2} e^{-\Delta\alpha_{THz}L} \frac{1 + e^{-\Delta\alpha L} - 2e^{-\Delta\alpha L/2}\cos(\Delta kL)}{(\Delta kL)^2 + (\Delta\alpha L/2)^2}$$
$$(5-8)$$

当不考虑晶体的吸收时，式(5-8)可以简化为

$$I_{THz} = \frac{1}{2}\left(\frac{\mu_0}{\varepsilon_0}\right)^{1/2} \frac{\omega_{THz}^2(2d)^2 L^2}{n_{p1} n_{p2} n_{THz} c^2} I_{p1} I_{p2} \frac{\sin^2\left(\frac{1}{2}\Delta kL\right)}{\left(\frac{1}{2}\Delta kL\right)^2} \qquad (5-9)$$

当晶体的端面未镀膜，特别是当晶体的表面法线不与 z 轴平行时，菲涅耳损耗更为严重，因此，当考虑到两波 ω_{p1} 和 ω_{p2} 在晶体入射端面及太赫兹波在出射端面的菲涅耳损耗时，太赫兹波的输出功率可以表示为

$$P_{THz} = \frac{1}{2}\left(\frac{\mu_0}{\varepsilon_0}\right)^{1/2} \frac{\omega_{THz}^2(2d)^2 L^2}{n_{p1} n_{p2} n_{THz} c^2}\left(\frac{P_{p1}P_{p2}}{A}\right) T_{p1} T_{p2} T_{THz} e^{-\alpha_{THz}L} \cdot$$
$$\frac{1 + e^{-\Delta\alpha L} - 2e^{-\Delta\alpha L/2}\cos(\Delta kL)}{(\Delta kL)^2 + (\Delta\alpha L/2)^2} \qquad (5-10)$$

式中，A 为光束横截面积；T_{p1}、T_{p2} 和 T_{THz} 分别为 ω_{p1} 和 ω_{p2} 在晶体入射端面及太赫兹波在出射端面的菲涅耳损耗。式(5-10)即为在平面波条件下共线差频产生太赫兹波输出功率的小信号近似解。

若 ω_{p1} 和 ω_{p2} 两波在差频过程中的振幅衰减不能忽略，就需要求解式(5-5)的数值解。

将 ω_{p1}、ω_{p2} 和 ω_{THz} 波复振幅的实部与虚部分开，令：

$$E_j(z) = E_j(z)e^{-i\phi_j} = A_j(z)e^{-i\phi_j} \quad j = p_1,\ p_2,\ THz \qquad (5-11)$$

代入式(5-5),则有

$$\frac{dA_{THz}}{dz} - iA_{THz}\frac{d\phi_{THz}}{dz} = -\frac{\alpha_{THz}}{2}A_{THz} - i\frac{\omega_{THz}d}{cn_{THz}}A_{p1}A_{p2}e^{-\Delta\alpha z/2}e^{-i\psi}$$

$$\frac{dA_{p2}}{dz} - iA_{p2}\frac{d\phi_{p2}}{dz} = -\frac{\alpha_{p2}}{2}A_{p2} - i\frac{\omega_{p2}d}{cn_{p2}}A_{p1}A_{THz}e^{-\Delta\alpha_2 z/2}e^{-i\psi}$$

$$\frac{dA_{p1}}{dz} - iA_{p1}\frac{d\phi_{p1}}{dz} = -\frac{\alpha_{p1}}{2}A_{p1} - i\frac{\omega_{p1}d}{cn_{p1}}A_{p2}A_{THz}e^{-\Delta\alpha_1 z/2}e^{i\psi}$$

式中,$\psi = \Delta kz + \phi_{p1} - \phi_{p2} - \phi_{THz}$,为相对相位角。

进一步分离可以得到以下方程组:

$$\frac{dA_{THz}}{dz} = -\frac{\alpha_{THz}}{2}A_{THz} - \frac{\omega_{THz}d}{cn_{THz}}A_{p1}A_{p2}e^{-\Delta\alpha z/2}\sin\psi \qquad (5-12a)$$

$$\frac{dA_{p2}}{dz} = -\frac{\alpha_{p2}}{2}A_{p2} - \frac{\omega_{p2}d}{cn_{p2}}A_{p2}A_{THz}e^{-\Delta\alpha_2 z/2}\sin\psi \qquad (5-12b)$$

$$\frac{dA_{p1}}{dz} = -\frac{\alpha_{p1}}{2}A_{p1} + \frac{\omega_{p1}d}{cn_{p1}}A_{p1}A_{THz}e^{-\Delta\alpha_1 z/2}\sin\psi \qquad (5-12c)$$

$$\frac{d\psi}{dz} = \Delta k + \frac{d}{c}\left(C_1\frac{\omega_{p1}}{n_{p1}}\frac{A_{THz}A_{p2}}{A_{p1}} - C_2\frac{\omega_{p2}}{n_{p2}}\frac{A_{THz}A_{p1}}{A_{p2}} - C_3\frac{\omega_{THz}}{n_{THz}}\frac{A_{p1}A_{p2}}{A_{THz}}\right)\cos\psi$$
$$(5-12d)$$

$$C_3 = e^{-\Delta\alpha z/2}, \quad C_2 = e^{-\Delta\alpha_2 z/2}, \quad C_1 = e^{-\Delta\alpha_1 z/2}$$

当满足相位匹配条件 $\Delta k = 0$ 时,差频过程中的转换效率与相对相位角初始值 $\psi(0)$ 无关,并且在差频的过程中相对相位角保持 $\psi = -90°$,据此可以使式(5-12)进一步简化。

$$\frac{dA_{THz}}{dz} = -\frac{\alpha_{THz}}{2}A_{THz} + \frac{\omega_{THz}d}{cn_{THz}}A_{p1}A_{p2}e^{-\Delta\alpha z/2} \qquad (5-13a)$$

$$\frac{dA_{p2}}{dz} = -\frac{\alpha_{p2}}{2}A_{p2} + \frac{\omega_{p2}d}{cn_{p2}}A_{p2}A_{THz}e^{-\Delta\alpha_2 z/2} \qquad (5-13b)$$

$$\frac{dA_{p1}}{dz} = -\frac{\alpha_{p1}}{2}A_{p1} - \frac{\omega_{p1}d}{cn_{p1}}A_{p1}A_{THz}e^{-\Delta\alpha_1 z/2} \qquad (5-13c)$$

利用数值方法可以对上述微分方程组(5-13)进行求解,假设注入非线性介质中的两波 ω_{p1} 和 ω_{p2} 的波长分别为 $1.061\ \mu m$ 和 $1.067\ \mu m$,光功率密度均为 $6.6\ \mathrm{MW/cm^2}$,相位匹配条件 $\Delta k = 0$,则产生的波长为 $189\ \mu m$ 的太赫兹随作用长度的变化如图 5-2 所示。为了便于观察分析,没有考虑晶体的吸收效应。

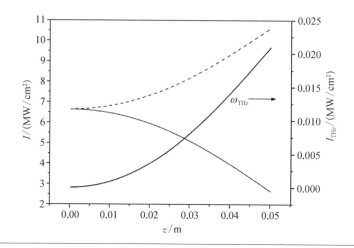

图 5-2
差频过程中三波光强随传输距离的变化

从图 5-2 可以看出,能量随着传输距离的变化在三波间转化,ω_{p1} 的能量减小,而相应的 ω_{p2} 的能量和 ω_{THz} 的能量相应增加。根据 Manley-Rowe 三电场之间功率交换的关系式[3]:

$$\frac{\Delta P_{\omega_{THz}}}{\omega_{THz}} = \frac{\Delta P_{\omega_{p2}}}{\omega_{p2}} = -\frac{\Delta P_{\omega_{p1}}}{\omega_{p1}} \tag{5-14}$$

其中的 ΔP 表示在给定频率下功率的变化,对于频率 $\omega_{p1} - \omega_{p2} = \omega_{THz}$ 的差频产生,Manley-Rowe 关系式指出,在 ω_{p1} 处的功率耗费在所产生的 ω_{THz} 的太赫兹波上和向 ω_{p2} 的能量的转移上,因此,差频的本质是在 ω_{p1} 处的功率到其他较低频率能量的转移,或者是低频率成分参量放大的过程。在光子的概念中,一个频率为 ω_{p1} 的光子分成频率为 ω_{p2} 的光子和太赫兹波光子。按照 Manley-Rowe 关系式,差频过程中最大的量子效率由下式决定:

$$\eta_{max} = \frac{\omega_{THz}}{\omega_{p1}} = \frac{\lambda_{p1}}{\lambda_{THz}} \tag{5-15}$$

它相当于100%的量子效率,因此,当注入的波长为 $1.061\ \mu m$ 时,差频产生

1.59 THz(189 μm)的最大量子效率也仅为 0.56%,从图 5 - 2 也可以看出当作用距离为 50 mm 时效率为 0.158%,在实际过程中,受非线性介质的吸收和边界效应等因素的影响,差频效率会更加低。

从式(5 - 9)中可以看出,当 $\Delta k \rightarrow 0$ 时,差频产生太赫兹波的光功率密度 I_{THz} 正比于晶体的长度的平方:$I_{\mathrm{THz}} \propto L^2$。当 $\Delta k = 0$ 时,式(5 - 10)可以简化为

$$I_{\mathrm{THz}} = \frac{1}{2} \left(\frac{\mu_0}{\varepsilon_0} \right)^{1/2} \frac{\omega_{\mathrm{THz}}^2 (2d)^2 I_{p1} I_{p2}}{n_{p1} n_{p2} n_{\mathrm{THz}} c^2} L^2 \cdot F_\alpha$$

其中 F_α 为由于晶体吸收而增加的修正因子:

$$F_\alpha = \mathrm{e}^{-\alpha_{\mathrm{THz}} L} \frac{1 + \mathrm{e}^{-\Delta\alpha L} - 2\mathrm{e}^{-\Delta\alpha L/2}}{(\Delta\alpha L/2)^2} \tag{5-16}$$

由于非线性介质在太赫兹波段的吸收系数较大,使得晶体的有效作用长度变短。图 5 - 3 给出了在 I_{p1} 和 I_{p2} 均为 6.6 MW/cm²、α_{p1} 和 α_{p2} 为 0.2 cm⁻¹ 的情况下,在不同晶体吸收系数下产生太赫兹波随作用长度的变化情况。从图 5 - 3 中可以看出,在没有晶体吸收的情况下,太赫兹波的功率密度是与作用长度平方成正比的,在存在吸收的情况下,晶体存在一个最佳长度,并且随着晶体吸收系数的增加,最佳长度是减小的,同时最佳长度处对应的峰值光功率密度也是减小的。

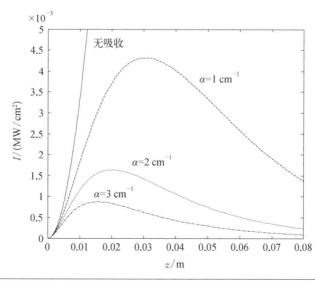

图 5 - 3
在不同晶体吸收系数下产生太赫兹波随作用长度的变化

若非线性介质在近红外波段的吸收远小于在太赫兹波段的吸收,可以认为 $\alpha_{p1} = \alpha_{p2} = 0$,则 F_α 修正因子变为

$$F_\alpha = \mathrm{e}^{-\alpha_{\mathrm{THz}}L} \frac{1 + \mathrm{e}^{\alpha_{\mathrm{THz}}L} - 2\mathrm{e}^{\alpha_{\mathrm{THz}}L/2}}{(\alpha_{\mathrm{THz}}L/2)^2} = \left(\frac{1 - \mathrm{e}^{-\alpha_{\mathrm{THz}}L/2}}{\alpha_{\mathrm{THz}}L/2}\right)^2 \tag{5-17}$$

在 $\alpha_{\mathrm{THz}}L \ll 1$ 的情况下,按照泰勒级数展开,F_α 修正因子可以简化为 1;在 $\alpha_{\mathrm{THz}}L \gg 1$ 的情况下,其变为 $F_\alpha = (2/\alpha_{\mathrm{THz}}L)^2$,这意味着晶体的有效作用长度为 $2/\alpha_{\mathrm{THz}}$,在这种情况下,它与实际晶体的长度无关。图 5 - 4 表示在晶体长度为 10 mm、25 mm 和 50 mm 的情况下,产生的太赫兹波光功率随吸收系数的变化情况,可以看出晶体的吸收对长晶体的影响较为大。

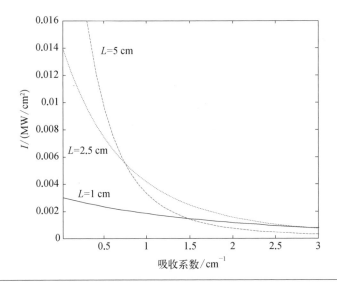

图 5 - 4 太赫兹波光功率随吸收系数的变化

不同的差频晶体具有不同的晶体结构特性,因此要合理选择相位匹配方式来获得太赫兹波辐射。按照互作用的三波波矢是否共线,可以分为共线的相位匹配和非共线的相位匹配方式,若互作用的三波波矢共线,设参与差频过程的三波长分别为 λ_{p1}、λ_{p2} 和 λ_{THz},其波矢分别为 $\mathbf{k}_{p1}$、$\mathbf{k}_{p2}$ 和 $\mathbf{k}_{\mathrm{THz}}$,根据动量守恒,在完全满足共线相位匹配条件时,有

$$\Delta k = k_{p1} - k_{p2} - k_{\mathrm{THz}} = 0 \tag{5-18}$$

即

$$\frac{n_{\text{p1}}(\lambda)}{\lambda_{\text{p1}}} - \frac{n_{\text{p2}}(\lambda)}{\lambda_{\text{p2}}} - \frac{n_{\text{THz}}(\lambda)}{\lambda_{\text{THz}}} = 0 \tag{5-19}$$

根据差频过程中的能量守恒式:

$$\frac{1}{\lambda_{\text{p1}}} - \frac{1}{\lambda_{\text{p2}}} - \frac{1}{\lambda_{\text{THz}}} = 0 \tag{5-20}$$

并根据单轴晶体中,e 光折射率的表达式为

$$\frac{1}{n_{\text{e}}^2(\lambda, \theta)} = \frac{\cos^2(\theta)}{n_{\text{o}}^2(\lambda)} + \frac{\sin^2(\theta)}{n_{\text{e}}^2(\lambda)} \tag{5-21}$$

如果实际注入的两波长 λ_{p1}、λ_{p2} 有一定线宽和发散角的存在,完全相位匹配条件往往不能完全满足,即 $\Delta k \neq 0$,此时按照式(5-8),当 $|\Delta k| \leqslant \pi/L$,太赫兹波输出功率降为最大值的 40.5%,这时的相位失配量还是允许的,在不考虑晶体吸收的情况下,可以根据此条件来计算允许线宽和相位匹配允许角。

在只考虑晶体对太赫兹波吸收的情况下,太赫兹波输出功率随相位因子 ΔkL 的变化情况如图 5-5 所示,可以看出,在相同晶体长度的情况下,随着晶体对太赫兹波吸收增大,太赫兹波的输出功率降低的同时,功率下降为最大输出值的 40.5% 时允许的相位失配因子也增大,从而导致允许线宽和允许角的增大。图 5-6 展示了允许的相位失配因子随吸收因子 $\alpha_{\text{THz}}L$ 的变化情况,当 $\alpha_{\text{THz}}L = 0$,即不存在晶体的吸收时,相位失配允许量为 $|\Delta k| \leqslant \pi/L$,当 $\alpha_{\text{THz}}L = 7$ 时,相

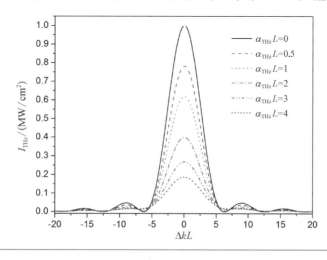

图 5-5
归一化太赫兹波强度随相位失配量的变化情况

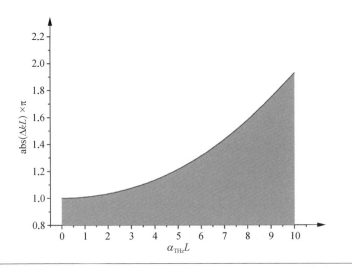

图 5-6
相位失配允许
量随晶体吸收
因子 $\alpha_{THz} L$ 的
变化

位失配允许量变为 $|\Delta k| \leqslant 1.5\pi/L$。

设相位匹配角为 θ_p，泵浦光的允许角为 $\Delta\theta$，三波波矢的方向为 $\theta = \theta_p + \Delta\theta$。
相位失配因子

$$\Delta k = k_{\lambda_{p1}} - k_{\lambda_{p2}} - k_{\lambda_{THz}} = \frac{n_{p1}(\lambda)}{\lambda_{p1}} - \frac{n_{p2}(\lambda)}{\lambda_{p2}} - \frac{n_{THz}(\lambda)}{\lambda_{THz}} \qquad (5-22)$$

将相位失配因子在 Δk 在 $\Delta\theta = \theta_p$ 处泰勒级数展开，得到的单轴晶体相位匹
配允许角的计算式，如式(5-23)所示，当考虑到晶体的吸收时，可以相应的加入
修正因子。在双轴晶体中还应计算方位角的允许变量。

$$\Delta\theta = \frac{\pi}{l}\left[\frac{d(\Delta k)}{d\theta}\right]^{-1} \qquad (5-23)$$

同样可以得到允许线宽的计算式如下：

$$\Delta\lambda_{p1} = \frac{\pi}{l}\left[\frac{\partial\Delta k}{\partial\lambda_{p1}}\bigg|_{\lambda_{p1} = \lambda_{p10}}\right]^{-1}; \quad \Delta\lambda_{p2} = \frac{\pi}{l}\left[\frac{\partial\Delta k}{\partial\lambda_{p2}}\bigg|_{\lambda_{p2} = \lambda_{p20}}\right] \qquad (5-24)$$

图 5-7 展示了双波长分别为 1 μm 附近和 2 μm 附近，通过 1 cm 长度的
GaSe 晶体差频时的相位匹配允许角，可以看出，允许角随着频率的增大而减小，
并且 2 μm 的双波长差频时具有稍大允许角，例如，1.5 THz 时，它们的允许角分
别为 0.44° 和 0.38°。

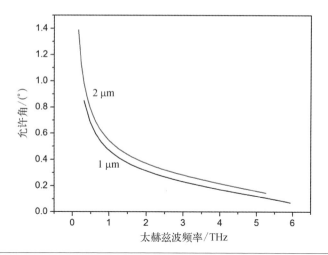

图 5-7
GaSe o-ee 类
相位匹配允许
角随输出频率
的变化

同样可以得到 o-ee 类相位匹配的允许线宽值,GaSe 晶体的长度为 10 mm,如图 5-8 所示。可以看出,采用 1 μm 附近的双波长差频和采用 2 μm 附近的双波长差频,它们的允许线宽也均随太赫兹波频率的增大而减小,并且 2 μm 附近的双波长差频时具有较大的允许线宽。由于注入晶体的双波长的频率接近,因此可以认为它们有相同的允许线宽,不同的偏振状态对它们的影响较小。

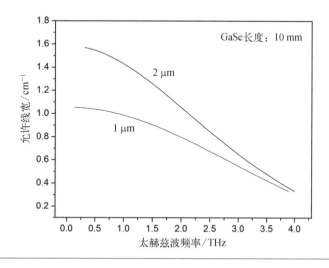

图 5-8
长度为 10 mm
的 GaSe 晶体差
频的允许线宽

有些差频晶体为各向同性化合物,不存在双折射效应,因此无法利用双折射来实现相位匹配,这些晶体剩余辐射带两侧的折射率存在较大的差异,因此可以利用剩余辐射带两侧的色散补偿来实现非共线的相位匹配。

若互作用的三波的波矢分别为 $k_{\lambda1}$、$k_{\lambda2}$ 和 k_{THz}，波矢方向如图 5-9 所示，注入晶体内的双波长的波矢夹角为 θ，产生的太赫兹波的波矢 k_{THz} 与 $k_{\lambda2}$ 的夹角设为 φ。根据几何关系可以得到[13]：

$$\sin\left(\frac{1}{2}\theta\right) = \left[\frac{(n_{THz}\omega_{THz})^2 - (n_{p1}\omega_{p1} - n_{p2}\omega_{p2})^2}{4n_{p1}n_{p2}\omega_{p1}\omega_{p2}}\right]^{1/2} \qquad (5-25a)$$

$$\cos(\varphi) = \left[1 + 2\left(\frac{\omega_{p2}}{\omega_{THz}}\right)\sin^2\left(\frac{1}{2}\theta\right)\right] \times \left[1 + 4\left(\frac{\omega_{p1}\omega_{p2}}{\omega_{THz}^2}\right)\sin\left(\frac{1}{2}\theta\right)\right]^{-1/2} \qquad (5-25b)$$

其中 n_{p1}、n_{p2} 和 n_{THz} 分别是圆频率为 ω_{p1}、ω_{p2} 和 ω_{THz} 的折射率，并结合差频晶体的色散方程，可以得到波矢夹角。当 $\lambda_{p1}=1.95\ \mu m$，λ_{p2} 在 $1.957\sim2.020\ \mu m$ 内变化时得到在 GaAs 的匹配曲线如图 5-10 所示，理论上可以产生 $0.55\sim5.33$ THz 的太赫兹波输出，可以看出 θ_e 角度较小，变化范围为 $0.21°\sim3.20°$，因此注入的双波长的夹角调整精度要求较高，φ 角的变化范围为 $16.7°\sim24.9°$，为了减小产生的太赫兹波在出射端的菲涅耳损耗，可以将出射面切割成约 20°斜面。

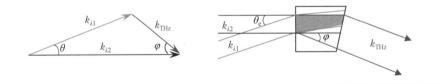

图 5-9
非共线三波波矢示意图

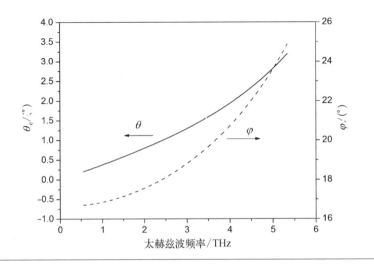

图 5-10
GaAs 晶体非共线差频匹配角

5.2　适合差频技术的太赫兹波段非线性晶体

在利用非线性差频技术产生太赫兹波辐射过程中,为了能获得高能量、高效率、连续可调谐的太赫兹波输出,除了要求差频泵浦源输出功率高、双波长间隔合适、调谐范围宽以及调谐方式简便迅速之外,更重要的是对性能优异的差频晶体的选择。一般来说,可用于差频产生太赫兹波辐射的非线性晶体,不仅要求其具有较大的二阶非线性系数,并对差频泵浦光和太赫兹波的吸收损耗较小,而且还要求其具有较高的激光损伤阈值、稳定的物理化学特性、相对低廉的价格,以及可以大尺寸、高纯度地生长。另外,居于目前太赫兹波差频晶体的种类相对较少的情况,差频泵浦光波长的选择往往由于相位匹配的原因受限于太赫兹波差频晶体的选择。对差频晶体按其化学性质分为有机晶体和无机晶体,常见的有机材料如 DAST 晶体等;按差频相位匹配方式的不同,可以分为各向同性晶体材料和各向异性晶体。

5.2.1　GaSe 晶体

GaSe 晶体最早于 1972 年被发现[4],为性能优异的中红外晶体材料,多用于中红外的差频及参量光输出,2002 年,Y. J. Ding 等[5]利用该晶体最早实现了太赫兹波的差频输出。GaSe 晶体为单轴晶体、层状结构,晶体容易沿(001)面发生劈裂,只能沿 z 向切割,因此在大多数应用中,把具有较高光学质量的(001)面作为入射面;具有大的双折射,可以在很宽的范围内满足相位匹配;具有高的抗损伤阈值,在 1.064 μm、10 ns 时为 30 MW/cm²;在近红外波段的吸收系数低(1.064 μm 时小于 0.2 cm⁻¹),在太赫兹波段的吸收系数也较低,在 6.9 THz 时存在横向光学声子振动造成的强吸收及强色散;大尺寸的晶体目前容易获得。这种晶体最大的特点就是在目前已知的各种太赫兹波差频晶体中,它的吸收系数较小。它在太赫兹波低频端的吸收系数比 LiNbO₃ 晶体低一个数量级,而在高频端则比它低数个数量级[6,7]。与其他高质量的非线性半导体晶体一样,这种晶体的价格也较为昂贵,而且由于其自身生长结构的原因,晶体容易沿(001)面发生劈裂,这就导致在非线性频率变换过程中无法对晶体实现某些相位匹配角度的切割，限制了这种晶体的使用。

GaSe 晶体在红外波段的色散方程为

$$\begin{cases} n_o^2 = 7.443 + \dfrac{0.405\,0}{\lambda^2} + \dfrac{0.018\,6}{\lambda^4} + \dfrac{0.006\,1}{\lambda^6} + \dfrac{3.148\,5\lambda^2}{\lambda^2 - 2\,194} \\[3mm] n_e^2 = 5.76 + \dfrac{0.387\,9}{\lambda^2} - \dfrac{0.228\,8}{\lambda^4} + \dfrac{0.122\,3}{\lambda^6} + \dfrac{1.855\,0\lambda^2}{\lambda^2 - 1\,780} \end{cases} \qquad (5-26)$$

5.2.2 ZnGeP$_2$ 晶体

20 世纪 80 年代，Boyd 等[8]就已利用 CO$_2$ 激光器的双折射相位匹配差频，在 ZnGeP$_2$ 晶体中产生了 70 cm^{-1}~110 cm^{-1} 的太赫兹波输出。ZnGeP$_2$ 晶体是一种 Ⅱ-Ⅳ-Ⅴ 三元半导体化合物，具有黄铜矿结构，属于正单轴晶体，透明波段为 0.74~12 μm（可通过退火工艺来减小 1~2 μm 处强吸收）。其具有非线性系数大，损伤阈值高（100 ns、10.6 μm 时达 60 MW/cm^2）、在近红外波段吸收系数低，在 2.1 μm 时小于 0.04 cm^{-1}，经过退火处理的晶体在太赫兹波段的吸收系数很小等优点。但是黄铜矿结构的明显缺点是：热膨胀的异性大，热导率低，无开裂、大尺寸的晶体生长困难，其价格昂贵，其在中红外波段的色散方程为[9]

$$n^2 = A + \frac{B}{1 - C/\lambda^2} + \frac{D}{1 - E/\lambda^2} \qquad (5-27)$$

其 o 光和 e 光的系数如表 5-1 所示。

	A	B	C	D	E
o	4.473 30	5.265 76	0.133 81	1.490 85	662.55
e	4.633 18	5.342 15	0.142 55	1.457 95	662.55

表 5-1 o 光和 e 光的系数

上述方程延伸到太赫兹波段时，与实验的结果误差较大，文献[10]给出了在太赫兹波段内的色散方程：

$$n_o(\lambda)^2 = 10.939\,04 + 0.606\,75\lambda^2/(\lambda^2 - 1\,600) \qquad (5-28a)$$

$$n_e(\lambda) = n_o(\lambda) + \Delta n, \ \Delta n = 0.039\,7 \qquad (5-28b)$$

5.2.3　GaAs 晶体

GaAs 在 1929 年由 V. M. Goldschmidt[11] 发现,在 1973 年,Aggarwal、Lax 和 Favrot 等[12,13] 利用调谐的 TEA-CO₂ 激光器在 GaAs 中非共线差频得到了 70 μm～2 mm 的太赫兹波输出,此后,其中光电导和光整流等得到了广泛的应用。GaAs 晶体为光学各向同性Ⅲ-Ⅴ族半导体化合物半导体材料,为闪锌矿晶格结构,具有相当大的非线性系数和较小的太赫兹波段吸收损耗,容易生长出大块的晶体。其在 0.9 μm 处存在电子本征吸收,在 37 μm 处存在横向光学声子振动造成的强吸收,并且在剩余辐射带的任何一侧都有由于多声子和自由载流子引起的附加吸收,但这种吸收在较低温度下急剧下降,因此早期的实验中,往往将其冷却到液氮的温度以减小对太赫兹的吸收。而目前利用掺杂 Cr 等粒子得到的高电阻率的 GaAs 晶体已经在太赫兹波段具有很好的透射率。图 5-11 为加工后的 Cr∶GaAs 晶体。

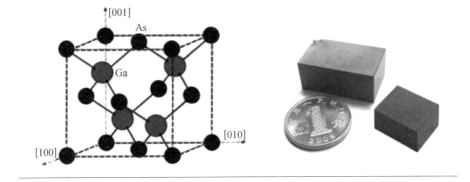

图 5-11 加工后的 GaAs 晶体

Johnson 等[14] 将得到的高阻率 GaAs 的单振子模型来描述剩余辐射带的吸收和色散特性:

$$\varepsilon(\omega) = \varepsilon_\infty + \frac{\varepsilon_0 - \varepsilon_\infty}{(1 - \omega/\omega_{TO})^2}$$

其中 ε_∞ 为高频介电常数,ε_0 为低频介电常数,ω_{TO} 为横向光学声子频率,在 300 K 时,$\varepsilon_\infty = 10.9$,$\varepsilon_0 = 12.8$ 和 $\omega_{TO} = 269$ cm⁻¹。

1996 年,W. J. Moore 等[15] 得到更加准确的介电常数:

$$\varepsilon(\omega) = \frac{(\varepsilon_0 - \varepsilon_\infty)\omega_{TO}^2}{\omega_{TO}^2 - \omega^2 + 2i\omega\Gamma_{PH}} + \frac{(\varepsilon_\infty - \varepsilon_{UV})\omega_{VIS}^2}{\omega_{VIS}^2 - \omega^2 + 2i\omega\Gamma_{VIS}} + \omega_{UV}$$

系数如表 5 - 2 所示。

表 5 - 2
系数表

系 数	值	系 数	值
ε_0	$12.9 \pm 0.5\%$	ω_{LO}/cm^{-1}	$300.3 \pm 0.7\%$
ε_∞	$10.86 \pm 0.5\%$	ω_{VIS}/cm^{-1}	23 000
ε_{UV}	4.5	Γ_{PH}	$0.8 \pm 20\%$
ω_{TO}/cm^{-1}	$270 \pm 0.7\%$	Γ_{VIS}	1

文献[16]给出了 GaAs 晶体在近红外和中红外波段随温度变化的 Sellmeier 方程:

$$n^2(\lambda) = g_0 + \frac{g_1}{\lambda_1^{-2} - \lambda^{-2}} + \frac{g_2}{\lambda_2^{-2} - \lambda^{-2}} + \frac{g_3}{\lambda_3^{-2} - \lambda^{-2}} \tag{5 - 29}$$

$\lambda_1(\mu m)$	$0.443\ 130\ 7 + 0.000\ 050\ 564\Delta T$
$\lambda_2(\mu m)$	$0.874\ 645\ 3 + 0.000\ 191\ 3\Delta T - 4.882 \times 10^{-7}\Delta T^2$
$\lambda_3(\mu m)$	$36.916\ 6 - 0.011\ 622\Delta T$
g_0	$5.372\ 514$
g_1	$27.839\ 72$
g_2	$0.031\ 764 + 4.350 \times 10^{-5}\Delta T + 4.664 \times 10^{-7}\Delta T^2$
g_3	$0.001\ 436\ 36$

其中当 $T = 22℃$ 时,$\Delta T = 0$。

前面提到的几种无机晶体在太赫兹波段的吸收系数均非常小,图 5 - 12 所示为实际测量的吸收曲线,值得注意的是,由于生长工艺问题,实际获得的 GaSe 晶体的吸收系数往往较 GaAs 晶体的要高,总的来说这几种晶体在差频产生太赫兹波辐射方面具有广阔的应用前景,它们的物理与化学特性、晶体的品质因数以及与 LiNbO₃ 晶体的比较如表 5 - 3 所示,比较可以看出在现有的差频晶体中 ZGP 是最佳选择。

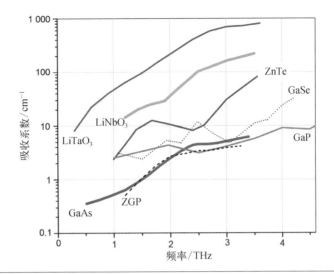

图 5 - 12
几种常用差频
晶体的吸收
曲线

表 5 - 3
各种差频晶体
物理与化学特
性及其比较

特 性	晶 体				
	LiNbO₃	GaSe	ZGP	GaAs	GaP
点群	3m	$6\overline{2}$m	$\overline{4}$2m	$\overline{4}$3m	$\overline{4}$3m
光学分类	负单轴	负单轴	正单轴	各向同性	各向同性
透明波段(μm)IR /THz	0.4~5.5	0.6~18 >75	0.74~12 >83	1.5~12 >100	0.53~4 >90
破坏阈值/(MW/cm²)	120	30	60	25	37
非线性系数/(pm/V)	152	54	75.4	46	22
吸收系数@1~2 THz /(cm⁻¹)	~22	2.5	~1	~1	3.3
折射率@近红外	2.16	2.71	3.1	3.33	3.11
折射率@1~2 THz	5.2	3.2	3.4	3.6	3.3
品质因数(FOM)	2.0	19.9	174.0	53.0	1.4

　　另外比较常见的无机差频晶体还有 ZnSe、ZnTe、CdTe、GaP、InP、InSb 和
InAs 等晶体材料。

5.2.4 DAST 晶体

　　有机非线性晶体芪唑盐 DAST（4 - dimethylamino - N - methyl - 4 -

stilbazolium - tosylate)由日本的 Takahashi 等发现[17],早在 1992 年 X. C. Zhang 等用光整流方法实现太赫兹波输出[18],1999 年 H. Ito 等在 DAST 晶体中差频实现了太赫兹波的输出[19]。目前,利用有机盐 DAST 差频已实现 1~30 THz 的调谐范围[20]。国际上,日本东北大学、日本理化学研究所(RIKEN)和瑞士苏黎世联邦理工学院(ETH)的课题组在有机非线性晶体的生长和应用等方面进行了长期探索,大孔径、高透明度的晶体已实现商品化,但价格昂贵。国内对有机晶体的研究处于起步阶段,中国科学院理化技术研究所和青岛大学在晶体生长方面也取得了一定成果。基于有机非线性晶体的太赫兹差频产生还有很大的发展潜力。如图 5 - 13 所示,DAST 晶体属于 m 点群,透光时呈淡红色,具有非常大的非线性系数,吸收具有偏振

图 5 - 13
有机 DAST 晶体

特性,在 1.1 μm 处存在横向光学声子振动造成的强吸收。目前大尺寸、高质量的 DAST 晶体生长困难,最大厚度也仅为几毫米,并且晶体的抗损伤能力及热导性均较差。DAST 晶体在 1 542 nm 的二阶非线性系数为 840 pm/V,在 1.318 μm 处 d_{11} 高达 1 010 pm/V,在 820 nm 时的电光系数为 75 pm/V,在相同情况下比 ZnTe 晶体大 1~2 个数量级[21,22]。DAST 晶体具有较低的介电常数,因此可以具有较长的相干长度,从而十分有利于实现差频相位匹配以及太赫兹波的产生。

DAST 的一种衍生物 DSTMS(4 - N,N - dimethylamino - 4′- N′- methyl - stilbazolium 2,4,6 - trime - thylbenzenesulfonate)[23],具有类似的光学性质并改善了生长能力,也是一种适用于太赫兹产生的非线性介质。此外,一种氢键晶体 OHl〔2 - (3 - (4 - hydroxystyryl) - 5,5 - dime - thylcyclohex - 2 - enylidene) malononitrile〕[24],由于不存在前两种材料在 1.1 THz 附近的强吸收峰,可以作为其互补材料,实现"无空隙""不间断"调谐。

5.3 基于差频技术的可调谐脉冲太赫兹辐射源

基于差频技术的可调谐脉冲太赫兹源可实现较高能量、相干、可调谐的单频

太赫兹波输出。选择合适的可调谐双波长激光器与非线性增益介质,可以实现可调谐脉冲太赫兹波的输出。利用近简并点的光学参量振荡器,使得在简并点附近的信号光与闲频光同时共振,并通过改变非线性晶体材料的相位匹配角度,调谐两波长谱线的间距,经过差频后可实现太赫兹频率的调谐。例如利用低重复频率 532 nm 的绿光激光器作为泵源,泵浦Ⅱ类相位匹配的近简并点 KTP 光学参量振荡器,在 1 064 nm 附近的信号光与闲频光同时共振,两波长的谱线间距为十几个纳米,通过非线性晶体材料 KTP 的相位匹配的角度可以使谱线的间距从 2 nm 调谐到 13 nm,根据能量守恒,这时差频可以得到太赫兹频率的调谐范围为 0.6～3 THz,因此可以通过改变 KTP 晶体的相位匹配角来实现太赫兹波的宽调谐输出。

　　利用近简并点 KTP OPO 输出双波长差频产生太赫兹的实验装置如图 5-14 所示,其中①为电光调 Q Nd：YAG 倍频 532 nm 绿光激光器,重复频率为 10 Hz,脉冲宽度为 10 ns,光束直径为 6 mm;②为 532 nm 泵浦的双共振 KTP OPO,工作在 1 064.5 nm 简并点附近,为获得最大的注入能量和 KTP 相位匹配的有效非线性系数,我们采用切割角为 $\theta=90°$,$\varphi=24.5°$,晶体的尺寸为 5 mm×6 mm×21 mm,采用Ⅱ类相位匹配方式,其理论调谐曲线如图 5-15 所示,信号光与闲频光的简并点约在 23.3°,右侧纵轴为理论上得到的相应的太赫兹波输出,在 KTP 晶体匹配角度变化 4°的范围内,理论上可以得到 0～4 THz 的太赫兹波输出。

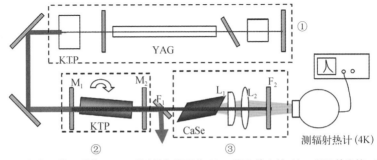

图 5-14
KTP 近简并点
双共振 OPO 差
频产生太赫兹
实验装置

YAG—钇铝石榴石晶体;KTP—磷酸钛氧钾晶体;M₁—OPO 输入镜;M₂—OPO 输出镜;F₁—滤波镜;L₁、L₂—聚乙烯透镜,聚距分别为 50 mm 和 60 mm;F₂—锗 Ge 片

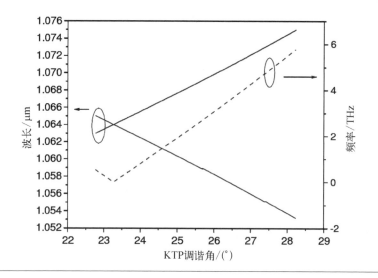

图 5 - 15
KTP OPO 的理论调谐曲线与相应太赫兹波频率

当 532 nm 的光垂直入射到 KTP 时,即 KTP 晶体的调谐角为 24.5°时,理论输出的双波长为 1 061.35 nm 和 1 066.96 nm,实验测得的双波长的能量随泵浦能量的关系曲线如图 5 - 16 所示,双波长的最高能量约为 30 mJ,当泵浦能量为 60.4 mJ 时,相应的转换效率约为 50%。

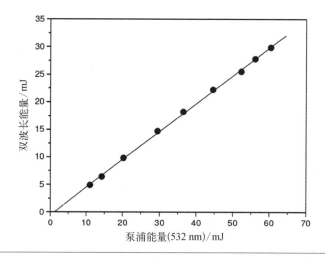

图 5 - 16
输出的双波长的能量随 532 nm 泵浦能量的变化情况

实验用 KTP 晶体固定在两维调节架上,我们在 $\phi = 5.24°$ 附近±5°范围内微调 KTP 晶体角度以改变泵浦光入射方向,同时用 Agilent 公司生产的 86142B 型光谱分析仪测量 OPO 的输出光谱图,得到光参量振荡器输出波长随角度的调谐曲线,如图5-17所示,图中实线为理论值,点表示实验中实际测到的数值,从图中我们看出改变KTP晶体的调谐角度时,实验结果与理论计算的结果吻合较好。在垂直入射条件下,测得的双波长为1 067.06 nm和1 061.69 nm。当KTP晶体的相位匹配角从23.42°变化到25.5°时,相应的信号光与闲频光的调谐范围为1 063.65～1 057.73 nm和1 065.18～1 070.35 nm,频率间隔的变化范围为1.53～12.62 nm。

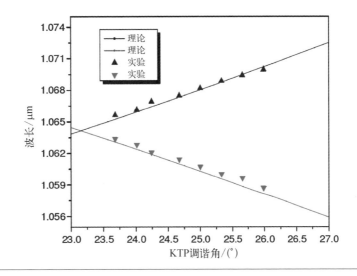

图5-17
KTP 双波长
OPO 调谐曲线

图5-18为在KTP OPO调谐的过程中注入GaSe晶体中参量的变化情况。

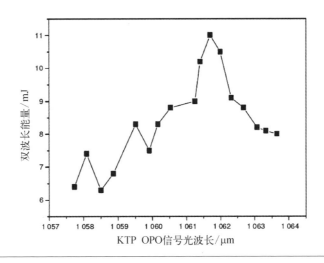

图5-18
双波长能量随
信号光波长的
变化情况

可以看出,同样在 532 nm 光垂直入射到 KTP 晶体时,双波长输出的能量最大,由于 KTP 晶体表面没有镀增透膜,因此随着 KTP 晶体调谐角度的增加,在晶体表面的菲涅耳损耗增大,使得输出的功率减小。

KTP OPO 产生的双波长激光入射到 GaSe 晶体上进行差频作用,调节 GaSe 晶体的角度可以满足 o‑e→e(o‑ee)类差频的相位匹配条件。由于 GaSe 晶体的有效非线性系数正比于 $\cos 3\varphi$,在实验中我们使晶体沿 x 轴旋转来调节相位匹配角 θ,同时使 $\varphi=0$($\cos 3\varphi=1$)以保证晶体的有效非线性系数最大。实验中使用的 GaSe 晶体的尺寸为 $\Phi16$ mm$\times 10$ mm,z 向切割,晶体的端面未镀膜,整个晶体封装在铝套中。KTP OPO 采用 Ⅱ 类相位匹配方式,得到的信号光与闲频光的偏振方向相互垂直,可以满足 GaSe 晶体的 o‑ee 类相位匹配。实验装置如图 5‑14 所示,得到的太赫兹信号采用聚乙烯透镜进行聚焦,透镜 L1 和 L2 的焦距分别为 50 mm 和 60 mm,并用 Ge 片进行滤波;用液氮液氦冷却的红外热辐射测量计 Bolometer 对太赫兹信号进行采集,其工作温度为 4 K。

当改变 KTP OPO 输出的信号光与闲频光的双波长频率间隔时,可以得到太赫兹波的调谐输出,根据能量守恒,调谐的范围应为 0.41～3.33 THz,其调谐曲线如图 5‑19 所示,点线为实验测得的相位匹配角度,在此调谐范围内相应的 GaSe 晶体的角度的变化范围为 5.6°～19.2°;实线为根据 GaSe 晶体在中红外波段的色散方程计算得到的相位匹配角与太赫兹波频率调谐曲线。可以看出,尽

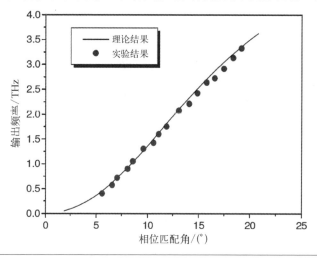

图 5‑19
GaSe 差 频 产生太赫兹波的调谐曲线

管使用的GaSe色散方程为中红外波段的方程,但是理论结果与实验结果符合得很好,这说明方程可以延伸到远红外乃至太赫兹波段使用。

图 5-20 为在太赫兹波调谐的过程中实际测得的太赫兹峰值功率随太赫兹频率的变化情况,在 1.422 THz 时具有最大的太赫兹能量输出,输出的峰值功率最大为 1.7~3 mW。由于目前对 Bolometer 的准确标定存在困难,国际上对标定的结果也尚有争议,这里用重复频率 10 Hz、波长为 16.1 μm 的中红外光源对 Bolometer 进行了标定。

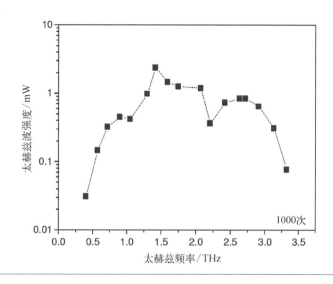

图 5-20
太赫兹波强度
随太赫兹波频
率的变化情况

根据差频过程中的量子转化效率式:

$$\eta = \frac{\omega_{THz}}{\omega_{Inf}} \tag{5-30}$$

式中,ω_{THz} 和 ω_{Inf} 分别代表产生的太赫兹波和近红外光圆频率,可知参与差频过程的双波长,波长越长,量子效率越高。一方面,我们除了利用 1.064 μm 附近的双波长进行差频产生太赫兹外,将利用 2.128 μm 附近双波长作为泵浦源,比利用 1.064 μm 附近双波长的量子转化效率高 2 倍;另一方面,在 2 μm 处 GaSe 的吸收系数较 1 μm 处的吸收系数小。因此,我们从实验上对 2.1 μm 的双波长差频产生太赫兹波进行研究。

双波长差频产生太赫兹波的实验装置如图 5-21 所示,采用电光调 Q 内腔泵浦的 2.1 μm KTP 光学参量振荡器作为差频产生太赫兹波的泵浦源,光学参量振荡器放置于 1.064 μm 谐振腔内,采用内腔泵浦。M1、M3 为 1 064 μm 谐振腔,M1 为 1.064 μm 高反,M2、M3 为内腔 KTP 光学参量振荡器,M2 为 1.064 μm 高透、2.1 μm 高反介质膜片,M3 为 1.064 μm 高反、2.1 μm 附近部分透射率约为 50%;EO 为磷酸二氘钾 KD*P 电光调 Q 晶体。此光学参量振荡器为双信号谐振,重复频率为 10 Hz。采用 KTP 晶体为非线性晶体,KTP 晶体的尺寸为 7 mm×9 mm×15 mm,切割角度 θ 为 50.5°,晶体的端面未镀介质膜。

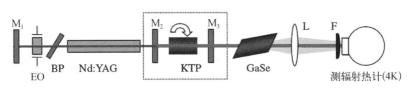

EO—电光调 Q 晶体;BP—布儒斯特片;L—白色聚乙烯透镜;F—黑色聚乙烯透镜

图 5 - 21
双波长(2.128 μm)差频产生太赫兹波的实验装置

图 5 - 22 为实验中得到的调谐曲线与理论计算结果的比较,输出的信号光和闲频光的调谐范围分别为 1.926~2.128 μm 和 2.380~2.130 μm,相应的 KTP 晶体角度改变从 48.1°到 51.0°,此 2.1 μm KTP 内腔光学参量振荡器输出波长的调谐速率比较快,信号光和闲频光的频率间隔可以从 2 nm 调谐到 454 nm。此外,信号光与闲频光的偏振方向为正交偏振,可以满足 GaSe 晶体中 o - ee 类相位匹配方式。

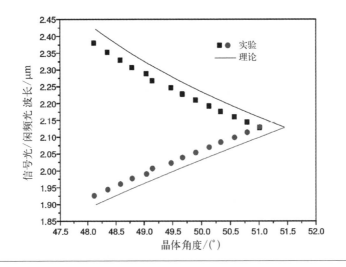

图 5 - 22
KTP 晶体调谐特性(实线为理论曲线)

采用硒化镓晶体为非线性差频晶体,晶体的尺寸同样为 $\Phi16\ mm\times10\ mm$,z向切割。实验中我们获得了 $0.147\sim3.65\ THz$ 的太赫兹波输出,即 $82\sim2\ 041\ \mu m$ 的宽调谐相干太赫兹输出,在此调谐范围内,相应的 GaSe 晶体的相位匹配角的变化范围为 $6.88°\sim35.07°$,因此,可以看出与 $1.064\ \mu m$ 附近的双波长差频相比,GaSe 晶体需要更大的调谐角度,其相位匹配曲线如图 5-23 所示,从图中可以看出实验结果与理论计算基本吻合。

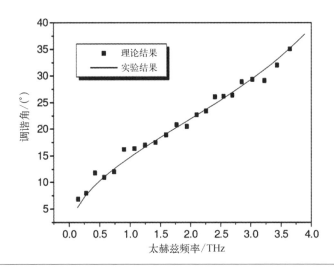

图 5-23
相位匹配曲线
(实线为理论
曲线)

实验中,输出的太赫兹波信号用曲率半径 $f=60\ mm$ 的白色聚乙烯透镜进行聚焦,用黑色的聚乙烯对 $1.064\ \mu m$ 附近的双波长进行滤波,这两个聚乙烯透镜对 $0.5\sim3\ THz$ 的太赫兹波的吸收率约为 90%,即实际测得的太赫兹信号约为差频输出的 10%。图 5-24 为实际测得的太赫兹波信号强度随太赫兹波输出频率的变化情况,在 $1.25\ THz$ 时获得了最大的能量输出,峰值功率为 $10\sim16\ mW$,在低频阶段输出功率随太赫兹波频率的增加而增加,在高频阶段,由于 GaSe 晶体对太赫兹波吸收的增加而导致输出功率降低。但是可以看出用 $2\ \mu m$ 左右的双波长进行差频比用 $1\ \mu m$ 的双波长差频得到的太赫兹能量高 5 倍。

双波长 KTP OPO 可以包含一块或两块完全相同的 KTP 晶体。当使用一块 KTP 晶体时,由于光在晶体内的走离效应限制了信号光和闲频光的重合度,而这种不完全的重合将影响后面的差频互作用,当光束直径较小时影响更为严

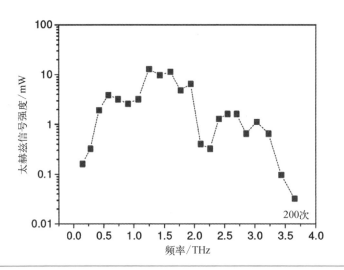

图 5 - 24
太赫兹波信号
强度随太赫兹
波输出频率的
变化情况

重。当使用两块 KTP 晶体时,使 KTP2 沿由传播方向确定的实验室坐标系的 x 轴旋转 π 角度与 KTP1 对称放置,每次光通过 KTP1 时 e 光产生的走离恰好可以在 KTP2 中得到补偿,而且在此过程中有效非线性系数的方向保持不变。这样与使用一块 KTP 晶体相比较,双波长光束的空间分离被消除,同时增加了增益介质长度,提高了转换效率。因为经过 KTP1 产生的信号光或闲频光可以为 KTP2 中的参量过程提供种子源,所以这种走离补偿的实验方案还可以降低 OPO 的振荡阈值,提高 OPO 的输出稳定性。我们对利用走离补偿实验方案的差频太赫兹源进行了研究。基于走离补偿结构差频产生的连续可调谐相干太赫兹辐射源如图 5 - 25 所示。

双波长激光依然由 1 064 nm 脉冲激光器泵浦的 KTP OPO 产生,为了提高差频泵浦光的功率密度,在基频光谐振腔内加入了一个小孔光阑来减小泵浦光束尺寸,省去了对 OPO 输出光进行聚焦的环节。基频光谐振腔长度为 350 mm,OPO 谐振腔长度为 55 mm。用一个对 1.06 μm 高反、对 1.8～2.5 μm 高透的滤波镜来滤除 KTP OPO 输出的双波长激光中的剩余基频光。双波长激光在 GaSe 晶体中差频可以产生太赫兹波,经白色聚乙烯透镜(L)聚焦及镀有 1.8～2.5 μm 高反膜的锗片滤波后入射到 Bolometer 探测器的窗口来探测能量大小,Bolometer 的工作温度为 4.2 K。图 5 - 26 为实验中得到的调谐曲线与理论计算结果的比较。

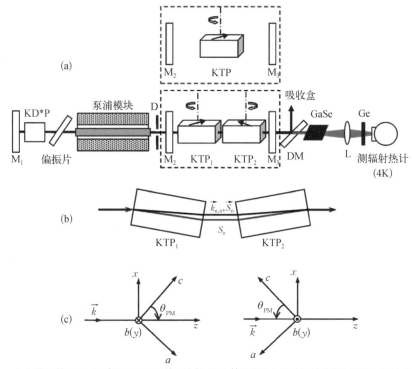

图 5 - 25
差频产生太赫兹辐射的实验装置示意图

（a）使用单 KTP(上)或双 KTP(下)的双波长 OPO 差频产生太赫兹辐射的实验装置　（b)(c) 双 KTP 的放置方法示意[(a)的俯视图]

KD*P—磷酸二氘钾晶体；D—光阑；KTP、KTP₁、KTP₂—磷酸钛氧钾晶体；DM—谐波镜；L—透镜；Ge—锗片

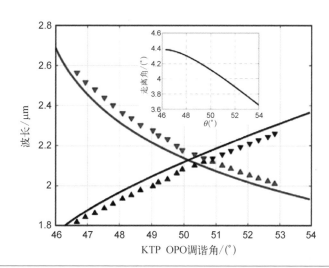

图 5 - 26
KTP OPO 的角度调谐特性及相应走离角的大小

图 5 - 27 所示的实心圆为实验测得的太赫兹波长(频率)与相位匹配外角的关系,实线为理论计算结果,理论与实验符合得很好。当 OPO 的两束泵浦光的波长调节范围分别为 2.101~2.127 2 μm(o 光)和 2.157~2.13 μm(e 光)时,可以获得波长为 81~1 617 μm(频率 0.186~3.7 THz)的可调谐太赫兹波输出。一方面,由于随着波长增加,太赫兹光子的能量减小,受到探测器响应灵敏度的限制,太赫兹波的长波方向只能探测到大约 1 600 μm;在短波端,由于 GaSe 晶体的吸收系数随着太赫兹频率的增加而迅速增加,而且随着相位匹配角的增大,有效非线性系数降低,晶体端面的菲涅耳反射损耗增大,走离角变大,允许角减小。另一方面,探测器 Bolometer 自身的滤波片对高频太赫兹波的透射率几乎为零,这些因素导致能探测到的最短波长只能达到约 81 μm。

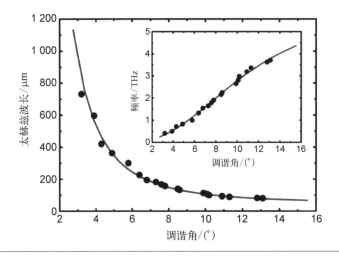

图 5 - 27
GaSe 差频产生太赫兹波的角度调谐曲线

图 5 - 28 是不同条件[GaSe 晶体长度、不同泵浦能量以及是否采用走离补偿(双 KTP 晶体)]下太赫兹波的输出能量与频率的关系。当使用 8 mm 长的 GaSe 晶体、泵浦能量为 9 mJ、采用走离补偿的方案时,太赫兹波在频率为 1.68 THz(波长为 178.7 μm)时 Bolometer 的最大输出电压为 489 V,按 0.1 nJ/V 标定,太赫兹波的最大能量为 48.9 nJ,相应的能量转换效率为 5.4×10^{-6},光子转换效率为 0.09%。考虑到双波长激光的脉冲宽度,我们认为产生的太赫兹波脉冲宽度为 4.5 ns,这样就可以计算出太赫兹波的峰值功率约为 11 W。太赫兹波频率在 0.186 THz 和 3.7 THz 时的输出能量分别为 0.39 nJ 和 0.29 nJ。实验中

太赫兹波的能量在 3 THz 附近开始出现明显下降,这是由于 Bolometer 窗口滤波片的截止波长约为 100 μm,实际产生的频率大于 3 THz 的太赫兹辐射的脉冲能量应大得多。

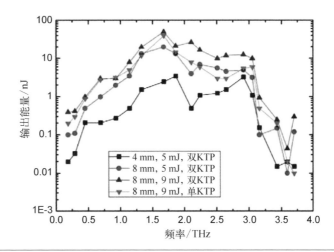

图 5 - 28
不同条件下实验测得的太赫兹输出能量与频率的关系

5.4 超宽带可调谐脉冲太赫兹辐射源

在上一节中,我们讨论了基于差频技术的可调谐脉冲太赫兹源,得到太赫兹频率的调谐范围一般在 3~4 THz。本节我们将讨论超宽带可调谐脉冲太赫兹辐射源,调谐范围可达十几 THz 甚至 30 THz。目前,利用有机非线性晶体芪唑盐 DAST (4 - dimethylamino - N - methyl - 4 - stilbazolium-tosylate)差频已实现 1~30 THz 的调谐范围。

1.3 μm 附近的双波长差频光由 532 nm 绿光泵浦的双 KTP 晶体 OPO 产生。如图 5 - 29 所示,实验装置为常用的透射式单通结构,即 OPO 泵浦光单次通过谐振腔。谐振腔由腔镜 M1、M2(532 nm HR/1.3~1.61 μm HR/0.8~0.91 μm HR)和双 KTP 晶体(尺寸 7 mm×7 mm×15 mm,切割角度 $\theta=65°,\varphi=0°$,表面镀增透膜)组成。两块晶体独立调谐(θ 度)。腔内两个 OPO 过程产生双闲频光(0.8~0.9 μm)在腔内谐振,双信号光(1.3~1.6 μm)输出。

OPO 输出的双信号光不经过聚焦(光斑直径约 2.4 mm)直接照射有机晶体

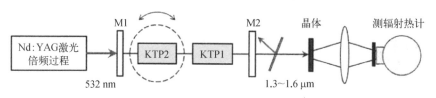

图 5-29
透射式单通
OPO 泵浦有机
晶体差频的实
验装置

（表面未抛光），差频晶体的主轴表面未抛光（DAST、DSTMS 为 a 轴，OH1 为 c 轴）平行于双信号光的偏振方向。差频产生的太赫兹波经白色聚乙烯透镜收集，由黑色聚乙烯片滤掉近红外泵浦光后，利用液氦冷却的硅测辐射热计探测。实验中，我们发现图 5-29 所示的透射式 OPO 泵浦源存在三个问题：第一，OPO 的输出谱线太宽。双波长线宽大于 1.5 nm，估计差频产生的太赫兹线宽大于 230 GHz，不能满足窄线宽太赫兹辐射源的要求。第二，532 nm 泵浦光单次通过 OPO 谐振腔，前后两块晶体获得的泵浦不均匀，而且存在竞争，调谐过程中输出双波长能量的变化情况较复杂。第三，单通结构中，KTP 晶体的旋转引起输出光斑位置的变化，会影响后续的差频过程。

改进的差频太赫兹辐射源结构如图 5-30 所示。为了获得更窄的差频双波长线宽，我们使用种子注入的倍频 Nd∶YAG 激光器（线宽为 90 MHz）。这种反射式双通 OPO 结构是由谷内等提出的[25]。泵浦绿光被腔镜 M1 反射（532 nm HR/1.3～1.61 μm HR/0.8～0.91 μm HR），两次经过 OPO 腔。这样既可以提高泵浦光的利用效率，又可以使两块晶体得到更均匀的泵浦。腔镜 M2（532 nm AR/1.3～1.61 μm AR/0.8～0.91 μm HR）既是泵浦光的输入镜，又是双信号光

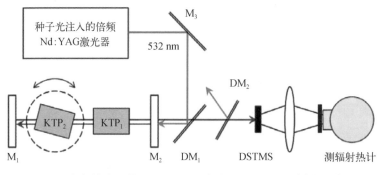

KTP—磷酸钛氧钾晶体；DM₁、DM₂—分色镜；DSTMS—太赫兹有机晶体

图 5-30
反射式双通
OPO 泵浦有机
晶体差频的实
验装置

的输出镜。谐波镜 DM1、DM2(532 nm HR/1.3～1.61 μm AR)用于分离泵浦绿光和差频光。

　　与透射式 OPO 相比,反射式 OPO 的另一个优点在于:调谐过程中,随着 KTP 晶体的旋转,其输出光斑的位置是不变的。此外,该结构还能实现走离补偿功能。如图 5 - 31 所示,考虑 M1 镜的反射作用,可将该双通形式等效为泵浦绿光单次经过由原谐振腔(实际腔)和其关于 M1 的镜像组成的扩展腔(等效腔)。等效腔由 4 块 KTP 晶体组成,其中 KTP 1 和 KTP 2 分别与其镜像实现走离补偿。Jazbinsek 在报告[26]中指出,利用 4 块晶体可以获得更窄的 OPO 线宽。因此,我们采用的这种双通泵浦源结构也起到改善太赫兹差频单色性的作用。

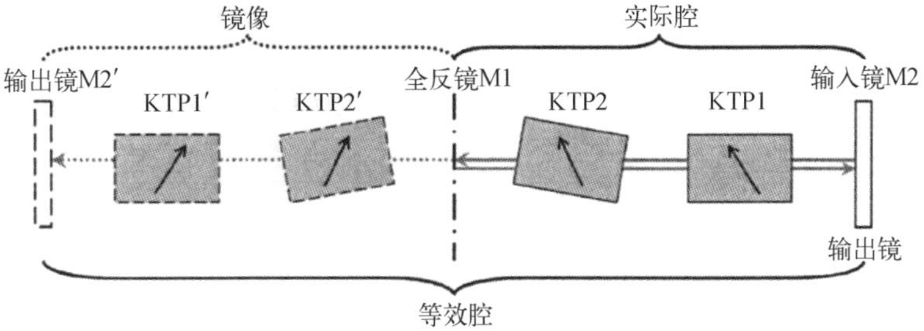

图 5 - 31
反射式双通
OPO 等效的走
离补偿结构示
意图

　　在短波长 λ_1=1.35 μm、1.40 μm 和 1.45 μm,差频频率为 3.8 THz 时,反射式 OPO 的输入输出特性如图 5 - 32 所示。斜率效率分别为 17.2%、15.6% 和 12.0%,阈值分别为 3.73 mJ、4.20 mJ 和 4.93 mJ。随着晶体旋转角度增大,Fresnel 反射损耗增大,OPO 转换效率降低。输入绿光能量为 15.9 mJ 时,输出能量随长波长 λ_2 的变化关系如图 5 - 33 所示。利用这种改进的 OPO,我们获得了相对平坦的双波长调谐谱。图 5 - 32 和图 5 - 33 中给出的转换效率略低于实际的 OPO 效率,原因在于实验中所使用的谐波镜 DM1 并不是 45°的分光镜,该处存在一定的能量损耗。

　　我们固定短波长 λ_1(为 1.35 μm),分析晶体厚度对太赫兹输出的影响。在输入双波长能量为 1.91 mJ 时,厚度为 0.5 mm、1.0 mm 和 1.5 mm 的 DSTMS 晶体差频产生的太赫兹调谐谱如图 5 - 34 所示。我们实现了 0.88～19.27 THz 的连续调谐。整个调谐范围内,厚度为 0.5 mm 的晶体的输出高于厚度为 1.0 mm 和

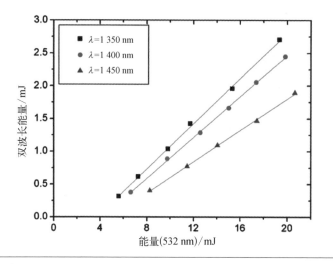

图 5－32
反射式 OPO 的
输入-输出特性

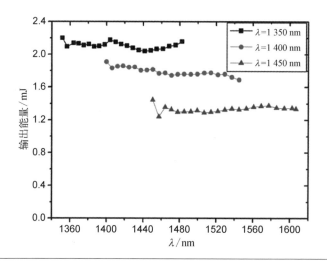

图 5－33
反射式 OPO 的
调谐特性

1.5 mm 的晶体的输出,5 THz 以上频段的优势更明显。

与相关文献[20]的报道相比,我们的结果在高频段的输出偏低(特别是 19 THz 附近的极大值),这是受到探测器 Si. Bolometer 内部滤波片的影响(截止频率为 800 cm⁻¹)。在 26 THz 附近,我们也观察到了较弱的响应信号,而实际在这一位置的输出应该很高。这与该文献[20]给出的 DAST 晶体差频结果相一致。

图 5－34 表明,随晶体厚度增加,太赫兹输出能量呈下降趋势。这与无机晶体如 GaSe 差频的结果相反。为了解释这一现象,我们做了如下的计算。在小信

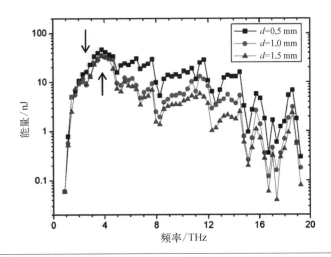

图 5 - 34
不同厚度 DSTMS
晶体差频的输
出调谐谱

号近似下求解差频耦合波方程,得到太赫兹强度表达式(5 - 10):

$$P_{THz} = \frac{1}{2} \left(\frac{\mu_0}{\varepsilon_0} \right)^{1/2} \frac{\omega_{THz}^2 (2d)^2 L^2}{n_{p1} n_{p2} n_{THz} c^2} \left(\frac{P_{p1} P_{p2}}{A} \right) T_{p1} T_{p2} T_{THz} e^{-a_{THz}L} \cdot$$

$$\frac{1 + e^{-\Delta \alpha L} - 2e^{-\Delta \alpha L/2} \cos(\Delta k L)}{(\Delta k L)^2 + (\Delta \alpha L/2)^2}$$

DSTMS 晶体的光波段折射率和吸收系数由相关文献[27]给出,太赫兹波段 (0.4~3.5 THz)参数由 Günter 课题组测量并利用 Lorentz 模型拟合[28]。受 DSTMS 晶体在 0.648 THz 和 1.024 THz 处两个强吸收峰的影响,1.5 THz 以下 波段的输出较低。该晶体在 2.702 THz 处的弱吸收峰,造成了调谐曲线在 2.62 THz附近的下降。由于缺少高频段(4 THz 以上)的参数,我们利用式(5 - 10)计算了 2.62 THz(弱吸收峰附近)和 3.80 THz(调谐曲线最高点)两个频率的 产生强度随作用距离的变化曲线(图 5 - 35)。

以上计算结果反映出:① 2.62 THz 的产生强度明显低于 3.80 THz;② 当 $l > 0.5$ mm 时,太赫兹强度随晶体厚度的增大而减小。这两点与图 5 - 34 实验结 果是一致的。通过计算三种假设情况下的差频强度曲线(图 5 - 36),比较吸收和 相位失配因素对差频强度的影响,说明造成输出能量随晶体厚度减小的主要原 因,在于有机材料对太赫兹波的高吸收(> 30 cm^{-1},一般比 GaSe 高一个数量 级)。受晶体生长和加工工艺的限制,在保证孔径 5 mm 的情况下,晶体最薄可

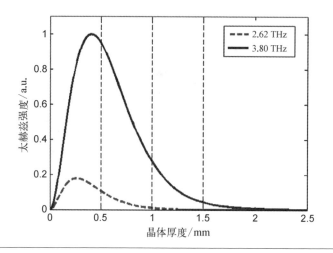

图 5 - 35
太赫兹强度随
差频作用距离
(即晶体厚度)
的变化

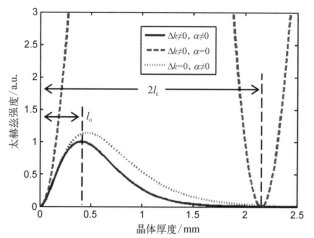

注: 无吸收有失配(虚线)、有吸收无失配(点线)、有吸收有失配(实线)

图 5 - 36
三种假设情况
下的差频强度
曲线

以做到 0.5 mm,该厚度已接近图 5 - 35 中的最优厚度。

在晶体厚度为 0.5 mm 的情况下,我们改变泵浦光短波长 λ_1,分析波长因素对太赫兹输出的影响。当泵浦能量为 1.91 mJ,短波长 λ_1 分别为 1.35 μm、1.40 μm 和 1.45 μm 时的调谐曲线如图 5 - 37 所示。图中的三条曲线形状相似,输出能量随波长的变化没有呈现出明显的规律。

直观地讲,由于晶体在光波段的色散,泵浦波长的改变会影响差频的相位匹配条件。利用下面表达式,可计算不同波长下的相干长度。

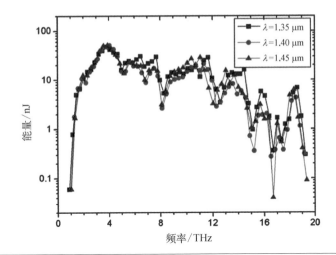

图 5-37
不同波长泵浦
光差频产生的
太赫兹调谐
曲线

$$l_c = \frac{\pi c}{\omega_T \mid n_T - n_g \mid} \qquad (5-31)$$

如图 5-38 所示,不同波长下的相干长度差异很大。但真正决定差频输出能量的参数不是相干长度 l_c 而是最优长度 l_o(图 5-35 和图 5-36)。根据式 (5-10)可以求出差频的最优长度,即太赫兹强度最大值对应的作用距离 l。由于晶体的高吸收,最优长度 l_o 小于相干长度 l_c,而且最优长度随波长的变化幅度也远小于相干长度的变化幅度(图 5-39)。

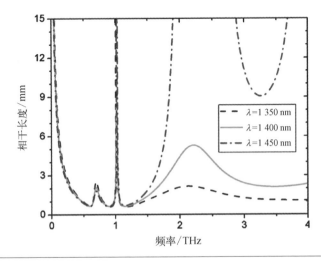

图 5-38
不同泵浦波长
下的相干长度
曲线

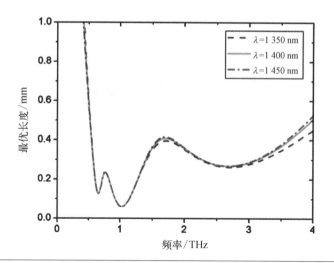

图 5-39
不同泵浦波长
下的最优长度

在其他参数(如吸收系数等)相近的情况下,不同 λ_1 对应的差频强度计算值也相差不大。因此计算结果说明:泵浦波长对输出几乎没有影响,与图 5-37 所示的实验结果相符。此外,图 5-39 中,在差频频率为 3.9 THz 附近,随着频率增加,最优长度略有增加。这可以解释图 5-37 中三条曲线最大值(46.2 nJ@1.35 μm,50.6 nJ@1.40 μm,51.0 nJ@1.45 μm)的微小变化。

在晶体厚度为 0.5 mm、泵浦波长 λ_1=1.35 μm、差频频率为 3.80 THz 的情况下,太赫兹输出能量随双波长泵浦能量的变化如图 5-40 所示。太赫兹能量与

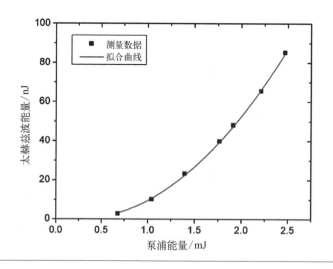

图 5-40
DSTMS 晶体差
频的输入-输
出特性

泵浦能量呈平方关系,这符合差频的二阶非线性性质。当泵浦能量为 2.47 mJ 时,我们获得的最高太赫兹脉冲能量为 85.3 nJ,峰值功率为 17.9 W。利用光谱仪测量双波长的能量比,可以算出此时短波长 λ_1 的能量为 1.4 mJ,对应的差频能量转换效率为 6.09×10^{-5},光子转换效率为 3.6‰。

后续我们将 DSTMS 替换为有机晶体 OH1,并进行了研究,实验装置如图 5-41 所示。

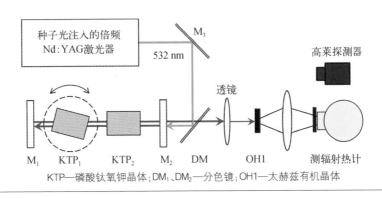

图 5-41
基于 OH1 晶体
的差频太赫兹
实验装置图

KTP—磷酸钛氧钾晶体;DM₁、DM₂—分色镜;OH1—太赫兹有机晶体

在双波长脉冲能量为 4.35 mJ 下,我们测量了不同晶体厚度(0.78 mm、1.30 mm 和 1.89 mm)的太赫兹调谐光谱。三条曲线反映了其差频输出的太赫兹在频率上具有相似的变化趋势。当晶体厚度为 1.89 mm 时,可以得到 0.02~20 THz 的调谐范围。由于 OH1 晶体吸收小,在 0.97~2.18 THz 内可实现高脉冲能量的输出(高于 100 nJ/pulse)。曲线上的下降主要是由 OH1 晶体的吸收引起的,在图 5-42 中可以较为清楚地观察到存在六个吸收峰。在 11 THz 以上,曲线的下降与拉曼模式(图 5-42 的底部)大体一致。

利用相关文献[29,30]给出的 OH1 晶体参数,图 5-43 给出了相干长度和差频输出能量的计算结果。在 0~2 THz 区域,相干长度足够长(>5 mm),这是因为 1.35 μm 的泵浦光折射率与太赫兹辐射匹配得很好。由于太赫兹波的衍射影响,在 2 THz 以下的实验结果与理论计算的结果存在明显的差别。

图 5-44 给出了在差频产生 1.92 THz 时,相互作用长度 z 与理论计算的太赫兹峰值功率(虚线)变化曲线以及实验测得的太赫兹峰值功率(方形)的变化曲线。除了 $d=1.89$ mm,图中方形的增长趋势与虚线一致。通过测

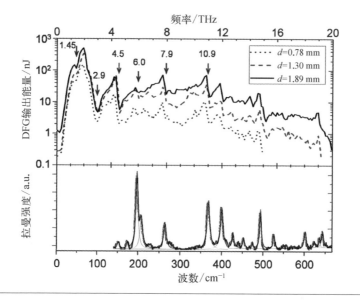

图 5 - 42
不同晶体厚度
OH1 的差频调
谐曲线(顶部)
和 OH1 晶体的
拉曼光谱(底部)

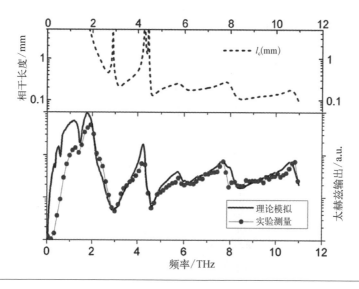

图 5 - 43
不同太赫兹频
率下的相干长
度、理论模拟
和实验测量调
谐曲线

量透过 OH1 的泵浦光光谱,我们观察到额外的波长。一束对应于一阶级联红移(1 367 nm),另一束对应于反斯托克斯波(和频 1 332 nm)。考虑到 5 个波长的相互作用,用虚线画出的计算结果更接近实验。由于晶体厚度的限制,更高阶的级联没有没有发生。另外,从 P_{-1} 通过 P_0 到 P_{+1} 的过程中,波失失配会变得更大。

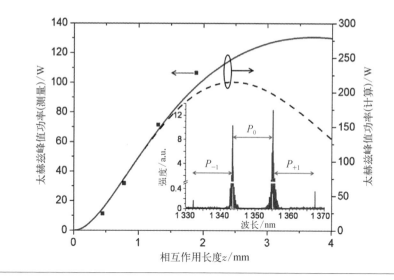

图 5 - 44
非级联下测量（方形）与计算的太赫兹峰值功率和相互作用长度的关系以及级联差频（实线）与相互作用长度的关系

利用 1.89 mm 厚度的晶体产生 1.92 THz 时的输入与输出特性如图 5 - 45 所示。在泵浦能量低于 2.23 mJ 时，太赫兹能量的变化趋势符合二次函数关系。

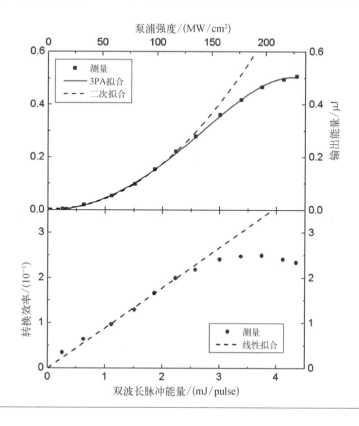

图 5 - 45
太赫兹脉冲输出能量测量 - 3PA 拟合法和二次拟合 - 输入双波长脉冲能量的关系曲线，以及转换效率测量 - 线性拟合 - 输入双波长脉冲能量的关系曲线

当进一步增加泵浦强度时,饱和效应就会出现,这可能的原因是多光子吸收。由于 OH1 晶体的带宽是 2.11 eV(波长为 589 nm),三光子吸收在非线性过程中占据主要地位。考虑到这种效应,我们利用差频输出的表达[31]:

$$I_{\mathrm{T}} \propto \left\{ \frac{d_{33} I_{\mathrm{opt}}}{\alpha_{\mathrm{T}}/2 + a_3 \gamma I_{\mathrm{opt}}^3} \left[1 - \mathrm{e}^{-(\alpha_{\mathrm{T}}/2 + a_3 \gamma I_{\mathrm{opt}}^3) z} \right] \right\}^2 \tag{5-32}$$

这里,式子中的两项分别表明由三光子吸收引起的线性吸收和自由载流子吸收。γ 为三光子吸收系数,a_3 为太赫兹自由载流子吸收的加权因子。实验数据与式(5-32)计算(实线)符合得很好。在 4.35 mJ 的泵浦能量下实现了最大 507 nJ/pulse 能量的输出。最高的光到太赫兹转换效率为 2.49×10^{-4},对应的光子转换效率为 2.9%。

5.5 高重频太赫兹脉冲辐射源

上面两节主要讨论的是低重频宽带可调谐太赫兹辐射源。在本节中,我们将讨论高重频太赫兹脉冲辐射源。与低重频太赫兹脉冲相比,高重频太赫兹脉冲在高速采样成像等方面具有明显的优势。利用声光调 Q 可实现高重频的激光脉冲输出,再经过差频可产生高重频太赫兹脉冲。在 2010 年,赵普等利用单块 Nd：YLF 产生的双波长经过差频实现了频率为 1.64 THz 的太赫兹脉冲输出[32],实验装置如图 5-46 所示。

Nd：YLF 可产生垂直偏振的双波长激光(1 053 nm 和 1 047 nm),并且双波长的受激发射截面不同。他们利用布儒斯特片和不同反射率的输出镜实现了双波长激光输出,输出镜的反射率分别为 75%(1 047 nm OC1)和 80%(1 053 nm OC2)。双波长激光的输出功率和总功率随 LD 泵浦功率变化关系如图 5-47 所示。

两束泵浦光束在空间上和时间上重合并聚焦到 15 mm 长的 GaSe 晶体,经过差频后,泵浦光束被白色聚乙烯片阻挡和反射,产生的太赫兹光束经过两个离轴抛面镜聚焦后入射到 Si. Bolometer。测量的相位匹配外角为 11.5°,这与理论计算值 11°非常接近。太赫兹功率随泵浦功率变化如图 5-48 所示,通过一个硅

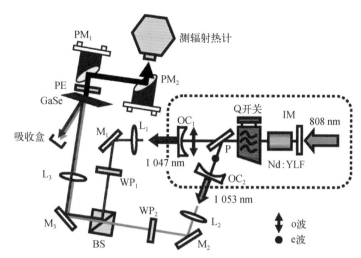

图 5-46
基于 Nd： YLF
的差频太赫兹
源实验装置

Nd：YLF—掺钕氟化锂钇晶体；P—偏振片；OC$_1$、OC$_2$—光学腔镜；L$_1$、L$_2$、L$_3$—透镜；M$_1$、M$_2$、M$_3$—反射镜；WP$_1$、WP$_2$—波片；BS—分束器；PE—聚乙烯；PM$_1$、PM$_2$—抛物面镜

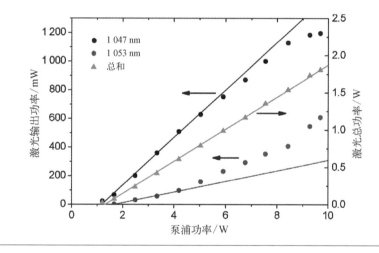

图 5-47
双波长激光的
输出功率和总
功率随 LD 泵
浦功率变化
关系

基标准具测量到输出波长为 183.3 μm。实心曲线对应于数据点的二次拟合，这与差频的特征一致。

后来他们改进了实验装置，通过两个 LD 分别泵浦两块激光晶体实现双波长激光输出并进行差频，实验装置如图 5-49 所示[33]。

两块激光晶体都是 Nd：YLF(a-cut 4 mm×4 mm×10 mm)晶体，输出镜对 1 053 nm 和 1 047 nm 的反射率都为 75%，双波长激光的输出功率随 LD 泵浦功率变化关系如图 5-50 所示。

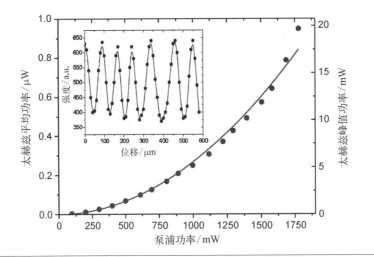

图 5 - 48
太赫兹功率随泵浦功率变化图

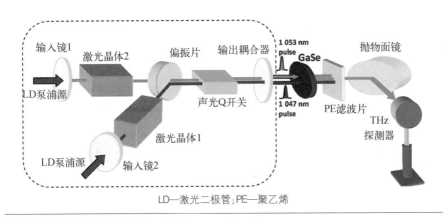

LD—激光二极管;PE—聚乙烯

图 5 - 49
基于双 LD 泵浦产生双波长差频的太赫兹实验装置

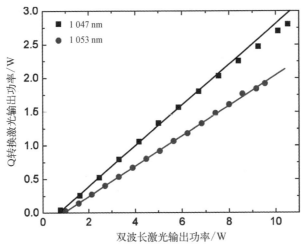

图 5 - 50
基于双 LD 泵浦的双波长激光输出功率随 LD 泵浦功率变化关系

与图 5-46 的差频太赫兹源相比,此改进的实验装置将太赫兹输出功率提高了近 5 倍。太赫兹输出功率随双波长泵浦功率变化如图 5-51 所示,另外他们还测量了太赫兹辐射的偏振方向。基于双 LD 泵浦产生双波长差频的太赫兹源具有很好的灵活性,此共轴泵浦结构可以通过改变激光晶体组合来实现不同的双波长激光输出,进而差频产生不同频率的太赫兹。

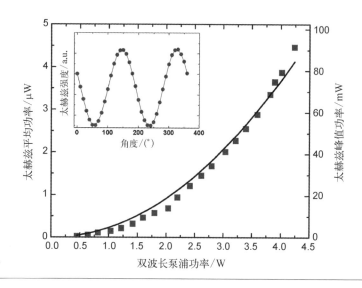

图 5-51
太赫兹输出功率随双波长泵浦功率变化

我们设计了一种共轴泵浦双波长激光器实现了双波长激光的输出,此激光器具有结构紧凑、灵活多样、价格低廉等优点。通过改变泵浦光的波长或聚焦点位置平衡两块晶体的增益,可以实现自由掌控两个波长的功率比。另外通过改变泵浦光的波长和聚焦点位置,也可以实现调谐双波长脉冲之间的脉冲间隔,实现双波长脉冲的同步输出。

利用共轴泵浦双波长差频的实验装置如图 5-52 所示。两块激光晶体分别为 1% 掺杂的 a-cut Nd:YLF 晶体(3 mm×3 mm×10 mm)和 1% 掺杂的 c-cut Nd:YLF 晶体(3 mm×3 mm×4 mm),尽可能地将两块激光晶体靠近,两者的间隙为 0.2~0.3 mm。输出镜对 1 053 nm 和 1 047 nm 的透射率都为 10%。

利用偏振分束器将激光器输出的激光分成垂直偏振与平行偏振两束,并分别测量其输出功率和光谱。双波长激光在不同偏振方向的输出功率随 LD 泵浦功率变化关系如图 5-53 所示。

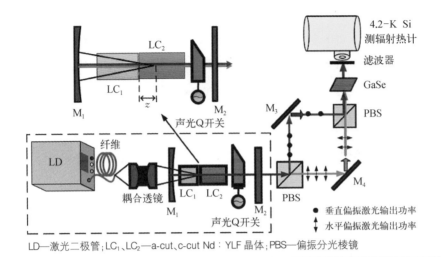

图 5-52
基于共轴泵浦双波长差频的太赫兹源实验装置

LD—激光二极管；LC₁、LC₂—a-cut、c-cut Nd：YLF 晶体；PBS—偏振分光棱镜

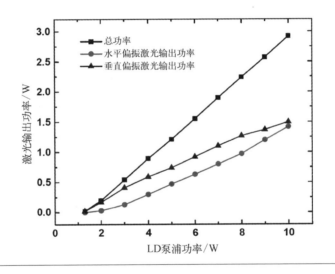

图 5-53
水平偏振和垂直偏振的激光输出功率以及总功率随 LD 泵浦功率变化关系

　　我们通过光谱仪测量了不同偏振方向的激光光谱，发现双波长激光实现了垂直偏振输出，即垂直偏振方向的激光为 1 047 nm，水平偏振方向的激光为 1 053 nm。正常来说，c-cut Nd：YLF 产生的 1 053 nm 激光并不具有偏振特性，而我们在实验中观察到输出的 1 053 nm 激光具有偏振特性。这主要是由增益诱导效应引起的，尽管大部分 1 053 nm 激光是由 c-cut Nd：YLF 产生的，但 a-cut Nd：YLF 可以产生的偏振 1 053 nm 激光可以影响每一个 1 053 nm 激光脉冲的产生，使得在 1 053 nm 脉冲建立过程中具有偏振特性的 1 053 nm 激光占据

优势,在 c-cut Nd：YLF 里引导增益被同偏振消耗,所以产生线性偏振的 1 053 nm 激光是可能的。

通过改变 LD 泵浦光聚焦点位置 z 可以实现双波长功率比例的调谐。利用之前的理论推导[34],可得到理论计算的双波长功率随 z 变化曲线。图 5-54 是实验(分离符号)和理论计算(曲线)的双波长激光输出功率随 LD 泵浦光聚焦点位置 z 变化关系。理论和实验存在偏差主要是因为 a-cut Nd：YLF 产生的反转粒子数有一部分被 1 053 nm 消耗。随着 z 的增加,1 053 nm 增益更强,偏差更明显,但是总的双波长功率变化趋势与理论计算结果是一致的。

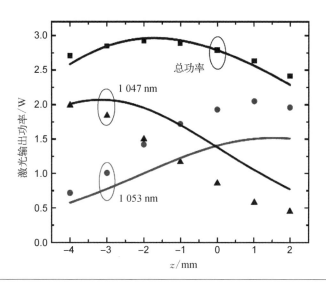

图 5-54
实验(分离符号)和理论计算(曲线)的双波长激光输出功率随 LD 泵浦光聚焦点位置 z 变化关系

将空间上和时间上重合的两束泵浦光束直接入射到 8 mm 长未镀膜的 CaSe 晶体上,用 Ge 片和黑色的聚乙烯片滤掉泵浦光,使得产生的太赫兹入射到 Si. Bolometer。图 5-55 是太赫兹输出功率随双波长泵浦功率变化图,实心曲线对应于数据点的二次拟合。此共轴泵浦结构也可以通过改变激光晶体组合来实现不同的双波长激光输出,进而差频产生不同频率的太赫兹。

以上我们主要讨论了实现高重频、单色的太赫兹脉冲的实验方法。下面我们主要介绍实现高重频、宽带可调谐的太赫兹脉冲的实验方法。利用内腔 OPO 产生高重频、可调谐的双波长激光脉冲,再通过差频可实现高重频、宽带可调谐的太赫兹脉冲输出。

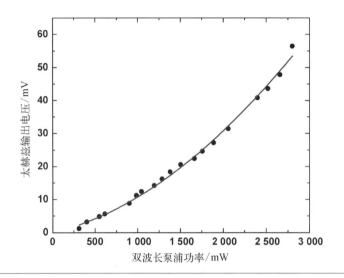

图 5 - 55
太赫兹输出功
率随双波长泵
浦功率变化

  图 5 - 56 是高重频、宽带可调谐的太赫兹实验装置。通过工作在二类相位匹配的双谐振 PPLN OPO 可产生垂直偏振的 $2\ \mu m$ 双波长激光,准相位匹配可以消除走离效应的影响,通过控制 PPLN 的温度可实现双波长激光的调谐。

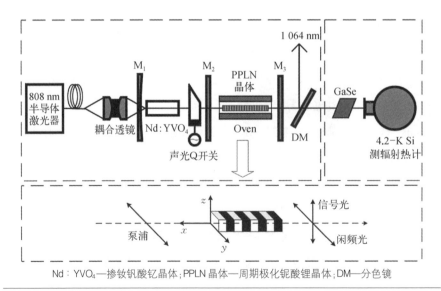

Nd:YVO₄—掺钕钒酸钇晶体;PPLN 晶体—周期极化铌酸锂晶体;DM—分色镜

图 5 - 56
高重频、宽带
可调谐的太赫
兹实验装置

双波长 PPLN OPO 的输出特性如图 5-57 所示,PPLN 晶体长为 55 mm,输出镜在 2 000～2 300 nm 的透射率为 25%。去掉 PPLN 晶体和 M2,将 M3 换成 1 064 nm 透射率为 12.5% 的输出镜,可测得基频波的输出特性。

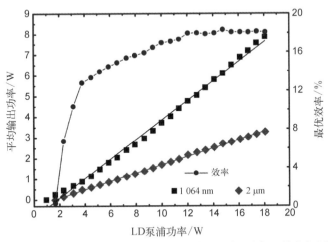

图 5-57
PPLN OPO 的输出特性

蓝线为 1 064 nm 激光平均输出功率,红线为 2 μm 激光平均输出功率,黑线为光光转换效率

图 5-58 展示了 PPLN OPO 的温度调谐特性,工作温度从 90℃变化到 142℃,波长调谐范围为 2 072～2 186 nm,可以提供 0～7.5 THz 的频率间隔。

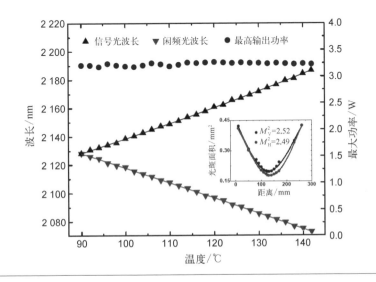

图 5-58
PPLN OPO 的温度调谐特性

不同频率下的太赫兹输出电压如图 5-59 所示,在 1.57 THz 时得到最大输出电压(522 mW),对应的平均功率为 1.8 μW。图 5-59(a)是旋转线栅时太赫兹强度透过的变化;图 5-59(b)是通过示波器记录的太赫兹典型信号。

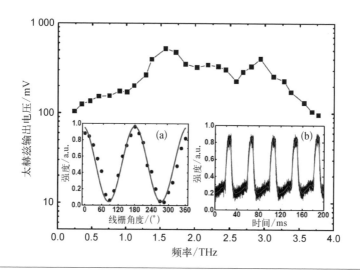

图 5-59
不同频率下的太赫兹输出电压

上面讨论了通过温度调谐的高重频内腔 OPO 差频太赫兹源,下面介绍一下利用角度调谐的高重频内腔 OPO 差频太赫兹源。基于补偿走离结构的内腔 OPO 差频太赫兹源如图 5-60 所示,通过角度调谐可实现双波长的调谐。KTP 晶体的切角为 $\theta = 51.18°$,$\varphi = 0°$。

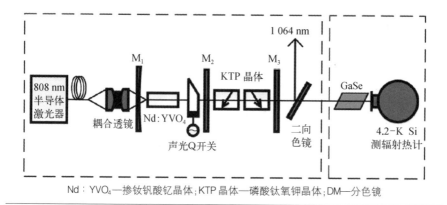

Nd:YVO$_4$—掺钕钒酸钇晶体;KTP 晶体—磷酸钛氧钾晶体;DM—分色镜

图 5-60
基于补偿走离结构的内腔 OPO 差频太赫兹源

$2\,\mu m$ 双波长 KTP OPO 输出特性和去掉 OPO 基波的输出特性如图 5-61 所示，KTP 晶体的切角为 $\theta=51.18°$，$\varphi=0°$。

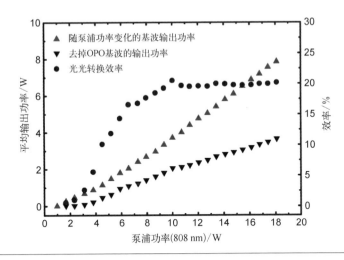

图 5-61
KTP OPO 的输出特性和去掉 OPO 基波的输出特性

图 5-62 展示了 KTP OPO 的角度调谐特性，对称地将 KTP 晶体的内相位匹配角从 $50.98°$ 调整到 $51.69°$，双波长激光的调谐范围覆盖 $2\,088\sim2\,171\,nm$，可以提供 $0\sim5.5\,THz$ 的频率间隔，与文献[35] 有关数据相比有很大的提升。

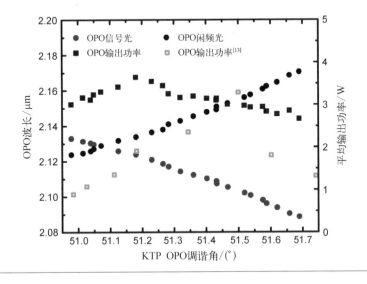

图 5-62
KTP OPO 的角度调谐特性

经过差频后得到不同频率下的太赫兹输出电压如图 5-63 所示。在 $1.54\,THz$ 时得到最大输出电压($352\,mW$)，对应的平均功率为 $1.2\,\mu W$。

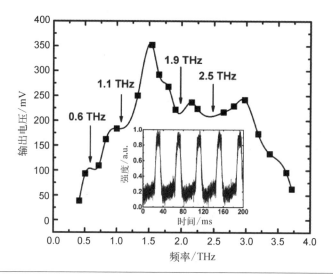

图 5-63
不同频率下的
太赫兹输出
电压

参考文献

［1］ Morris J R, Shen Y R. Theory of far-infrared generation by optical mixing［J］. Physical Review A, 1997, 15(3): 1143-1156.

［2］ Shen Y R. Nonlinear infrared generation［M］. Springer Verlag, 1977.

［3］ Manley J M, Rowe H E. General energy relations in nonlinear reactances［J］. Proceedings of the Institute of Radio Engineers, 1959, 47(12): 2115-2116.

［4］ Abdullaev G B, Kulevskii L A, Prokhorov A M, et al. GaSe, a new effective material for nonlinear optics［J］. JETP Letters, 1972, 16(3): 90-92.

［5］ Shi W, Ding Y J. Efficient, tunable, and coherent $0.18 \sim 5.27$ THz source based on GaSe crystal［J］. Optics Letters, 2002, 27(16): 1454-1456.

［6］ Ding Y J, Zotova I B. Second-order nonlinear optical materials for efficient generation and amplification of temporally-coherent and narrow-linewidth terahertz waves［J］. Optical & Quantum Electronics, 2000, 32(4-5): 531-552.

［7］ Ding Y J, Khurgin J B. A new scheme for efficient generation of coherent and incoherent submillimeter to THz waves in periodically-poled lithium niobate［J］. Optics Communications, 1998, 148(1-3): 105-109.

［8］ Boyd G D, Bridges T J, Patel C K N, et al. Phase-matched submillimeter wave generation by difference-frequency mixing in $ZnGeP_2$［J］. Applied Physics Letters, 1972, 21(11): 553-555.

[9] Bhar G C, Samanta L K, Ghosh D K, et al. Tunable ZnGeP$_2$ parametric crystal oscillator[J]. Soviet Journal of Quantum Electronics, 1987, 17(7): 860 – 861.

[10] Kumbhakar P, Kobayashi T, Bhar G C. Sellmeier dispersion for phase-matched terahertz generation in ZnGeP$_2$[J]. Applied Optics, 2004, 43(16): 3324 – 3328.

[11] Goldschmidt V M. Crystal structure and chemical constitution[J]. Transactions of the Faraday Society, 1929, 25: 253 – 283.

[12] Aggarwal R L, Lax B, Favrot G. Noncollinear phase matching in GaAs[J]. Applied Physics Letters, 1973, 22(7): 329 – 330.

[13] Lax B, Aggarwal R L, Favrot G. Far-infrared step-tunable coherent radiation source: 70 μm to 2 mm[J]. Applied Physics Letters, 1973, 23(12): 679 – 681.

[14] Johnson C J, Sherman G H, Weil R. Far Infrared measurement of the dielectric properties of GaAs and CdTe at 300 K and 8 K[J]. Applied Optics, 1969, 8(8): 1667 – 1671.

[15] Moore W J, Holm R T. Infrared dielectric constant of gallium arsenide[J]. Journal of Applied Physics, 1996, 80(12): 6939 – 6942.

[16] Skauli T, Kuo P S, Vodopyanov K L, et al. Improved dispersion relations for GaAs and applications to nonlinear optics[J]. Journal of Applied Physics, 2003, 94(10): 6447 – 6455.

[17] Matsukawa T, Takahashi Y, Miyabara R, et al. Development of DAST-derivative crystals for terahertz waves generation[C]. Journal of Crystal Growth, 2009, 311 (3): 568 – 571.

[18] Zhang X C, Ma X F, Jin Y, et al. Terahertz optical rectification from a nonlinear organic crystal[J]. Applied Physics Letters, 1992, 61(26): 3080 – 3082.

[19] Kawase K, Mizuno M, Sohma S, et al. Difference-frequency terahertz-wave generation from 4-dimethylamino – N – methyl – 4 – stilbazolium-tosylate by use of an electronically tuned Ti: sapphire laser[J]. Optics Letters, 1999, 24 (15): 1065 – 1067.

[20] Suizu K, Miyamoto K, Yamashita T, et al. High-power terahertz-wave generation using DAST crystal and detection using mid-infrared powermeter [J]. Optics Letters, 2007, 32(19): 2885.

[21] Han P Y, TANI M, Pan F, et al. Use of the organic crystal DAST for terahertz beam applications[J]. Optics Letters, 2000, 25(9): 675 – 677.

[22] Wagner H P, Kuhnelt M, Langbein W, et al. Dispersion of the second-order nonlinear susceptibility in ZnTe, ZnSe, and ZnS[J]. Physical Review B, 1998, 58 (16): 10494 – 10501.

[23] Yang Z, Mutter L, Stillhart M, et al. Large-size bulk and thin-film stilbazolium-salt single crystals for nonlinear optics and THz generation [J]. Advanced Functional Materials, 2007, 17(13): 2018 – 2023.

[24] Kwon O P, Kwon S J, Jazbinsek M, et al. Organic phenolic configurationally locked polyene single crystals for electro-optic and terahertz wave applications[J].

Advanced Functional Materials, 2008, 18(20): 3242.

[25] Ito H, Suizu K, Yamashita T, et al. Random frequency accessible broad tunable terahertz-wave source using phase-matched 4-dimethylamino - N - methyl-4-stilbazolium tosylate crystal[J]. Japanese Journal of Applied Physics, 2007, 46 (11): 7321 - 7324.

[26] Jazbinsek M, Bach T, Zgonik M, et al. Tunable Narrowband THz Source (1 - 20 THz) Based on Organic Crystals DSTMS and OH1. In Infrared, Millimeter, and Terahertz Waves(IRMMW - THz),2013 38th International Conference on. Wel3 - 6. IEEE, 2013.

[27] MuRer L, Brunner F D, Yang Z, et al. Linear and nonlinear optical properties of the organic crystal DSTMS[J]. Journal of the Optical Society of America B, 2007, 24(9): 2556 - 2561.

[28] Stillhart M, Schneider A, Gunter P. Optical properties of DSTMS crystals at terahertz frequencies[J]. Journal of the Optical Society of America B, 2008, 25 (11): 1914 - 1919.

[29] Majkić A, Zgonik M, Petelin A, et al. Terahertz source at 9.4 THz based on a dual-wavelength infrared laser and quasi-phase matching in organic crystals OH1 [J]. Applied Physics Letters, 2014, 105(14): 141115(1 - 4).

[30] Vicario C, Jazbinsek M, Ovchinnikov A V, et al. High efficiency THz generation in DSTMS, DAST and OH1 pumped by Cr: forsterite laser[J]. Optics Express, 2015, 23(4): 4573 - 4580.

[31] Hoffmann M C, Yeh K, Hebling J, et al. Efficient terahertz generation by optical rectification at 1 035 nm[J]. Optics Express, 2007, 15(18): 11706 - 11713.

[32] Zhao P, Ragam S, Ding Y J, et al. Compact and portable terahertz source by mixing two frequencies generated simultaneously by a single solid-state laser. Optics Letters, 2010, 35(23): 3979 - 3981.

[33] Zhao P, Ragam S, Ding Y J, et al. Power scalability and frequency agility of compact terahertz source based on frequency mixing from solid-state lasers[J]. Applied Physics Letters, 2011, 98(13): 131106.

[34] Liu Y, Zhong K, Mei J, et al. Compact and flexible dual wavelength laser generation in coaxial diode-end-pumped configuration[J]. IEEE Photonics Journal. 2017, 9(1): 1500210.

[35] Mei J, Zhong K, Wang M, et al. High-repetition-rate terahertz generation in QPM GaAs with a compact efficient 2 - μm KTP OPO[J]. IEEE Photonics Technology Letters, 2016, 28(14): 1501 - 1504.

6

连续太赫兹辐射源

连续太赫兹辐射源主要分为两类,包括基于光混频的连续太赫兹辐射源和光泵浦气体连续太赫兹辐射源。其中"光混频"一词是指在高带宽光电导体中产生外差差频。太赫兹光混频器是一种光学外差配置方案,这类系统使用两个单模激光器或者一个双模激光器作为泵浦源,这两个激光器的波长相近,频率差值位于太赫兹频率范围;使用这两束激光泵浦光电导材料,能够产生一个光生电流,该电流的频率是两束激光频率的差值,被称为太赫兹电流;将产生的太赫兹电流耦合到传输线电路或者天线结构就能够向空间辐射太赫兹波。调节泵浦激光的中心频率,就能够对产生的太赫兹频率进行调谐。光泵气体太赫兹激光器工作原理是由远红外激光将极性分子振动低能级上的转动能级粒子激发至振动高能级,之后在同一振动能级上的相邻转动能级之间跃迁。利用不同种类气体的不同振转能级可以实现不同频点的连续太赫兹波输出。

6.1 基于光混频的连续太赫兹辐射源

目前广泛使用的光混频器产生太赫兹辐射的理论分析模型是 20 世纪 90 年代初由 Brown 等[1]提出的等效电路模型。图 6-1 是光混频产生太赫兹辐射的基本原理示意图,其中(a)是双光束光混频示意图,(b)是对应的等效电路图。

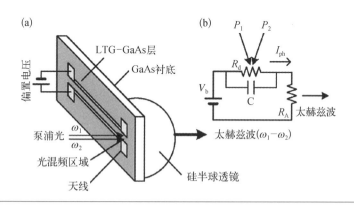

图 6-1
光混频产生太赫兹辐射的基本原理示意图

该模型表明:两束单模激光的平均功率分别为 P_1 和 P_2,频率分别是 ω_1 和 ω_2,这两束激光入射到光混频器件上,光混频器件上吸收的瞬时光功率的表达

式为

$$P = P_0 + 2\sqrt{mP_1P_2}\left[\cos(\omega_1 - \omega_2)t + \cos(\omega_1 + \omega_2)\right] \qquad (6-1)$$

式中，$P_0 = P_1 + P_2$ 表示经过的总平均入射光功率；m 表示混频系数。第一个余弦项以差频$(\omega_1 - \omega_2)$对光电导调制，而第二个余弦项近似于二倍光频率，变化周期远小于载流子寿命τ，无法对光电导产生较为明显的调制效应。对于一个光混频太赫兹辐射源，太赫兹功率可以表述为

$$P_{THz} \propto I_{ph}^2 \frac{1}{1 + (\omega_T\tau)^2} \frac{R_A}{1 + (\omega_T R_A C)^2} \qquad (6-2)$$

式中，I_{ph}表示直流光生电流；ω_T表示太赫兹频率；τ表示电荷载流子寿命；R_A表示天线阻抗；C表示光混频器电容。光电流和偏置电压V_{bias}和激光器输出功率P_0的关系式为

$$I_{ph} \propto V_{bias} P_0 \qquad (6-3)$$

在这里假设两束激光具有相等的功率以及波束完美重合。

直至 20 世纪 90 年代，在脉冲太赫兹辐射产生将近十年之后，麻省理工学院的 Brown 小组[1,2]使用连续激光代替脉冲激光，在光电导天线上产生了频率为 0.2 THz 的窄频带连续太赫兹辐射。该小组[3]在 1995 年使用连续钛宝石激光器和光电导天线，将连续太赫兹辐射的频率拓展至 3.8 THz。

太赫兹光混频器的最大缺点是输出功率比较低，尤其当频率在 1 THz 以上时。对于单一的光混频器，典型的光-电转换效率低于10^{-5}，太赫兹辐射频率在 2 THz 时的功率在 2 μW 附近，而当频率在 3 THz 时功率在 0.1 μW 以下，较低的太赫兹辐射功率无法应用于非线性光谱学、成像系统等科学测量领域。为了提高太赫兹辐射光混频器的输出功率，主要从三个方面进行改善，包括优化天线设计、提高泵浦激光功率和采用其他衬底材料。

6.1.1　优化天线设计

在小信号时，光混频器输出的太赫兹辐射功率P_{THz}与天线阻抗R_A成正比。

在 GaAs 衬底材料上的平面天线阻抗为 100 Ω，而 LTG－GaAs 光电导材料的阻抗在适当的光功率辐照下的值在 10 KΩ 以上。光电导天线是太赫兹混频器的关键组成部分。光混频器的主要限制是，在太赫兹辐射周期的一小部分内光载流子对器件接触电极的低效漂移将导致高速光电导体的量子效率较低。由于辐射阻抗相对较低，对数螺旋天线具有低的输出功率。目前报道有多种天线的几何形状，如图 6－2 所示，最常见的平面形式为偶极子、蝴蝶结、对数螺旋线和对数周期等形状。相比之下，喇叭天线是一个带有喇叭波导的三维结构，提供从源到自由空间的渐进式阻抗变化[4]。

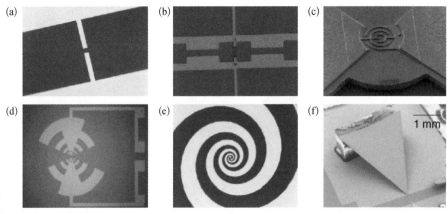

图 6－2
不同形式的天线设计显微图片[4]

（a）端部馈电偶子；（b）带扼流单元的中心馈电偶子；（c）带叉指的蝴蝶结偶极子；（d）对数周期；（e）对数螺旋；（f）喇叭天线

为了解决传统光混频器件天线结构存在的阻抗不匹配、Q 腔参数不高、频率无法调谐等问题，2005 年，加拿大滑铁卢大学的 Daryoosh Saeedkia 等[5] 提出了将天线结构和光混频区域集成，也就是通过优化设计光混频区域的尺寸，将光混频区域直接视为一个矩形微带天线从而辐射太赫兹波，设计原理如图 6－3 所示。使用这种设计能够消除传统光混频器天线结构存在的阻抗不匹配问题，并能在一定范围内实现频率调谐。

研究人员提出了共振天线结构，如偶极子天线等。目前仍然使用的偶极子天线结构如平行微带线和面对面偶极子天线作为基本的发射元件。2014 年，西班牙马德里卡洛斯三世大学的 Javier Montero-de-Paz 等[6] 设计了蛇形槽偶极天

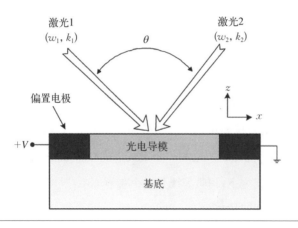

激光1
(w_1, k_1)

激光2
(w_2, k_2)

θ

偏置电极

+V

光电导模

基底

图 6 - 3
集成天线设计
原理图[5]

线,如图 6 - 4 所示。蛇形槽偶极天线可以提高匹配和辐射效率,以此来提高太赫兹辐射功率。在 1.05 THz 时,相对于传统的对数周期天线,实现了 6 dB 的输出功率的提高。

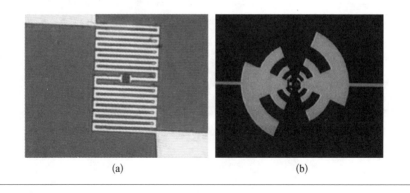

(a)   (b)

图 6 - 4
蛇形槽偶极天
线结构 (a) 和
对数周期天线
(b)[6]

等离子体纳米结构天线可以有效地提高光电导产生太赫兹辐射的量子效率,等离激元接触电极具有将入射泵浦光限制在接近电极附近区域的能力。2014 年,美国密歇根大学的 Christopher W. Berry 等[7]实验展示了从光混频器辐射准连续波太赫兹辐射,能够增强一个数量级的辐射功率,该光混频器使用等离子体接触电极,实验装置如图 6 - 5 所示。当使用 1 550 nm 的光泵浦时,与没有等离子体接触电极的类似传统光混频器相比,带有等离子体接触电极的光混频器的准连续波辐射功率,在 0.25~2.5 THz 频率范围内有一个数量级的增强。这一显著的效率提高,是由于等离子体接触电极的独特性能缩短了光载流子到

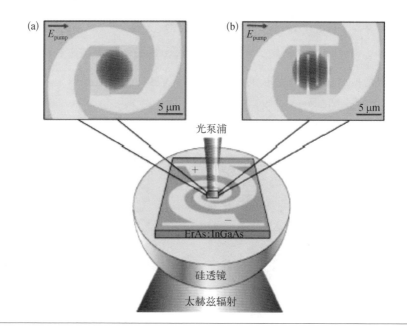

图 6-5
等离子体光混
频器和传统光
混频器的示
意图[7]

器件接触电极的平均传输路径,增强了驱动太赫兹的超快光电流。

由于等离激元接触电极具有将入射光泵浦束限制在接近电极附近的独特能力,已经证明等离子体纳米结构天线在提高光电导太赫兹光电子的量子效率方面非常有效。2015 年,密歇根大学的 S. H. Yang 等[8] 使用基于 GaAs 的等离子体光混频器在 1 THz 处获得较高的太赫兹输出功率(17 μW),调谐范围能够达到 2 THz 以上,如图 6-6 所示。

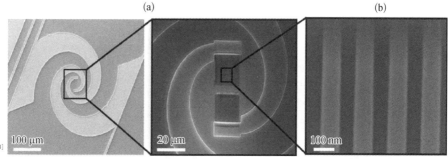

图 6-6
等离子体光混
频器的 SEM 图[8]

尽管光混频器的性能仍然有限制,但通过使用光混频器阵列和三维等离子体激元接触电极可以获得更高的太赫兹功率。2014 年,Christopher W. Berry

等[9]使用等离子体光电导发射器阵列和对数螺旋天线产生高功率脉冲太赫兹辐射。实验装置如图 6-7 所示,一个 3×3 对数螺旋天线等离子体光电导太赫兹发射器阵列被加工在低温生长的 GaAs 衬底上,脉冲太赫兹辐射记录的最高功率为 1.9 mW@0.1~2 THz,泵浦功率为 320 mW。

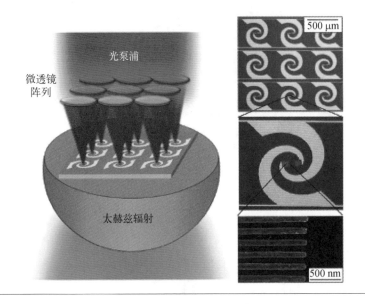

图 6-7
等离子体光电
导太赫兹发射
器阵列[9]

同年,S. H. Yang 等[10]展示了一种新型的光混频器,如图 6-8 所示。将三维等离子体接触电极嵌入光子吸收衬底,可以获得 105 μW 的太赫兹辐射功率,光泵浦功率为 1.4 mW,最高光-太赫兹转换效率为 7.5%。三维结构能够在光子

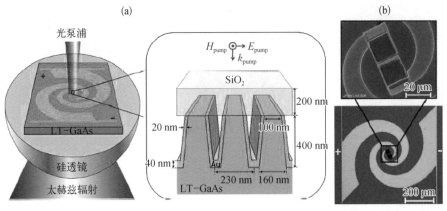

图 6-8
三维结构光混
频器[10]

吸收衬底深处产生光载流子。

6.1.2 提高泵浦激光功率

新型材料也被开发用于实现高功率、宽调谐、窄线宽的小型半导体和光纤激光器,从而可以获得高性能的光混频太赫兹辐射。目前广泛使用的太赫兹光混频器的泵浦光源主要是波长在 780～850 nm 波段的激光。在此范围内结构简单紧凑、成本低廉、输出性能优良且可调谐的单模激光器或双波长激光器是目前光混频产生太赫兹辐射的研究热点。

连续钛蓝宝石激光器的波长调谐范围较宽、光束质量较好且输出功率高,因此很多太赫兹光混频器都使用这类激光器。但这类激光系统的体积大、消耗功率大,不利于集成小型化的太赫兹光混频系统。因此,钛蓝宝石激光器并不是光混频器泵浦光源的最佳选择。

目前,激光二极管(LD)是能够满足光混频器泵浦光源的最佳选择。LD 自身的结构特点使得其线宽较窄,为了获得更加优良的输出特性,研究人员采取了多种稳频措施,比如使用可调谐外腔回馈和电子回馈装置控制注入电流的大小,可以将激光二极管的线宽压窄至几十 kHz,应用在光谱成像等场合。同时,研究人员研究将多种外腔回馈结构的双波长 LD 激光器作为光混频器的泵浦光源,如光纤光栅外腔回馈双波长激光二极管[11]、V 形镜傅里叶变换外腔返回双波长激光二极管[12]等。

研究人员利用新材料制作光混频器件,使其工作波长转移到 1 550 nm,这样就能够利用光通信研究中比较成熟的 1 550 nm 的光源技术。2006 年,巴黎第十一大学的 N. Chimot 等[13]报道将两个工作在 1.55 μm 左右的连续激光二极管进行混频,可以产生 0.8 THz 的连续辐射。测量的 3 dB 下行带宽为 300 GHz,产生的载流子寿命为 0.53 ps。检测到的信号比基于低温生长 GaAs 的光混频器低15 dB。

6.1.3 采用其他衬底材料

传统的低温生长 GaAs 材料制作的光混频器的光混频区域很小,只有 50～

$100\ \mu m^2$,这样使得泵浦功率只能是 $50\sim100\ mW$,当泵浦功率进一步提高时,将会导致器件的损伤。因此,输出太赫兹辐射的功率在 $1\ \mu W$ 量级[14]。目前,在光混频器中较常使用的材料有 GaAs、InGaAs、InGaAs 和 InAlAs 交替层以及其他的 Ⅲ-Ⅵ 半导体材料。

传统光混频器件的热损伤阈值是由衬底材料 GaAs 的导热性能决定的。基于低温生长 GaAs 光混频器,当光混频区域和衬底材料的相对温度超过 100 K 时,就会导致热损伤,而光混频区域的绝对温度并不是引起热损伤的最根本原因。因此通过改变衬底材料能够提高光混频前进的热损伤极限。已有报道使用硅作为衬底材料的光混频器,可以承受更高的泵浦光功率,获得比 GaAs 衬底材料的光混频器高两倍的输出功率;通过减小低温生长 GaAs 薄膜的厚度,并在衬底材料和低温生长 GaAs 材料之间生长一层热传导性能比 GaAs 高两倍以上的 AlAs 层,能够显著提高输出功率[15]。

离子注入 GaAs 薄膜中会产生极大的晶格缺陷。2007 年,马克斯-普朗克射电天文学研究所的 I. Cámara Mayorga 等[16]将 O 离子和 N 离子注入连续光混频,获得了较好的结果。离子注入的优势在于有可能精确控制离子注入的能量,以此来获得期望的性能,从而可以获得高可复写的光电材料。2006 年,M. Mikulics 等[17]基于 N 离子注入的 GaAs 材料,通过行波光电混频器和蝴蝶天线已经能够在 850 GHz 处测量到 $2.6\ \mu W$ 的太赫兹辐射,天线结构如图 6-9 所示。

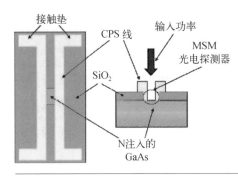
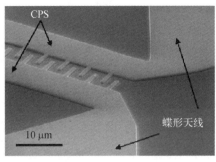

图 6-9
N 离子注入天线结构[17]

GaAs 中 ErAs 包层的增长导致了纳米级 ErAs"孤岛"的自发形成[18],因为在 ErAs 层分化成 $1\sim2\ nm$ 直径的独立纳米粒子。ErAs 岛的准金属行为导致亚皮秒载流子复合时间,使其适用于光混频材料。2000 年,Kadow[18]报道的 ErAs：GaAs 光混频器已经获得复合时间为 120 fs 和击穿电压为 200 kV/cm。2004 年,

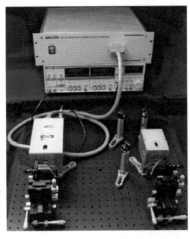

加利福尼亚大学的 J. E. Bjarnason 等[19]报道了基于 ErA：GaAs 的光混频器,太赫兹辐射的频率调谐范围是 20 GHz～2 THz,在 90 GHz 附近获得最大的输出功率 12 μW。2007 年,美国安科公司的 Joseph R. Demers 等[20]使用 ErAs：GaAs 光混频器研制了太赫兹频域光谱仪。调谐范围是 200 GHz～1.85 THz,输出功率在 100 GHz 为 10～20 μW,在 1 THz 为 2 μW。系统装置如图 6-10 所示。

图 6-10
基于光混频器的太赫兹频域光谱仪装置图[20]

基于 InGaAs 的光混频器能够使用 1.5 μm 波段的激光器作为泵浦源。InGaAs(In0.53Ga0.47As) 通常生长在 InP 基底上,该化合物的带隙为 0.74e (1.68 μm),可以利用电信波段的激光器作为泵浦源。InGaAs 基器件产生连续太赫兹辐射要运用光电二极管。在 GaAs 衬底上运用的方法也能够应用在 InGaAs 上,其中包括低温生长、离子注入方式以及 ErAs：InGaAs 纳米复合方式,这些方法都将功率限制在亚 μW 量级。p-i-n 二极管发射功率要比光导开关发射功率大几个量级。InGaAs 基 p-i-n 二极管器件结构不是平面结构,通常是由在外延层生长 p-i-n 层上刻蚀台面结构组成的。光电子和空穴在(或接近)本征层产生,各自传送到 n-和 p-型掺杂层。2011 年,德国 Fraunhofer HHI 的 Dennis Stanze 等[21]使用集成二极管天线作为太赫兹发射器,如图 6-11 所示,在 500 GHz 处获得输出功率 5 μW。该发射器的偏置电压为 2.5 V,比光电导的偏置电压低 20％以上。

在过去的 20 多年间,光混频太赫兹辐射源得到了极大的发展,钛蓝宝石推动了实验设备的发展,二极管激光器和光纤激光器的发展为使用者提供了更简单的操作流程和更灵活的处理方式。GaAs 和 InGaAs/InP 材料各有其优点。随着材料生长技术的不断发展,如 ErAs：GaAs 纳米复合材料或离子注入 GaAs

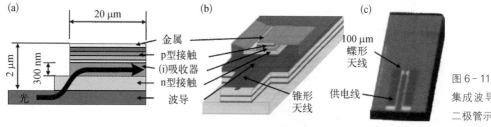

图 6‑11 集成波导光电二极管示意[21]

材料,可以获得具有极短载流子寿命(约 0.1 ps)的复合 GaAs 光混频器。InGaAs 的 p‑i‑n 二极管在绝对输出功率方面处于领先地位。单向行波二极管在 0.1 THz 时能够输出毫瓦量级,在 1 THz 时输出几十 μW 量级,其数量级比 GaAs 光混频器高 1~2 个数量级。InGaAs 材料也可以利用高度集成、技术成熟的 1.5 μm 激光器。

6.2 光泵浦高功率连续太赫兹辐射源

以 TEA CO_2 激光器泵浦甲醇分子产生太赫兹激光为例,甲醇及其同位素分子是能够获得太赫兹输出谱线最多的太赫兹增益介质,到目前为止已经发现超过 1 500 条。甲醇分子具有较大的转动角动量和较高的扭转振动态,其振动能级的吸收带中心为 1 033.9 cm^{-1},恰好位于 CO_2 激光谱线的中心,而其纯转动跃迁则落在微波或者太赫兹波段上。甲醇分子的能级系统可以简化为三能级系统,图 6‑12 是 TEA CO_2 激光泵浦甲醇气体太赫兹激光器的能级工作示意图,其中跃迁过程采用五个量子数描述,V 是振动量子数,J 是总角动量量子数,n 是—OH 根相对于—CH_3 根的扭转转动量子数,τ 是附加量子数,K 为总角动量在—CH_3 对称轴上的投影量子数。9P(36)支 CO_2 激光的输出谱线刚好处十量子数变化(V, J, n, τ, K)为(0, 16, 0, 1, 8)至(1, 16, 0, 1, 8)的吸收峰内,此时在上能级跃迁至下能级过程中,量子数变化(V, J, n, τ, K)以(1, 16, 0, 2, 7)到(1, 15, 0, 2, 7)的跃迁为主,激发产生 118.8 μm(2.52 THz)的激光激射。

图 6‑12 中,Γ_r 是转动弛豫速率,n_1、n_2、n_3 是转动能级,n_1 代表振动基态,n_2 和 n_3 是振动激发态,n_K^{gnd} 和 n_K^{exc} 是某一 K 值所对应的基态和激发态能级的工

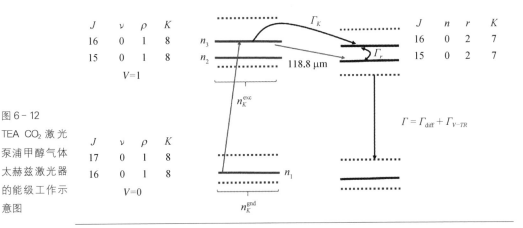

图 6-12
TEA CO$_2$ 激光
泵浦甲醇气体
太赫兹激光器
的能级工作示
意图

作分子数。Γ_K 是由于碰撞弛豫到相邻 K 值能级的速率。Γ 是分子振动退激活速率,由物质之间的退激活速率 $\Gamma_{V\text{-}TR}$ 和物质与反应池壁的退激活速率 Γ_{diff} 组成,前者表示分子能量转换成分子的机械动能,而后者表示分子能量转换为波导壁的内能。$\Gamma_{\text{diff}} = \mu_1^2 D_{\text{idiff}}^0 / pa^2$,其中 μ_1 是贝塞尔函数 J_0 的第一个零点,D_{idiff}^0 是扩散常数,a 是气体反应池半径,p 是增益气体的工作气压。

　　光泵浦气体太赫兹激光器可以使用不同的谐振腔,主要分为开放式谐振腔和波导式谐振腔。对于开放式谐振腔,激光腔壁对谐振频率产生的影响可以忽略不计,通常这类激光器是由直径较大的电介质管构成的,比如可以使用石英玻璃作为谐振腔壁。辐射太赫兹波的频率由增益气体决定。为了从激活介质中获得太赫兹辐射,需要调节反射镜间距来获得不同频率的太赫兹辐射。对给定的模式 $(p, 1)$,谐振腔长度在轴向两个连续的模式 q 和 $q+1$ 之间变化量接近 $\lambda/2$,波长 λ 对应太赫兹辐射波长。因此,通过改变谐振腔长度,太赫兹辐射频率就可以确定。增益介质带宽远小于轴向模式之间的频率间距,因此要求谐振腔长度需要精确调节到谐振频率从而得到太赫兹辐射。光泵浦气体太赫兹激光器也可以由具有金属壁波导型谐振腔构成,激光腔横向尺寸和形状决定了模式的类型,在一定程度上也会改变辐射频率。此外,还可以按照驻波谐振腔和环形谐振腔来分类。环形谐振腔能够形成行波,因此不存在空间烧孔效应,增益介质的利用率更高。然而,相对于线性驻波腔仅需要两面反射镜,环形谐振腔需要使用更多的反射镜。

使用 9～11 μm 的单谱线高功率 CO_2 激光作为泵浦源,可以实现较高转换效率(10 - 2—10 - 3)和较高功率($>$100 mW)的气体太赫兹激光器。尽管光泵浦气体太赫兹激光器不能连续调谐,其高功率和高亮度的特性还是使其在众多领域具有应用潜力,包括干涉测量、偏振测定、扫描成像、安全检查、雷达建模等。光泵气体太赫兹激光器利用中红外激光泵浦某些极性气体分子如甲醇(CH_3OH)、甲基氟(CH_3F)、二氟甲烷(CH_2F_2)、氨气(NH_3)以及这些极性分子的同位素分子,进而实现太赫兹激光的输出。早在 20 世纪 70 年代华裔学者张道源等首次报道了光泵太赫兹激光器,此类太赫兹激光的输出在众多太赫兹辐射源中处于较高的功率水平,其单支谱线的连续功率输出甚至可以超过 1 W,光泵太赫兹激光器可采用连续或脉冲方式输出,并覆盖较宽的频率范围,然而其输出波长难以实现连续可调。

光泵气体太赫兹激光器主要由泵浦激光器和太赫兹谐振腔构成,泵浦源通常选用半外腔式或全外腔式 CO_2 激光器,利用闪耀光栅进行调谐选支,以获得不同波长的激光输出。使用 CO_2 激光器泵浦的气体激光器多年来一直是产生0.3 THz以上连续相干太赫兹波的主要方法。尽管现在已经存在许多其他的太赫兹激光器,比如谐波产生源或者量子级联激光器,但目前在实验室以及商业化应用中,光泵浦气体太赫兹激光器依旧具有较大的应用潜力。该激光器的工作原理基于具有恒定电子偶极矩的分子的旋转跃迁。CO_2 激光将分子激发到一个振动能级,因此在激发振动能态的特定旋转能级间产生了集居数反转,构成一个耦合了 CO_2 激光泵浦和太赫兹辐射的四能级结构。该辐射结构简单,有大量激光激活分子,转动/振动跃迁丰富,可以从不同的 CO_2 激光器获得超过 200 条泵浦线,这都是可以产生多辐射谱线的原因。要获得高功率的连续太赫兹辐射,增益气体分子需要具有较强的振动模式和丰富的太赫兹频谱。大偶极矩的分子和小转动分配函数的分子可能对 CO_2 泵浦激光产生有效吸收,这使得增益气体对 CO_2 激光具有较大的吸收截面。另外,振动弛豫速率应该足够大从而可以减少额外激发态数量。太赫兹辐射输出单一频率的谱线,通过调谐 CO_2 激光的波长、改变增益气体的气压以及采用不同的增益气体,可以获得不同频率的太赫兹辐射。太赫兹激光谐振腔部分由泵浦光耦合输入镜、输出镜以及内壁光滑的波导管构成,激光器工作时需要控制太赫兹谐振腔保持较低的气压,通常脉冲光泵气体太赫兹激光器的工作气体在几百帕,而连续光泵气体太赫兹激光器的工作气压为十几帕。目前,由于镀膜技术和镜片材料加工技术的限制,很难实现对太赫兹激光高反射的同时对泵浦光高透的耦合输入镜,以及对泵浦光高反射的同时对太赫兹部分反射部分透过的输出镜。大部分依然采用小孔耦合的泵浦光耦合输入方式,太赫兹激光的耦合输出则可以采用小孔耦合的方式,也可采用金属网栅或砷化镓(GaAs)来进行太赫兹激光的耦合输出。

20 世纪 70 年代,美国贝尔实验室的张道源[22]等首次报道了光泵浦气体太赫兹激光器,激光的增益气体是甲基氟(CH_3F),泵浦光源采用的是工作在连续状态的可调谐 CO_2 激光器。此后,大量的增益介质被用在气体太赫兹激光器中,比如 CH_3F,CH_3OH、NH_3COOH 和 CH_2F_2,在 $0.1 \sim 8$ THz 内获得了上千条太赫兹谱线[23~27]。1978 年,Edward J. Danielewicz 等[28]分析了光泵浦气体太赫兹激光器测的机理,首次验证了使用 CH_2F_2 作为增益气体的可行性,并采用 $9.6 \ \mu m$ 的连续 CO_2 激光器泵浦 CH_2F_2 气体,获得了 12 条太赫兹谱线,转换效率达到理论量子界限的 20%。1981 年到 1986 年期间,H. Hirose 等[29~31]报道了基于 TEA-CO_2 激光腔内泵浦的 NH_3 气体的太赫兹激光器,结构如图 6-13 所示。将太赫兹谐振腔插入 TEA-CO_2 激光谐振腔内,使 CO_2 激光不输出腔外而直接用来泵浦增益气体。相比传统的外腔泵浦,腔内泵浦方式能够提高泵浦效率。此外,腔内泵浦能够将 TEA-CO_2 激光器和太赫兹激光器结合在一起,可以有效地减小光泵浦气体太赫兹激光器的体积。

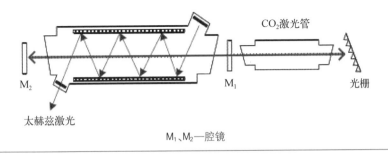

图 6-13
腔内泵浦气体
太赫兹激光器
示意图

TEA-CO_2 激光器发明之后,很快就将混合气体压强增加到 1 MPa,其中的旋转能级开始重叠,允许 $9 \sim 11 \ \mu m$ 内准连续调谐。使用这种可调谐激光器作为泵浦源,可以实现在太赫兹频谱范围内可调的辐射源。例如,1981 年,加拿大拉瓦尔大学的 Pierre Mathieu 等[32]使用 CH_3F 作为增益气体,在 $0.75 \sim 1.4$ THz 内实现超过 85% 的调谐辐射。由于许多气体都能够使用 $TEA-CO_2$ 激光来泵浦,理论上,能够在整个太赫兹频率范围产生脉冲运转的高功率可调谐辐射。与低压气体激光器相比,高压气体激光器有许多明显的不利因素,其要求系统工作气压高达 1 MPa,电压高达 100 kV。但高压气体激光器的优势是能够在 $3 \sim$ 10 THz 内产生高功率可调谐辐射。

1987 年,C. T. Gross 等[33]使用 $TEA-CO_2$ 激光泵浦 11 种气体介质,使用无谐振腔结构,获得了 203 条太赫兹谱线。1990 年,V. A. Batanov 等[34]报道了紧凑型 CO_2 激光泵浦的无腔太赫兹激光器,在不增加激光器长度时,实现了光程为 15 m 的太赫兹辐射放大。1995 年,K. Sasaki 等[35]使用 $TEA-CO_2$ 激光器泵浦 D_2O 气体太赫兹激光器,当泵浦能量为 50 J 时,可以获得 385 μm 的太赫兹辐射,输出能量达到 50 mJ。

1991 年,C. Nieswand[36]使用 $^{12}C^{16}O_2$ 激光的 9R(32)支泵浦 $^{12}CH_2F_2$ 分子,测量得到五条新的谱线。太赫兹激光器的 F-P 腔使用混合网栅作为输出耦合器,另一端包含直径 1.5 mm 小孔的镀金反射镜。1987 年,美国宇航局喷气推进实验室的 Jam Farhoomand 等[37]采用连续 CO_2 激光 9P(36)支泵浦 CH_3OH 气体得到波长为 118.8 μm 的太赫兹辐射,其实验装置如图 6-14 所示。该系统采用水冷结构,在 CO_2 激光功率为 115 W 时,获得太赫兹辐射功率为 750 mW 左右,充入缓冲气体 He 后,在连续泵浦功率为 125 W 时得到 1.25 W 的太赫兹激光输出,功率转换效率可以达到 1%,是目前泵浦效率最高的连续输出光泵太赫兹激光器。由于某些太赫兹增益气体的振动能级的弛豫速率,使得粒子在激光下能长时间停留而不能迅速返回基态,从而导致太赫兹激光能量的下降。这种现象被称为光泵浦气体太赫兹激光器的瓶颈效应。在增益气体中添加合适的缓冲气体,能够为解决这种瓶颈效应提供可行的方法。但在实际应用中,可供选择的缓冲气体的种类很少,绝大多数光泵浦气体太赫兹激光器都难以找到合适的缓冲气体,因此这种方法不易推广。

1995 年,德国埃尔朗根-纽伦堡大学高频技术实验室的 Michael Raum 等[38]

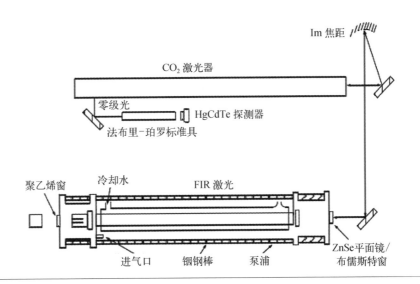

图 6- 14
CO₂ 激光泵浦
气体太赫兹激
光器结构[37]

展示了基于环形腔结构的 CO_2 激光泵浦的气体太赫兹激光器,实验装置如图
6-15 所示。通过共焦透镜小孔耦合方式将泵浦光耦合至太赫兹振荡器,太赫兹
波通过 3 mm 的聚乙烯镜输出,使用 9P(36) 的 CO_2 激光泵浦 CH_3OH 气体,当泵
浦功率为 22 W、工作气压为 17 Pa 时,得到 30 mW 的太赫兹辐射。

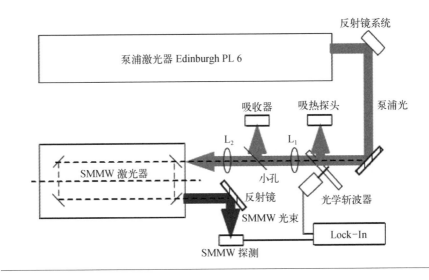

图 6- 15
基于环形腔结
构的 CO₂ 激光
泵浦气体太赫
兹激光器[38]

1999 年,意大利的 A. Bertolini 等[39] 使用波导 CO_2 激光器泵浦 $H^{13}COOH$,
得到了 16 条新的太赫兹辐射谱线,波长范围是 185.3～1 219.9 μm。2004 年,巴

西坎皮纳斯州立大学的 L. F. L. Costa 等[40]使用连续运转的 CO_2 激光泵浦 CH_3OD 分子,获得的频率调谐范围是 300 MHz,共发现了 17 条新的太赫兹辐射谱线。同年,意大利比萨大学物理系的 A. De Michele 等[41]采用脉冲 CO_2 激光器泵浦 $^{13}CH_3OH$ 增益介质,获得太赫兹波最高峰值功率达到几千瓦,并且探测到了 17 条新的太赫兹激光谱线。2008 年,该课题组的 R. C. Viscovini 等[42]使用 $^{13}CO_2$ 激光泵浦 DCOOD 气体,获得了 6 条 THz 辐射谱线,谱线范围是 0.413~0.987 THz。2011 年,A. De Michele 等[43]使用 CO_2 激光泵浦 $^{13}CD_3I$ 获得新的太赫兹谱线。2012 年,M. Jackson 等[44]首次将 $^{17}CH_3OH$ 作为激光增益介质,采用 CO_2 激光泵浦产生太赫兹波,输出了 12 条新的太赫兹谱线,进一步拓宽了太赫兹输出范围。2014 年,S. Ifland 等[45]使用横向 CO_2 激光器泵浦 $^{13}CHD_2OH$ 气体,在 106.4~700.3 μm 内产生了 43 条新的太赫兹谱线。同年,M. Jackson 等[46]使用横向"Z"型谐振腔结构泵浦 CH_3OH、CH_2F_2 和 CD_3I 三种增益气体,在实验中发现了 9 条新的谱线。将泵浦激光按照一定的角度入射到太赫兹谐振腔内,泵浦光传播路径与太赫兹激光路径将在空间上分离,因此在这种谐振腔中不需要使用二色片,由于泵浦激光的路径类似于"Z"型,因此这种结构的谐振腔也可以叫作"Zig-Zag 腔"。对于"Zig-Zag"型的太赫兹激光谐振腔,使用精密抛光或者镀全反膜,波导管的内壁都无法使得 CO_2 激光的反射率达到 100%。因此,当 CO_2 泵浦光的反射次数增加时,会造成泵浦光的损耗,从而对产生太赫兹辐射造成不利影响。此外,这种谐振腔结构还会导致增益气体泵浦的不均匀性。

我国对光泵浦气体太赫兹激光器的研究在不断进行。1979 年,中国科学院上海光学精密机械研究所的傅恩生等[47]实现了国内第一台光泵浦气体太赫兹激光器,使用 6 W 连续的 CO_2 激光器泵浦甲基氟,获得波长为 496 μm 的太赫兹辐射,功率为 0.1 mW。1981 年,中国科学院电子学研究所的刘世明等[48]报道了使用 TEA - CO_2 激光泵浦甲基氟和重水气体产生太赫兹辐射的研究。自 1989 年到 2014 年,中山大学的郑兴世、罗锡璋、秦家银等从理论和实验方面对 TEA 脉冲 CO_2 激光泵浦 NH_3、D_2O 以及 CH_3OH 气体产生太赫兹辐射进行了研究。1990 年,罗锡璋、郑兴世等[49]从实验上对单模和多模激光泵浦 NH_3 产生太赫兹辐射进行了研究。1997 年,黄晓等[50]对光栅调谐 TEA - CO_2 激光泵浦 10 cm 和

20 cm 长的工作腔产生太赫兹辐射进行了研究,获得了小型化太赫兹激光器的光谱特点。1998 年,秦家银等[51]使用一对电感性金属网栅作为谐振腔镜,并分别采用 TEA - CO_2 激光器的 10R(8) 和 9R(16) 支作为泵浦光源,通过泵浦 NH_3 获得太赫兹辐射。金属网栅的厚度一般在微米量级,因此通常需要使用其他输入-输出窗口对系统进行真空密封处理;并且金属网栅镜的平面度和平行度较差,会导致谐振腔的安装和调整不方便。另外,金属网栅对泵浦激光的透射率较低,只能将部分的 CO_2 激光耦合到太赫兹增益区,从而使得泵浦效率较低。

2006 年,天津大学何志红等[52]利用横向 CO_2 激光器泵浦 D_2O 产生太赫兹激光,在实验和理论方面分析了泵浦能量和压强等对太赫兹波输出的影响。2008 年,何志红等[53,54]设计了一种紧凑型超辐射的光泵浦 D_2O 的太赫兹激光器,通过半经典理论,数值分析并研究了腔长与输出功率的关系。2009 年前后,哈尔滨工业大学的耿利杰[55]进行了光泵浦 D_2O 的太赫兹激光器的实验研究。2013 年,耿利杰等[56]采用改进的横向 CO_2 激光器泵浦 D_2O,获得了更高的输出能量。石英二色分束片能够同时实现对泵浦光 90% 的高反以及对 385 μm 激光 75% 的高透,从而可以提高光泵浦 D_2O 气体的太赫兹激光器的转化效率。当泵浦能量是 1.41 J 时,在 385 μm 处获得的单脉冲能量达到 7.4 mJ,光子转换效率为 44%,实验装置如图 6 - 16 所示。当 CO_2 激光的 9R(22) 支以一定角度入射至

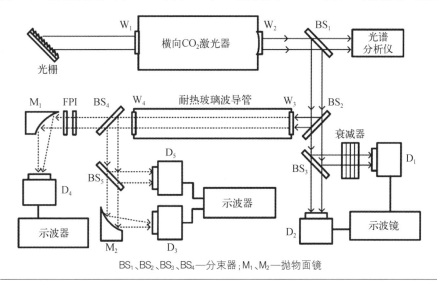

图 6 - 16
光泵浦气体太赫兹激光器实验装置[56]

BS_1、BS_2、BS_3、BS_4—分束器;M_1、M_2—抛物面镜

石英晶片的表面时,可以实现石英晶片对该波长80%以上的反射率。根据这一特殊性质,基于45°放置的石英晶片设计太赫兹谐振腔能够获得高效率的光泵浦D_2O气体太赫兹激光器。但使用CO_2激光的其他支线入射到石英二色分束片时,反射率会大大降低。因此石英二色分束片只适用于光泵浦D_2O气体太赫兹激光器而不能推广到其他波长的光泵浦气体太赫兹激光器。

华中科技大学的程祖海、左都罗等和哈尔滨工业大学两个课题组对高能量CO_2泵浦气体太赫兹激光器进行了研究,主要从泵浦源、太赫兹工作腔、实验以及测试技术等方面展开研究。2009年,祁春超等[57]研究了长脉冲泵浦太赫兹激光,实现了约30倍的放大系数。2010年,祁春超等[58]将电容性金属网栅刻蚀在ZnSe窗片和高阻硅片表面,获得了由两个带衬底的金属网栅组成的F-P腔。当9R(16)支泵浦能量为402 mJ时,获得了脉冲能量为1.35 mJ的90 μm辐射。同年,田兆硕等[59]报道了高重频全金属CO_2泵浦CH_3OH的气体太赫兹激光器,实验装置如图6-17所示,该系统使用小孔耦合方式作为CO_2激光和太赫兹辐射的输入-输出方式,使用射频波导CO_2激光的9P(36)支泵浦CH_3OH气体,能够获得重频5 kHz的太赫兹辐射。分别在泵浦入射窗口之后和太赫兹输出窗口之前放置小孔耦合镜,太赫兹激光在两个小孔耦合镜之间振荡。小孔耦合镜的内表面镀有全反膜,通过改变孔径的大小实现激光振荡反馈调节。为了获得

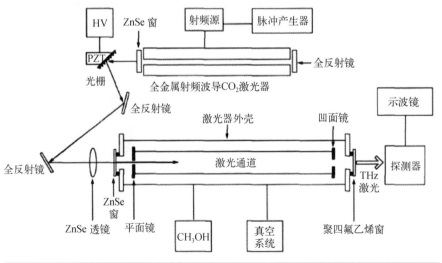

图6-17 CO_2激光泵浦全金属CH_3OH气体太赫兹激光器实验装置[59]

较高的振荡效率,小孔的通光孔径通常非常小。小孔耦合方式的有效泵浦区域较小,能量转换效率很低,且输出的太赫兹辐射的发散角较大。

2010年,纠智先等[60]实验研究了高效 TEA-CO_2 激光泵浦 CH_3OH 气体产生太赫兹辐射,获得 1.36% 和 0.705% 的光子转化效率。同时进行了高能量、高效率光泵浦 NH_3 产生太赫兹辐射的研究[61]。同年,苗亮等[62]使用镀膜的锗和石英标准具作为 CO_2 激光泵浦 NH_3 的太赫兹激光器谐振腔的输入和输出耦合窗口,获得光子转化效率为 35.3%。2011年,苗亮等[63]实验中使用 32 mJ 可调谐 TEA-CO_2 激光泵浦 NH_3 获得 204 mJ 的太赫兹辐射,并将该激光器应用于透视成像实验中。2014年,哈尔滨工业大学的张延超[64]使用光栅选支直流放电斩波调 Q 的 CO_2 激光器作为泵浦源,重频为 20 kHz,分别使用 9R(31)、9R(34)、9P(10)、9P(22)、9P(20)、9R(20)、9R(06)泵浦 CH_2F_2,获得最高的平均功率为 14 mW,峰值功率为 3.5 W。

2009年,日本会津大学的 Alexander A. Dubinov 等在太赫兹激光器的基础上提出了光泵浦石墨烯层和法布里-珀罗型的谐振腔来产生太赫兹激光,通过改变反射镜之间的距离对产生太赫兹波的频率和输出功率进行调整。2013年前后,山东科技大学的张会云、张玉萍课题组[65~68]在 TEA 及连续 CO_2 激光泵浦气体波导产生太赫兹波方面进行了研究。

在提高输出功率及拓展输出频率的同时,对太赫兹辐射稳定控制的研究也在同步进行着。1997年,S. R. Stein 等[69]使用 Stark 效应实现太赫兹激光器频率的快速调谐,Stark 场横向作用于激光的增益介质,其大小根据分子跃迁的有效宽度发生改变。实验系统如图 6-18 所示。使用 Stark 效应能够避免在腔内引入插入损耗,能够实现高速调制,调制速度仅与腔内光子寿命相关。

1980年,德国的 C. O. Weiss 等[70]最先利用注入高度稳定低功率的相干合成信号实现光泵浦 HCOOH 气体远红外激光的稳定控制,结合太赫兹波段的特点进行了理论分析。1983年,埃尔朗根-纽伦堡大学的 J. Jirmann 等[71]首次对 CO_2 激光泵浦频率和红外激光器腔长同时控制,分别使用增益气体 HCOOH 和 CH_3OH 来验证稳定控制系统,功率漂移仅为 1%。2013年,日本中部大学的 K. Nakayama 等[72]使用基于 Stark 效应调制的 CO_2 激光器泵浦 CH_3OD 气体,系统

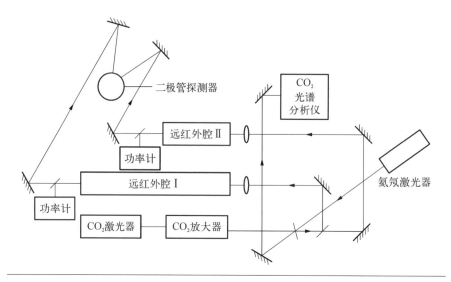

图 6 - 18
基于 Stark 效
应的激光器结
构示意图[69]

示意图如图 6 - 19 所示。太赫兹激光器谐振腔由一个 ZnSe 输出镜和镀铝的闪耀光栅组成,将一级衍射输出作为泵浦光泵浦太赫兹增益气体,零级衍射光作为参考反馈信号反馈给控制系统。在 Stark 室内安装两个平行的铝电极板,使得其场方向垂直于 CO_2 激光的电场矢量。透射光和 Stark 调制光由热释电探测器探测,信号反馈给锁相稳定器,控制压电陶瓷的位移。泵浦光平均功率经过稳定

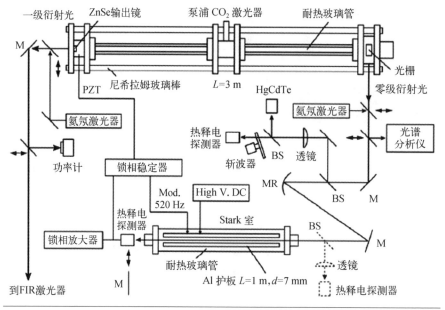

图 6 - 19
Stark 效应稳定
控制激光器系
统示意图[72]

控制后的结果是(108 ± 0.6)W/h,射频在支线中心处的稳定性能够保持在±230 kHz$_{\text{p-p}}$/h。

目前,国内外已经有多种科研及商业应用的气体太赫兹激光器。美国加州理工学院喷气推进实验室使用CO_2激光泵浦增益气体,在2.52 THz处产生的功率达到1.25 W,该光源用于美国国家反场箍缩磁约束聚变实验装置(NSTX)。日本核融合科学研究所使用多图层硅耦合方式,在57.2 μm和47.6 μm处分别获得1.6 W和0.8 W的输出。英国爱丁堡仪器公司研发了FIR系列的太赫兹激光器,在1~5 THz可调,在2.52 THz处获得最大的输出功率500 mW,已经商业化应用。美国相干公司研发的太赫兹激光器已经应用在美国国家航空航天局AURA卫星以及南极天文台。国内的中国科学院合肥物质科学研究院、核工业西南物理研究院、华中科技大学等单位分别从美国相干公司定制了三台气体太赫兹源设备作为核物理实验的测量配套设备。中国工程物理研究院也在光泵浦气体太赫兹激光器的研究方面取得较大进展,可以实现150 mW的太赫兹输出,生产的样机已经有多家单位在试用。

光泵浦气体太赫兹激光器最大的缺点是由CO_2激光器及反应管造成的大尺寸。为了克服这些问题,研究人员进行了许多的研究。2016年,Pagies等提出了一种低阈值、相对紧凑的NH_3气体激光器,由10.3 μm附近的量子级联激光器泵浦,在1.07 THz附近获得几十毫瓦的输出。空芯光纤和光子晶体光纤具有轻便、灵活和低限制损耗等优点,可以用作紧凑太赫兹气体激光器的反应管[73,74],模型示意图如图6-20所示。2019年,天津大学孙帅[75]等报道了一种基于空芯

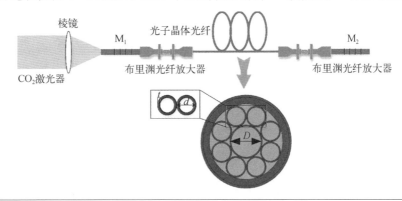

图6-20
基于微结构光纤的气体太赫兹激光器的模型示意图[74]

镀金石英光纤的光泵浦气体太赫兹光纤激光器,验证了光泵气体太赫兹激光器光纤化的可行性。

参考文献

[1] Brown E R, Smith F W, Mcintosh K A. Coherent millimeter-wave generation by heterodyne conversion in low-temperature-grown GaAs photocon[J]. Journal of Applied Physics, 1993, 73(3): 1480 - 1484.

[2] Brown E R, McIntosh K A, Smith F W, et al. Measurements of optical-heterodyne conversion in low-temperature-grown GaAs[J]. Applied Physics Letters, 1993, 62(11): 1206 - 1208.

[3] Brown E R, McIntosh K A, Nichols K B, et al. Photomixing up to 3.8 THz in low-temperature-grown GaAs[J]. Applied Physics Letters, 1995, 66(3): 285 - 287.

[4] Saeedkia D. Handbook of terahertz technology for imaging, sensing and communications[M]. Cambridge: Woodhead Publishing, 2013.

[5] Saeedkia D, Majedi A H, Safavi-Naeini S, et al. Analysis and design of a photoconductive integrated photomixer/antenna for terahertz applications[J]. IEEE Journal of Quantum Electronics, 2005, 41(2): 234 - 241.

[6] Montero-de-Paz J, Ugarte-Muñoz E, García-Muñoz L E, et al. Meander dipole antenna to increase CW THz photomixing emitted power[J]. IEEE Transactions on Antennas & Propagation, 2014, 62(9): 4868 - 4872.

[7] Berry C W, Hashemi M R, Preu S, et al. Plasmonics enhanced photomixing for generating quasi-continuous-wave frequency-tunable terahertz radiation[J]. Optics Letters, 2014, 39(15): 4522 - 4524.

[8] Yang S H, Jarrahi M. Frequency-tunable continuous-wave terahertz sources based on GaAs plasmonic photomixers [J]. Applied Physics Letters, 2015, 107(13): 131111.

[9] Berry C W, Hashemi M R, Jarrahi M. Generation of high power pulsed terahertz radiation using a plasmonic photoconductive emitter array with logarithmic spiral antennas[J]. Applied Physics Letters, 2014, 104(8): 284 - 2327.

[10] Yang S H, Hashemi M R, Berry C W, et al. 7.5% optical-to-terahertz conversion efficiency through use of three-dimensional plasmonic electrodes[C] // Lasers and Electro-Optics. IEEE, 2014: 1 - 2.

[11] 李祖安.基于双波长激光器的新型 THz 产生技术研究[D].武汉:华中科技大学,2007.

[12] Hoffnlann S, Hofnlann M. Generation of Terahertz radiation with two color

semiconductor lasers. Laser & Photonics Reviews, 2007, 1(1): 44 - 56.

[13] Chimot N, Mangeney J, Crozat P, et al. Photomixing at 1.55 microm in ion-irradiated In(0.53)Ga(0.47)As on InP[J]. Optics Express, 2006, 14(5): 1856.

[14] Verghese S, McIntosh K A, Brown E R. Highly tunable fiber-coupled photomixers with coherent terahertz output power. IEEE Transactions on Microwave Theory and Techniques, 1997, 45(8): 1301 - 1309.

[15] Saeedkia D, Mansour R R, Safavi-Naeini S. The interaction of laser and photoconductor in a continuous-wave terahertz photomixer[J]. IEEE Journal of Quantum Electronics, 2005, 41(9): 1188 - 1196.

[16] Mayorga I C, Michael E A, Schmitz A, et al. Terahertz photomixing in high energy oxygen- and nitrogen-ion-implanted GaAs[J]. Applied Physics Letters, 2007, 91(3): 31107(1 - 3).

[17] Mikulics M, Marso M, Stancek S, et al. Terahertz-radiation photomixers on nitrogen-implanted GaAs [C] // International Conference on Advanced Semiconductor Devices and Microsystems. IEEE, 2006: 117 - 120.

[18] Kadow C, Jackson A W, Gossard A C, et al. Self-assembled ErAs islands in GaAs for optical-heterodyne THz generation[J]. Applied Physics Letters, 2000, 76(24): 3510 - 3512.

[19] Bjarnason J E, Chan T L J, Lee A W M, et al. ErAs: GaAs photomixer with two-decade tunability and 12 μW peak output power[J]. Applied Physics Letters, 2004, 85(18): 3983 - 3985.

[20] Demers J R, Logan R T, Brown E R. An optically integrated coherent frequency-domain THz spectrometer with signal-to-noise ratio up to 80 dB[C] // IEEE International Topical Meeting on Microwave Photonics. IEEE, 2007: 92 - 95.

[21] Stanze D, Deninger A, Roggenbuck A, et al. Compact cw terahertz spectrometer pumped at 1.5 μm Wavelength[J]. Journal of Infrared Millimeter & Terahertz Waves, 2011, 32(2): 225 - 232.

[22] Chang T Y, Bridges T J. Laser action at 452, 496, and 541 μm in optically pumped CH_3F[J]. Optics Communications, 1970, 1(9): 423 - 426.

[23] Chantry G W. Long-wave optics: the science and technology of infrared and near-millimetre waves[M]. London: Academic Press, 1984.

[24] Mukhopadhyay I, Singh S. Optically pumped far infrared molecular lasers: Molecular and application aspects[J]. Spectrochim Acta Part A-Mol Biomolec Spectr, 1998, 54(3): 395 - 410.

[25] Dodel G. On the history of far-infrared (FIR) gas lasers: Thirty-five years of research and application[J]. Infrared Physics and Technology, 1999, 40(3): 127 - 139.

[26] 苗亮.高能量光泵太赫兹气体激光器研究[D].武汉: 华中科技大学,2012.

[27] 刘闯.高效率光泵 CH_3F 气体 192 μm 太赫兹激光器研究[D].哈尔滨: 哈尔滨工业大学,2016.

[28] Danielewicz E J, Weiss C. New efficient CW far-infrared optically pumped CH_2F_2 laser[J]. IEEE Journal of Quantum Electronics, 1978, 14(10): 705 – 707.

[29] Hirose H, Kon S. Compact, high-power FIR NH_3 laser pumped in a CO_2 laser cavity[J]. IEEE Journal of Quantum Electronics, 1986, 22(9): 1600 – 1603.

[30] Hirose H, Kon S. Compact, high power FIR NH_3 laser pumped in a three mirror CO_2 laser cavity[J]. International Journal of Infrared and Millimeter Waves, 1984, 5(12): 1571 – 1579.

[31] Hirose H, Matsuda H, Kon S. High power FIR NH_3 laser using a folded resonator[J]. International Journal of Infrared and Millimeter Waves, 1981, 2(6): 1165 – 1176.

[32] Mathieu P, Izatt J R. Continuously tunable CH_3F Raman far-infrared laser[J]. Optics Letters, 1981, 6(8): 369 – 371.

[33] Gross C T, Kiess J, Mayer A, et al. Pulsed high-power far-infrared gas lasers: Performance and spectral survey[J]. IEEE Journal of Quantum Electronics, 1987, 23(4): 377 – 384.

[34] Batanov V A, Fleurov V B, Khlebnikov O M, et al. Compact Raman CH_3F, NH_3 optically pumped FIR laser[J]. International Journal of Infrared and Millimeter Waves, 1990, 11(3): 35 – 442.

[35] Sasaki K, Takahashi O, Takada N, et al. High-resolution spectral measurements of the stimulated Raman emission from optically-pumped D_2O vapor[J]. Optics Communications, 1995, 113(4): 535 – 540.

[36] Nieswand C. New cascade laser transitions in CH_2F_2 pumped with the 9R32 line of a cw CO_2 laser[J]. International Journal of Infrared &. Millimeter Waves, 1991, 12 (12): 1487 – 1492.

[37] Farhoomand J, Pickett H M. Stable 1.25 watts CW far infrared laser radiation at the 119 μm methanol line[J]. International Journal of Infrared and Millimeter Waves, 1987, 8(5): 441 – 447.

[38] Raum M. Design of a 2.5 THz submillimeter wave laser with optical pump beam guiding[J]. International Journal of Infrared and Millimeter Waves, 1995, 16(12): 2147 – 2161.

[39] Bertolini A, Carelli G, Massa C A, et al. The $H^{13}COOH$ optically pumped laser: new large offset FIR laser emissions and assignments[J]. Infrared Physics &. Technology, 1999, 40(1): 33 – 36.

[40] Costa L F L, Cruz F C, Moraes J C S, et al. New far-infrared laser lines from CH_3OD methanol deuterated isotope[J]. IEEE Journal of Quantum Electronics, 2004, 40(7): 946 – 948.

[41] De Michele A, Bousbahi K, Carelli G, et al. The $^{13}CH_3OH$ far-infrared laser: new lines and assignments[J]. Infrared Physics &. Technology, 2004, 45(4): 243 – 248.

[42] Viscovini R C, Moraes J C S, Costa L F L, et al. DCOOD optically pumped by a $^{13}CO_2$ laser: new terahertz laser lines[J]. Applied Physics B, 2008, 91(3 – 4): 517 – 520.

[43] Michele A D, Moretti A, Pereira D. Optically pumped $^{13}CD_3$ I: new TeraHertz laser transitions [J]. Applied Physics B: Lasers and Optics, 2011, 103 (3): 659 – 662.

[44] Jackson M, Nichols A J, D'Artagnon R W, et al. First laser action observed from optically pumped $CH_3^{17}OH$[J]. IEEE Journal of Quantum Electronics, 2012, 48 (3): 303 – 306.

[45] Ifland S, McKnight M, Penoyar P, et al. New far-infrared laser emissions from optically pumped $^{13}CHD_2OH$[J]. IEEE Journal of Quantum Electronics, 2014, 50 (1): 23 – 24.

[46] M Jackson, H Alves. New cw optically pumped far-infrared laser emissions generated with a transverse or "Zig-Zag" Pumping Geometry [J]. Journal of Infrared, Millimeter, and Terahertz Waves, 2014, 35(3): 282 – 287.

[47] 傅恩生, 蔡惟泉, 王忠志, 等. 光抽运甲基氟远红外激光器[J]. 中国激光, 1979(12): 14 – 17.

[48] 刘世明, 周锦文, 武亿文, 等. 光泵 CH_3F 和 D_2O 远红外脉冲激光器[J]. 电子学通讯, 1981, 3(2): 128 – 128.

[49] 罗锡璋, 郑兴世, 丘秉生, 等. 多纵模光泵远红外激光的实验研究[J]. 红外研究, 1990, 9(6): 431 – 434.

[50] Huang X, Qin J Y, Zheng X S, et al. Experimental study on miniature pulsed CH_3OH far-infrared laser [J]. Journal of Infrared, Millimeter and Terahertz Waves, 1997, 18(3): 619 – 625.

[51] 秦家银, 郑兴世, 罗锡璋, 等. 金属网栅耦合的光泵腔式亚毫米波激光器[J]. 电子学报, 1998, 26(11): 42 – 45.

[52] 何志红. 光泵重水气体分子产生 THz 激光辐射技术的研究[D]. 天津: 天津大学, 2007.

[53] 何志红, 姚建铨, 时华锋, 等. 光泵重水气体产生 THz 激光的半经典理论分析[J]. 物理学报, 2007, 56(10): 5802 – 5807.

[54] 何志红, 姚建铨, 任侠, 等. 紧凑型超辐射光泵重水气体 THz 激光器的研制[J]. 光电子·激光, 2008, 19(1): 34 – 37.

[55] 耿利杰. 光泵 D_2O 气体太赫兹激光器的实验研究[D]. 哈尔滨: 哈尔滨工业大学, 2009.

[56] Geng L, Qu Y, Zhao W, et al. High efficient, intense and compact pulsed D_2O terahertz laser pumped with a TEA CO_2 laser[J]. Journal of Infrared, Millimeter and Terahertz Waves, 2013, 34(12): 780 – 786.

[57] 祁春超, 左都罗, 孟凡奇, 等. 基于光放大的长脉冲抽运太赫兹激光[J]. 物理学报, 2009, 56(7): 4641 – 4646.

[58] Qi C C, Zuo D L, Lu Y Z, et al. A 1.35 mJ ammonia Fabry-Perot cavity terahertz pulsed laser with metallic capacitive-mesh input and output couplers[J]. Optics and Lasers in Engineering, 2010, 48(9): 888 – 892.

[59] 田兆硕, 王静, 费非, 等. 光抽运全金属太赫兹激光器研究[J]. 中国激光, 2010, 37

(9)：2323 – 2327.

[60] Jiu Z X，Zuo D L，Miao L，et al. An efficient pulsed CH_3OH terahertz laser pumped by a TEA CO_2 laser[J]. Chinese Physics Letters,2010,27(2)：117 – 119.

[61] Jiu Z X，Zuo D L，Miao L，et al. An efficient high-energy pulsed NH_3，terahertz laser[J]. Journal of Infrared Millimeter & Terahertz Waves，2010，31(12)：1422 – 1426.

[62] Miao L，Zuo D，Jiu Z，et al. An efficient cavity for optically pumped terahertz lasers[J]. Optics Communications，2010，283(16)：3171 – 3175.

[63] 苗亮,左都罗,纠智先,等.200 mJ 光泵浦氨气太赫兹激光器[J].强激光与粒子束，2011,23(10)：002565 – 2568.

[64] 张延超.高重频光泵脉冲太赫兹激光器及稳定控制研究[D].哈尔滨：哈尔滨工业大学,2014.

[65] 刘蒙.高效率光抽运气体波导产生 THz 激光的研究[D].青岛：山东科技大学,2014.

[66] 张会云,刘蒙,张玉萍,等.连续波抽运气体波导产生太赫兹激光的理论研究[J].物理学报,2014,63(2)：80 – 87.

[67] 张会云,刘蒙,张玉萍,等.基于振动弛豫理论提高光抽运太赫兹激光器输出功率的研究[J].物理学报,2014,63(1)：99 – 105.

[68] 张会云,刘蒙,尹贻恒,等.基于格林函数法研究金属线栅在太赫兹波段的散射特性[J].物理学报,2013,62(19)：194207 – 194207.

[69] Stein S R，Risley A S，Van d S H，et al. High speed frequency modulation of far infrared lasers using the Stark effect[J]. Applied Optics，1977，16(7)：1893 – 1896.

[70] Weiss C O，Bava E，De Marchi A，et al. Injection locking of an optically pumped FIR laser[J]. 1980,16(5)：498 – 499.

[71] Jirmann J，Schuster M R，Bauer G. A new stabilization system for optically pumped cw far infrared lasers[J]. International Journal of Infrared & Millimeter Waves，1983，4(3)：311 – 320.

[72] Nakayama K，Okajima S，Akiyama T，et al. Frequency stabilization of a pump 9R (8) CO_2，laser for simultaneously oscillated 5.2 – and 6.3 – THz CH_3OD lasers [C]// International Conference on Infrared，Millimeter，and Terahertz Waves. IEEE，2013：1 – 2.

[73] Nampoothiri A V V，Jones A M，Fourcade-Dutin C，et al. Hollow-core optical fiber gas lasers (HOFGLAS)：A review [Invited]. Optical Materials Express，2012,2(7)：948 – 961.

[74] Yan D，Zhang H，Xu D，et al. Numerical study of compact terahertz gas laser based on photonic crystal fiber cavity[J]. Journal of Lightwave Technology，2016，34(14)：3373 – 3378.

[75] Shuai S，et al. Optically pumped gas terahertz fiber laser based on gold-coated quartz hollow-core fiber[J]. Applied Optics，2019,58(11)：2828 – 2831.

7

太赫兹生物医学应用

太赫兹波是频率位于红外和微波之间的电磁波,是电子学向光子学过渡的波段。最近几年,随着太赫兹波产生和检测技术日趋成熟,太赫兹技术在通信、天文学、物理化学、国防安全、生命科学等领域被广泛探索,并对各个领域产生了深远的影响。尤其在生物医学检测领域,由于其独特的电磁特性,太赫兹波谱与成像检测技术已成为当前交叉前沿学科的热点之一。利用太赫兹波对生物组织进行无标记检测是目前的研究前沿,利用太赫兹波的物理性质,例如对水强吸收、蛋白质特征谱等,研究太赫兹波与生物组织相互作用的机理与过程,可以揭示生物组织复杂的内部信息。因此太赫兹波已成为生物医学检测领域的有效手段之一,具有极大的发展应用潜力。

7.1 太赫兹与物质相互作用

随着太赫兹波谱检测技术的发展和应用,由于太赫兹波独特的电磁特性,太赫兹波成像技术成为一种非常有潜力的生物医学检测工具,尤其是用于检测不同类型生物组织及其病灶。太赫兹波与生物组织相互作用的理论与模型的研究是实现太赫兹波生物组织检测的理论基础。

7.1.1 太赫兹波与生物组织的相互作用分析

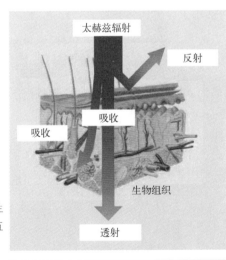

图 7-1
太赫兹波与生物组织相互作用

如图 7-1 所示,当太赫兹波与生物组织相互作用时,主要发生的作用包括反射、吸收和散射,最后只有部分太赫兹波透过了生物组织。可以根据不同过程中太赫兹波传播特性改变的原因把这些作用分成两类。第一类是反射和吸收,太赫兹波与生物组织相互作用时其反射和吸收主要受生物组织的介电特性影响,在光谱学中研究人员也常常用生物组织在太赫兹波段的折射率和吸收系数表征。第二类是散射,太赫兹波在生物组织中的散射特性主要由太赫兹波的波长和组织内细胞尺寸及结构决定。这些作用的强度在不同种类生物组织和不同状态的同种类生物组织中会由于组织介电特性和细胞结构的不同而产生差异。目前的研究表明,对于新鲜的生物组织,由于组织内含有大量的水分和生物大分子,太赫兹波与生物组织相互作用过程中吸收起主导作用[1]。对于低温冰冻的组织或者脱水后的石蜡包埋组织,其对太赫兹波的吸收比新鲜组织小,作用过程中组织的细胞尺寸和结构对太赫兹波的影响相对更大[2]。与可见光和红外光相比,由于太赫兹波的波长较长,因此其在生物组织中的散射相对较弱。

综合上述分析,太赫兹波与生物组织作用时,太赫兹波的传播特性主要由两个方面决定:生物组织在太赫兹波段的介电特性、生物组织细胞尺寸和结构。

7.1.2 太赫兹波与生物组织相互作用的介电模型

根据麦克斯韦方程组,电磁波在物质中传播时对其传播特性有直接影响的主要是介电常数、电导率和磁导率[3]。对于生物组织而言,其相对磁导率是常数,接近 1。因此,太赫兹波与生物组织相互作用过程中介电常数和电导率是主要影响因素。在大多数生物组织中水分占有较大的比例,这是研究生物组织太赫兹波段介电特性的基础[4]。

德拜模型是一种原子振动模型,最初被用于计算固体热容。1912 年,德拜认为热容是原子各种频率振动的总和,所以改进了爱因斯坦模型,其实验结果与建立的模型符合得很好。在德拜模型中,把物质的原子排列成晶体点阵,将其看作连续弹性媒质。在三维空间中,组成物质的 N 个原子集体振动的效果相当于 $3N$ 个不同频率的独立线性振子的集合。

当前研究表明,在低频段生物组织的介电常数可以用一阶德拜方程很好地进行描述,而当频率大于 0.1 THz 时,需要采用德拜弛豫方程,其表达为[5]

$$\varepsilon = \varepsilon_\infty + \sum_{n=1}^{N} \frac{\Delta\varepsilon}{1 + j\omega\tau_n} \tag{7-1}$$

式中,$\Delta\varepsilon$ 为 n 次德拜弛豫过程中的介电色散。高阶德拜模型可以用于分析含水量较高的生物组织的介电特性,其中应用最广泛的是二阶德拜方程(也有很多学者称为双德拜方程)。二阶德拜方程最早用于液态水的介电特性建模[6],后来,研究人员将其用于含水量较高的生物组织在太赫兹波段的介电分析[7]。比如,对于皮肤组织,其含水量在70%左右,可以采用二阶德拜方程对其太赫兹波段的介电常数实现精确计算[8]。对于含水量相对更高的组织,需要在式(7-1)的基础上添加电导率项进行计算,表达式为[9]

$$\varepsilon = \varepsilon_\infty + \sum_{n=1}^{N} \frac{\Delta\varepsilon}{1+j\omega\tau_n} + \frac{\delta}{j\omega\varepsilon_0} \qquad (7-2)$$

式中,ε_0 是真空环境下的绝对介电常数;δ 为相对电导率。而在含水量比较少、具有复杂结构和组分的组织中,由于非一阶分子动力学过程和多弛豫过程重叠会存在色散展宽,其过程可以在德拜方程基础上添加一系列分布参数进行解决,称为 Cole-Cole(C-C)公式,表达式为[10]

$$\varepsilon = \varepsilon_\infty + \sum_{n=1}^{N} \frac{\Delta\varepsilon}{1+(j\omega\tau_n)^{1-\alpha_n}} + \frac{\delta}{j\omega\varepsilon_0} \qquad (7-3)$$

式中,α_n 为 n 阶色散展宽的分布参数。对于含水量特别低的组织,如脂肪等需要考虑非德拜弛豫过程,可以采用 Havriliak-Negami(H-N)关系通过引入两个指数 α 和 β 获得更一般化的公式[11]

$$\tilde{\varepsilon} = \varepsilon_\infty + \frac{\varepsilon_s - \varepsilon_\infty}{\left[1+(j\omega\tau)^\alpha\right]^\beta} \qquad (7-4)$$

这种方法可以准确估算脂肪组织在太赫兹波段的介电常数。

综合考虑上述的德拜弛豫过程和非德拜弛豫过程,Truong 等[12]提出了结合非德拜弛豫过程和一阶德拜方程的混合介电模型,其表达式为

$$\tilde{\varepsilon} = \varepsilon_\infty + \frac{\omega\tau_1\Delta\varepsilon_1 + \Delta\varepsilon_2}{1+(j\omega\tau_1)^\alpha} + \frac{\Delta\varepsilon_3}{1+j\omega\tau_2} + \frac{\sigma}{j\omega} \qquad (7-5)$$

式中,$\omega\tau_1\Delta\varepsilon_1 + \Delta\varepsilon_2$ 项主要影响组织复介电常数中实部的峰值,实现小于 1 THz 的低频段介电常数的计算。$\Delta\varepsilon_1$ 和 $\Delta\varepsilon_2$ 是在时间常数 τ_1 内缓慢弛豫过程中存在的两种介电色散,需要指出的是这两个介电色散项是由经验给出的,并非物理方

法处理得到。$\Delta\varepsilon_3$ 是时间常数 τ_2 的快速弛豫过程中的介电色散,主要用于高频段介电常数的计算。ε_∞ 是介电常数的高频极限。$\frac{\sigma}{j\omega}$ 代表由电导特性引起的组织介电损耗。通过式(7-5)的模型,结合非德拜弛豫过程和一阶德拜方程,可以利用该式拟合实测的生物组织太赫兹波介电常数从而获取模型中的参数,实现对不同生物组织太赫兹波介电特性的物理表征。

式(7-5)的模型在德拜模型的基础上解决了太赫兹波与生物组织相互作用的非德拜弛豫过程,但其局限性在于只能用于表征成分均匀的单一类型生物组织,比如单纯的脂肪组织、纤维组织等,对于多种类型组织均含有的复杂生物组织表征能力较弱。

7.2　太赫兹波生物光谱与成像特性

在光学和光谱学领域中,研究人员经常会使用吸收系数和折射率来讨论电磁波与物质的相互作用[13],从而描述物质在不同波段的物理特性。目前,在太赫兹波与生物组织相互作用的研究中,研究人员经常分析生物组织的吸收系数和折射率。

7.2.1　生物组织太赫兹波指纹谱特性

太赫兹波段覆盖了蛋白质、脂质及糖类等大分子的振转能级,因此在太赫兹波与不同生物大分子或者生物组织相互作用时会展现出指纹谱特性。下面将从分子、细胞和组织等不同层次介绍太赫兹波的指纹谱特性。

1. 生物分子水平

（1）氨基酸、多肽和蛋白质

氨基酸(amino acid)是由氨基(—NH₂)和羧基(—COOH)与 R 侧链组成的有机分子;两个氨基酸以肽链连接形成二肽(dipeptide),三个及三个以上的氨基酸以肽键连接形成多肽(polypeptide);氨基酸经过脱水缩合、折叠等形成了蛋白质(protein)。

早在 2003 年,Kutteruf 等就测量了 20 种天然氨基酸在 1～15 THz 的太赫兹吸收谱[14]。随后,为了减少水的强吸收性对太赫兹光谱测量的影响,Kikuchi 等使用一种高分子膜滤水以得到更好的测量物质的光谱[15],使得太赫兹技术可用于水相。2005 年,Yamamoto 等用太赫兹时域光谱技术对甘氨酸、丙氨酸及其多肽进行测量,频率为 1.37 THz 时发现了聚甘氨酸的振动谱带[16]。2011 年后,太赫兹技术被用于对混合物中不同氨基酸的定性定量分析[17,18]。2007 年,Chen 等对卵清溶菌酶(HEWL)与 3-乙酰氨基葡萄糖(3NAG)的结合进行研究,发现在温度为 270 K 时,HEWL+3NAG 的吸收系数明显低于游离的 HEWL,证明了太赫兹光谱技术检测分子间作用的可行性[19]。蛋白的淀粉样聚集和纤维化在阿尔茨海默病、帕金森综合征等疾病中发挥重要作用。观察淀粉样纤维化的构象改变过程对临床诊治意义重大,2010 年 Liu 及其同事尝试用太赫兹光谱技术来观察这一现象。他们发现在温度为 293 K、太赫兹频率为 0.2～2.0 THz 时,能够观察到胰岛素聚合物的太赫兹光谱吸收率和折射率均明显高于单体胰岛素[20]。2014 年以来,太赫兹光谱技术被广泛用于研究蛋白质的构象改变、分子间作用和定量分析等[21]。此外,蛋白质是一类重要的营养物质,对蛋白质的含量及种类评估是研究热点之一。2012 年,Teng 及其同事采用太赫兹时域光谱和红外光谱分别对牛奶粉末、杏仁核粉末和糖进行测量[22],结果表明蛋白质含量越高,其吸收和反射系数越高,并且太赫兹光谱比红外光谱敏感性更好,说明太赫兹时域光谱技术可以在蛋白质的定性定量分析中发挥重要作用。

(2)脂类

脂类(lipid)是一类不能溶于水的人体重要的有机化合物,其主要作用包括存储能量、传导信号和构成细胞膜等。

髓磷脂不足会引起一系列的中枢神经系统疾病,但缺乏对髓磷脂不足的检测方法。2017 年,Zou 等尝试用太赫兹光谱去诊断髓磷脂不足的恒河猴模型[23]。结果显示,频率为 0.5 THz 时髓磷脂不足组标准振幅值为 0.490 AU±0.023,而对照组的标准振幅值为 0.609 AU±0.027($P<0.001$);频率为 1.0 THz 时,髓磷脂不足组标准振幅值为 0.530 AU±0.034,而对照组的标准振幅值为

0.914 AU±0.084（$P < 0.001$），这表明了该项技术能快速、强力地检测脑组织中的髓磷脂不足。

（3）核酸

核酸（nucleic acid）是一类重要的生物大分子，是信号传导、遗传存储的载体。太赫兹光谱技术可以敏感地检测核酸的配对氢键和非共价键的相互作用。

2014年，有学者使用太赫兹时域光谱去研究固相下尿嘧啶和尿素间的相互作用，结果发现其太赫兹吸收光谱在 0.8 THz 处有明显的吸收峰。这一发现加深了对 RNA 变性的认识，同时也可以看到在制药或化学工程中太赫兹光谱技术可以是一个有效的质量控制工具[24]。此外，近来的研究探讨了太赫兹技术对 DNA 形态变化的检测。2015年，Tang 等尝试用太赫兹光谱技术标记的探测 DNA 的单碱基的变化来检测 DNA 突变[25]。2016年，Cheon 等通过分辨从不同细胞中提取具有基于甲基化的癌灶特征 DNA 来辨别不同的癌症，其实验发现甲基化后的 DNA 在 1.29 THz、1.74 THz 和 2.14 THz 时有三个吸收波峰，表明了太赫兹技术可以在癌症的微创诊断过程中发挥重要作用[26]。

2. 生物组织水平

目前，太赫兹光谱技术对不同组织的检测依旧是主流，其中正常组织与癌组织的鉴别是热点之一。Truong 及其同事开展了一系列研究检测乳腺癌组织和正常组织不同的太赫兹谱特征的工作，并且进一步探讨了不同乳腺癌组织的鉴别[27]。阿尔茨海默病是一种退行性神经系统病变，目前采用脑脊液检查、磁共振、神经系统查体等方法来诊断。这些方法花费高、耗时久并且可靠性依赖于疾病的严重程度。一项动物试验研究了阿尔茨海默病小鼠与正常小鼠脑组织的不同太赫兹光谱，结果显示在 1.44 THz、1.8 THz 和 2.114 THz 时可以观察到阿尔茨海默病小鼠的吸收系数高于正常小鼠，而阿尔茨海默病小鼠的折射系数均明显高于正常小鼠[28]。水对太赫兹检测影响较大，根据标本处理方式将其分为脱水标本和非脱水标本，其中石蜡包埋是常见的脱水方法。Hou 及其同事成功地鉴别脱水正常组织和胃癌组织，发现在 0.2～0.5 THz 和 1～1.5 THz 时可以观察到胃癌组织的太赫兹特征谱[29]。Echchgadda 及其同事研究[30]了前臂腹侧皮肤、前臂背侧皮肤、手掌皮肤的太赫兹特征,结果发现由于不同部位皮肤水含量的差异,使其具有不同的吸收系数和折射系数。非脱水标本的太赫兹检测对于未来的医疗领域无损或微创实时组织性质的实时检测意义重大,未来需要更进一步研究完善。

3. 生物细胞水平

太赫兹光谱技术已经能够实时鉴别生物组织,然而生物材料和液体(水和血液)可能会干扰对目标组织的探测。Reid 及其同事研究比较了全血、血清、血细胞、血栓和水等的太赫兹吸收系数和折射系数,观察到上述物质的吸收和折射系数均有较小的区别[31]。Shiraga 及其同事将太赫兹光谱技术结合衰减全反射法(THz-ATR),用来研究 DLD-1、HEK293 和 HeLa 这三种癌细胞的介电常数,发现低于 1.0 THz 时,癌细胞中水分子有着不同于细胞外液的介电响应[32]。此外,由于不同细菌特有的太赫兹光谱,该技术还被用于鉴别细菌[33,34]。细胞中的水与生物的活动和病理状态相关。

7.2.2 生物组织太赫兹波段的吸收系数与折射率

从物质折射率和吸收系数计算介电常数通常采用 K-K 关系,其表达式为

$$n(\omega)^2 - \kappa(\omega)^2 = \varepsilon'(\omega) \tag{7-6}$$

$$2n(\omega)\kappa(\omega) = \varepsilon''(\omega) \tag{7-7}$$

式中,$n(\omega)$ 为折射率;$\kappa(\omega)$ 为吸光系数;$\varepsilon'(\omega)$ 为介电常数的实部;$\varepsilon''(\omega)$ 为介电常数的虚部。吸光系数和吸收系数的关系为[35]

$$\alpha(\omega) = \frac{2\omega\kappa(\omega)}{c} = \frac{\omega\varepsilon''(\omega)}{cn(\omega)} \tag{7-8}$$

式中,c 为真空光速。

利用式(7-6)、式(7-7)和式(7-8)可以通过物质折射率和吸光系数(或吸收系数)计算得到其介电常数,但是无法反演。1996 年,Kindt 等[6]提出了一种利用物质介电常数近似计算吸收系数和折射率的方法,并实现了太赫兹波段物

质折射率和吸收系数的计算,其表达式为

$$\alpha(\omega) = \frac{4\pi\nu}{c}\left[\frac{-\varepsilon'(\omega) + \sqrt{\varepsilon'(\omega)^2 + \varepsilon''(\omega)^2}}{2}\right]^{\frac{1}{2}} \qquad (7-9)$$

$$n(\omega) = \left[\frac{\varepsilon'(\omega) + \sqrt{\varepsilon'(\omega)^2 + \varepsilon''(\omega)^2}}{2}\right]^{\frac{1}{2}} \qquad (7-10)$$

因此,利用介电常数也可以近似计算物质在太赫兹波段的吸收系数和折射率。利用介电常数的方法或者吸收系数和折射率的方法均可以用于表征生物组织在太赫兹波段的物理特性,并且可以相互反演。

到目前为止,物质的太赫兹波谱测量采用的最广泛的技术是太赫兹时域光谱技术,其测量方法可以直接获得物质在太赫兹波段的吸收系数和折射率。

脉冲太赫兹波的探测中,获得的是电场随时间的变化过程,记为 $E(t)$。一个太赫兹时域脉冲中通常包含了半个到多个电磁振荡周期,而每个振荡周期对应的太赫兹脉冲一般从数十飞秒到皮秒。对太赫兹时域脉冲波形进行傅里叶变换可以得到对应的频域分布:

$$\tilde{E}(\omega) \equiv A(\omega)\exp[-i\phi(\omega)] = \int E(t)\exp(-i\omega t)\mathrm{d}t \qquad (7-11)$$

从式(7-11)中可以看出,太赫兹时域脉冲在频域是一个复数,描述了电场的振幅和相位。利用脉冲太赫兹技术测量物质在太赫兹波段的波谱信息的过程是直接测量了其电场强度,所以称之为太赫兹时域光谱技术,也是当前应用最广泛的太赫兹波谱测量的方法。利用该技术测量物质太赫兹波谱时,首先测量参考脉冲的时域波形,并对其进行傅里叶变换得到参考信号频谱 $A_r(\omega)\exp[-i\phi_r(\omega)]$,然后测量太赫兹脉冲经过样本后的时域波形,并对其进行傅里叶变换得到信号的频谱 $A_s(\omega)\exp[-i\phi_s(\omega)]$,利用测量到的参考频谱和信号频谱可以计算得到物质在太赫兹波段的吸收波谱和折射率,计算过程为

$$\alpha(\omega) = \frac{1}{d}\ln\frac{A_r(\omega)}{A_s(\omega)} \qquad (7-12)$$

$$n(\omega) = \frac{4\pi\nu}{c}\frac{[\phi_s(\omega) - \phi_r(\omega)]c}{d\omega} \qquad (7-13)$$

式中，α 为吸收系数；n 为折射率；d 为样本的厚度；c 是真空光速。

在当前的研究中，研究人员主要基于吸收系数和折射率分析生物组织在太赫兹波段的特性，由于不同生物组织折射率差异较小，并且利用折射率有时无法实现不同生物组织的鉴别，实际研究中，研究人员更多采用吸收系数对生物组织进行分析。另一方面，由于式(7-5)的介电模型主要表征太赫兹波在单一类型生物组织中的吸收和损耗，本文进一步采用非线性规划模型建立一种复杂生物组织的吸收模型。

假设基于式(7-5)的模型得到的不同类型生物组织在太赫兹波段的介电响应相互独立，则复杂组织中不同类型组织对太赫兹波的吸收则相互独立，在此基础上进行分析。对于两种生物组织情况，如图7-2所示，对于复杂生物组织，由于太赫兹波的波长远小于生物组织的尺度，因此忽略平面内太赫兹光斑同时覆盖多种组织的情况，实际中绝大部分区域出现的情况是太赫兹波透过多层交替重叠的单一类型组织，其整体的相位差可以通过不同层组织的相位差按一定比例的线性组合计算。先从两种类型生物组织重叠分析。

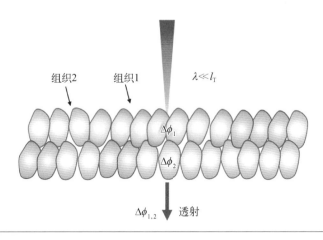

图7-2
太赫兹波在复杂组织中透射后的相位差

太赫兹波通过单一类型生物组织的相位差为

$$\Delta\phi = \frac{(n-1)d\omega}{c} \tag{7-14}$$

式中，n 为折射率；d 为样本的厚度；c 为真空光速，则太赫兹波通过两层生物组

织的总相位差可以表示为

$$\Delta\phi_{1,2} = \Delta\phi_1 + \Delta\phi_2 = \frac{(n_1-1)d_1\omega}{c} + \frac{(n_2-1)d_2\omega}{c} \tag{7-15}$$

其等价于

$$\Delta\phi_{1,2} = \frac{d\omega}{c}\left[(n_1-1)\frac{d_1}{d} + (n_2-1)\frac{d_2}{d}\right] \tag{7-16}$$

对照式(7-14),可得

$$n_{1,2} = 1 + (n_1-1)\frac{d_1}{d} + (n_2-1)\frac{d_2}{d} \tag{7-17}$$

对于两层组织有 $d = d_1 + d_2$,因此,式(7-17)可以简化为

$$n_{1,2} = n_1\frac{d_1}{d} + n_2\frac{d_2}{d} \tag{7-18}$$

利用类似的方法,可以得到,吸收系数满足如下关系

$$\alpha_{1,2} = \alpha_1\frac{d_1}{d} + \alpha_2\frac{d_2}{d} \tag{7-19}$$

因此,复杂生物组织在太赫兹波段的折射率可以通过各自单一类型组织的折射率按一定比例进行线性组合表示,并且其吸收系数特性也满足类似关系。

以乳腺癌组织对太赫兹波的吸收为例,其样本组织包含的组织类型包括正常纤维组织、脂肪组织和肿瘤组织,即待测生物组织主要由这三种类型组织混合而成。将图7-2所示的情况扩展到三种生物组织,则复杂生物组织的吸收系数可以表示为

$$\widetilde{\alpha}_{\text{total}} = c_1\alpha_N + c_2\alpha_F + c_3\alpha_C \tag{7-20}$$

式中,$c_1 \sim c_3$ 为系数且和为1;α_N、α_F、α_C 分别为纤维组织、脂肪组织和肿瘤组织在太赫兹波段的吸收系数。

式(7-20)所示复杂生物组织太赫兹波吸收模型参数的求解可以等价为一种数学规划模型,即

$$\min \widetilde{\alpha}_{total} - \alpha_m$$

$$\text{s.t. } c_i \geqslant 0;$$

$$c_i \leqslant 1; \qquad\qquad (7\text{-}21)$$

$$\sum c_i = 1$$

式中，α_m 为实际测得的太赫兹吸收波谱。值得指出的是，式(7-21)看似是一个线性规划问题，但是由于 α_N、α_F、α_C 是不同频率下不同类型生物组织对太赫兹波的一系列吸收系数，因此每个吸收项均是列向量，无法用传统的线性规划模型进行求解。这里将其转化为一个等价的非线性规划问题，则式(7-21)的问题可以转化为

$$\min \sum_{\omega=\omega_1}^{\omega_2} \left[\widetilde{\alpha}_{total}(\omega) - \alpha_m(\omega) \right]^2$$

$$\text{s.t. } c_i \geqslant 0;$$

$$c_i \leqslant 1; \qquad\qquad (7\text{-}22)$$

$$\sum c_i = 1$$

式中，$\omega_1 \sim \omega_2$ 为太赫兹吸收波谱的范围，原始波谱的频谱分辨率越高，拟合将会越精细。式(7-22)为典型的多元二次多项式的非线性规划模型。

7.2.3　太赫兹波成像系统

随着太赫兹波谱检测技术的飞速发展，各种原理和结构的太赫兹波成像技术被不断提出和研究。太赫兹波成像技术的分类有多种，本节分别按成像系统中太赫兹源的不同和成像模式不同分析了太赫兹波成像技术的发展现状。

1. 连续太赫兹波成像和脉冲太赫兹波成像

根据成像系统采用太赫兹源的不同，太赫兹波成像系统可以分为连续太赫兹波成像系统和脉冲太赫兹波成像系统。

连续太赫兹波成像技术的研究早期主要是对远红外光的成像研究,其中覆盖了太赫兹波段。最早的连续太赫兹波成像系统中辐射源采用具有高输出功率的远红外气体激光器,探测器采用辐射热计[36]。其基本的成像原理是:在对检测目标进行太赫兹波成像时,检测目标内部的结构对入射的太赫兹波具有吸收、反射和散射等效应,从而会影响太赫兹波传输过程中电磁场的强度,探测到的太赫兹波强度会发生变化,不同位置探测到的强度构成的数据阵列即构成了检测目标的太赫兹图像,其实质是一种强度成像。通常,研究人员会将图像的数据阵列以一定的颜色模型显示,早期用灰度显示模型较多,当前常用的有各种伪彩色模型和三维显示模型。

典型的透射式连续太赫兹波成像系统结构如图 7-3(a)所示,该系统光谱范围覆盖 $50 \sim 1\,000\ \mu m$,属于太赫兹波段。当时的研究人员称其为远红外成像,并未提出太赫兹波成像的概念。系统中,成像辐射源采用气体远红外激光器,探测采用辐射热计,并利用二维移动平台实现了扫描成像。

脉冲太赫兹波成像系统的基本原理是:在太赫兹时域光谱系统中,太赫兹脉冲经过检测目标后,探测脉冲的时域光谱并进行傅里叶变换,从而可以实现检测目标在太赫兹波段频域光谱的测量,进一步可以分析太赫兹波与检测目标作用后的强度和相位信息。在太赫兹时域光谱系统中设置一个移动平台,利用移动平台对检测目标进行扫描控制,同时对透射或反射的太赫兹时域波形进行同步数据采集,每个位置采集获得的时域波形即为脉冲太赫兹波成像的像素信息,后期对其进行频谱分析可以获得强度和相位信息,并重构对应强度或者相位图像。

典型的透射式脉冲太赫兹波成像系统的结构示意图如图 7-3(b)所示。系统中,激光脉冲被一个分束镜分成两路,其中一路作为参考波束,另一路用于样品探测。将探测路的激光脉冲通过一个透镜聚焦到光电导天线上,从而实现太赫兹波的激发。被激发的太赫兹波透过样品,使其携带样品的信息。将透过样品的太赫兹波和参考波束同时经过实现电光探测的晶体(ZnTe),从而可以实现太赫兹波强度的测量。最后,利用改变延迟实现整个太赫兹时域光谱的扫描探测。

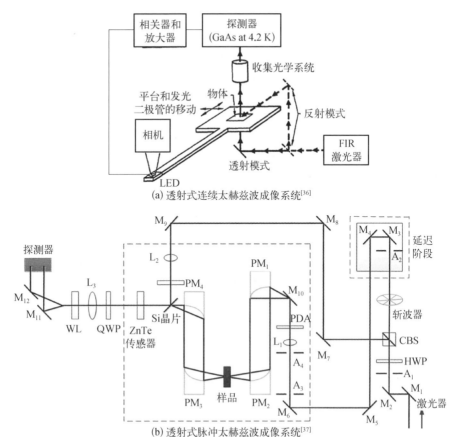

(a) 透射式连续太赫兹波成像系统[36]

(b) 透射式脉冲太赫兹波成像系统[37]

图 7-3
太赫兹波成像
系统

M₁～M₁₂—反射镜；A₁～A₄—光阑；HWP—半波片；CBS—分束器；PDA—光电导天线；L₁～L₃—透镜；PM₁～PM₄—抛物面镜；QWP—四分之一波片；WL—沃拉斯顿棱镜

2. 太赫兹波成像模式的研究现状

随着太赫兹源与探测技术的发展,多种不同模式的太赫兹波成像系统逐渐被提出和研究。其主要包括快速太赫兹波成像技术、三维太赫兹波成像技术、基于衰减全反射的太赫兹波成像技术、太赫兹波近场显微成像技术和太赫兹内窥镜。在各种成像模式中,太赫兹波透射式成像检测技术最早被实现和研究,与其他太赫兹波成像模式相比,其作用机理相对简单,外部实验条件容易控制,是当前应用最广泛的成像模式之一。根据成像模式不同,太赫兹波成像技术的首次报道和发展趋势如图 7-4 所示。

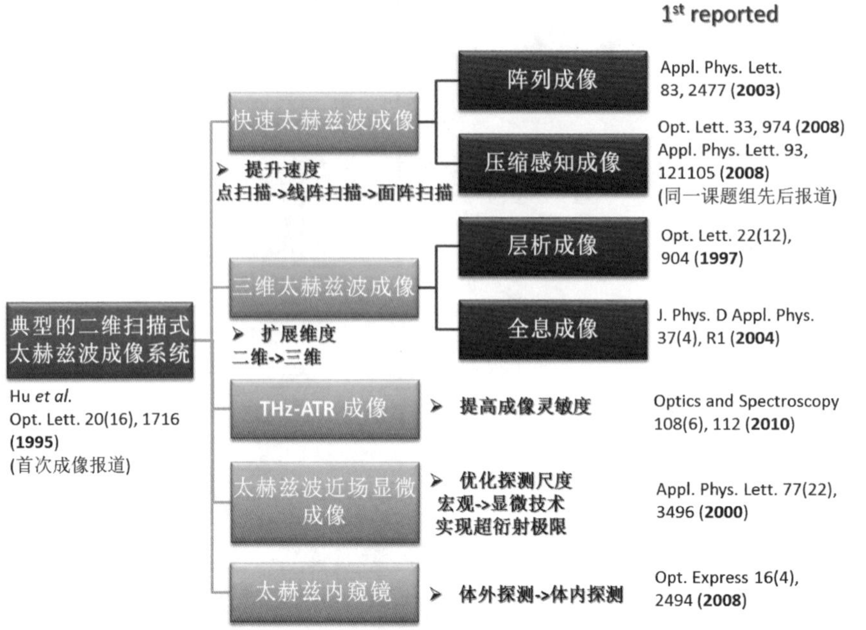

		1st reported
快速太赫兹波成像	阵列成像	Appl. Phys. Lett. 83, 2477 (**2003**)
➤ 提升速度 点扫描->线阵扫描->面阵扫描	压缩感知成像	Opt. Lett. 33, 974 (**2008**) Appl. Phys. Lett. 93, 121105 (**2008**) (同一课题组先后报道)
三维太赫兹波成像	层析成像	Opt. Lett. 22(12), 904 (**1997**)
➤ 扩展维度 二维->三维	全息成像	J. Phys. D Appl. Phys. 37(4), R1 (**2004**)
THz-ATR 成像	➤ 提高成像灵敏度	Optics and Spectroscopy 108(6), 112 (**2010**)
太赫兹波近场显微成像	➤ 优化探测尺度 宏观->显微技术 实现超衍射极限	Appl. Phys. Lett. 77(22), 3496 (**2000**)
太赫兹内窥镜	➤ 体外探测->体内探测	Opt. Express 16(4), 2494 (**2008**)

典型的二维扫描式太赫兹波成像系统

Hu *et al.*
Opt. Lett. 20(16), 1716
(**1995**)
(首次成像报道)

图 7 - 4
不同模式的太赫兹波成像系统首次报道和发展趋势

快速太赫兹波成像技术方面,其发展趋势为由点扫描向线阵扫描和面阵扫描发展,后又衍生了基于面阵扫描的快速重构技术。线阵和面阵太赫兹波成像技术的发展依赖于太赫兹波线阵探测器和太赫兹相机的研制[38]。在各种快速太赫兹波成像技术中,最近几年重要研究热点之一是基于压缩感知的太赫兹波成像技术,也称为单像素太赫兹波成像技术。压缩感知成像的提出和发展是基于信号的稀疏表示理论[39],最大优势是突破了采样定理的限制,实现了高速太赫兹波成像与重构。2008 年,Chan 等先后分别在 Optics Letters[40] 和 Applied Physics Letters[41] 上报道了两项基于压缩感知的太赫兹波成像的工作,采用透射式的太赫兹波压缩感知成像,其结构如图 7 - 5(a)所示。自此,太赫兹波成像速度得到极大的提高。2014 年,Nature Photonics 分别以 News[42] 和 Letter[43] 形式报道了太赫兹单像素相机和利用超材料实现太赫兹压缩感知成像的两项工作,其结构如图 7 - 5(b)所示。但由于一般太赫兹源输出非平面波,受限于光束质量,当前该技术重构后图像的质量仍然有待提高,因此,太赫兹压缩感知成像结果的恢复算法和图像矫正技术也是当前该领域的重要研究内容。

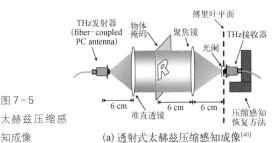

图 7-5
太赫兹压缩感知成像

(a) 透射式太赫兹压缩感知成像[40]　　(b) 超材料实现反射式太赫兹压缩感知成像[43]

三维太赫兹波成像方面,发展趋势为扩展太赫兹波成像的维度,其主要技术包括太赫兹波层析成像和全息成像。目前,较为成熟的太赫兹透射式层析成像技术是计算机体层成像(Computed Tomography, CT),其可以看作 X 射线层析在电磁波段上的扩展。2002 年,B. Ferguson 等[44]首次实现了太赫兹波的计算机辅助层析成像(THz-CT),研究人员使用太赫兹时域光谱系统对聚乙烯材料实现了太赫兹波段的层析成像,其实验系统结构如图 7-6(a)所示。当飞秒激光脉冲入射到光电导天线时产生脉冲太赫兹波,探测器端使用 CCD(Charge Coupled Device,电荷耦合器件)相机来恢复太赫兹波的信号。当前,太赫兹三维成像技术飞速发展,各种太赫兹层析系统被研究和报道。太赫兹层析成像根据系统结构和实现方法的不同主要采用的技术有太赫兹飞行时间层析[45]、太赫兹光学相干层析[46]、太赫兹调频连续波雷达成像[47]等。最近几年,研究人员还报道了太赫兹全息成像技术[48],其实验系统结构如图 7-6(b)所示。

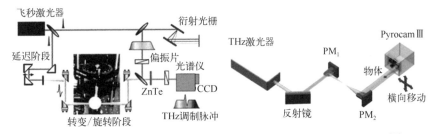

图 7-6
太赫兹成像实验系统

(a) 太赫兹计算机辅助层析成像实验系统[44]　　(b) 太赫兹全息成像实验系统[48]

PM₁、PM₂—离轴抛面镜

基于衰减全反射的太赫兹波(THz-ATR)成像技术是基于太赫兹波与物质相互作用时的衰减全反射原理提出,其目的是提高成像的灵敏度。2004 年,

Hirori 等[49]首次报道了基于 ATR 的太赫兹时域光谱系统。2010 年,Gerasimov 等[50]首次报道了基于 ATR 的太赫兹波成像系统。2013 年,Wojdyla 等[51]报道了基于硅棱镜的衰减全反射太赫兹波成像系统,其基本结构如图 7-7 所示,利用高阻硅棱镜实现太赫兹波在待检测物质表面发生衰减全反射。这种成像方式非常适合液体样本的测量,如液相环境的活细胞或者细菌等。

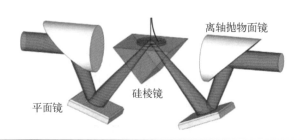

离轴抛物面镜

平面镜

硅棱镜

图 7-7
基于衰减全反射的太赫兹波成像系统结构示意图[51]

在太赫兹波近场显微技术方面,由于太赫兹波长较长,受衍射极限限制,采用传统的成像方法无法获得较高的空间分辨率,为了优化探测尺度,实现超衍射极限的太赫兹波成像,研究人员于 2000 年首次报道了太赫兹波近场显微技术[20],并于 2009 年发展了其波导模式探测技术[53]。在当前文献报道的工作中,基于原子力显微镜的太赫兹波成像系统实现了当前报道最高分辨率成像,达到了 $\frac{1}{3\,300}\lambda$,其在 1 THz 处分辨率达到 90 nm[54]。

太赫兹内窥镜研究方面,基于体内探测的应用需求,Lu 等[55]于 2008 年首次报道了基于亚波长塑料光纤的太赫兹内窥镜系统,并且 2009 年,Y. B. Ji 等[56]成功将太赫兹内窥镜系统应用于人嘴和舌头组织的成像,其成像系统典型结构如图 7-8 所示,探测端采用亚波长塑料光纤进行反射式探测。

7.2.4　太赫兹波生物水分含量检测原理以及误差分析

由于太赫兹波的波长范围是 30 μm～3 mm,波长大于可见光与红外波,因此太赫兹辐射通过新鲜的生物组织切片时不容易发生散射,在此我们假定散射效果可以忽略。根据 Lambert - Beer 定律可知,光通过物质后的透射率遵循:

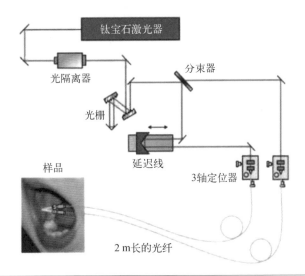

图 7-8
基于亚波长塑料光纤的太赫兹内窥镜系统[56]

$$T = \frac{I_{out}}{I_{in}} = \exp(-\alpha d) \qquad (7-23)$$

式中，I_{in} 和 I_{out} 分别为输入和输出的光强度；d 为样品厚度。我们认为，太赫兹在富含水的组织中的吸收由两部分组成：水和其他成分。吸收系数用下面的公式表述

$$\alpha = \alpha_w v_w + \alpha_{nw} v_{nw} = \alpha_w v_w + \alpha_{nw}(1 - v_w) \qquad (7-24)$$

式中，α_w 和 α_{nw} 代表水和其他成分对太赫兹波的吸收系数。v_w 和 v_{nw} 为水和其他成分的体积分数，满足 $v_w + v_{nw} = 1$ 的关系。因此透射率公式可以写为

$$T = \exp[-(\alpha_w v_w + \alpha_{nw} v_{nw})d] \qquad (7-25)$$

假设水的吸收系数比其他成分的吸收系数要高很多，因此除了干燥的样品，其他样品中的吸收都主要是由水分引起的。在富含水的样品中，其他成分对太赫兹波的吸收基本可以忽略，因此样品中水的体积分数可以表示为

$$v_w = -\frac{\ln T}{\alpha_w d} \qquad (7-26)$$

从上式可以看出，水含量的体积分数的误差主要由透射率 T 和样品的厚度 d 决定。设 $A = \ln T$，那么 v_w 的误差 Δv_{ws} 可以写为

$$\Delta v_{ws} = \frac{1}{\alpha_w} \sqrt{\left(\frac{\Delta A}{d}\right)^2 + \left(\frac{\Delta d}{d}\right)^2 \cdot (\alpha_w v_w)^2} \qquad (7-27)$$

式中，ΔA 和 Δd 分别是 $\ln T$ 和 d 的标准差。接下来的部分是有关测量不确定性的讨论。

首先，我们要考虑透射率的变化量与水含量体积分数变化量之间的关系。也就是说，在固定的样品厚度的条件下，计算误差是由透射引起的。体积分数的变化可以由式(7-25)得出

$$\frac{\Delta v_w}{v_w} = \frac{\Delta T}{T(\ln T + \alpha_{nw}d)} = B \cdot \Delta T \qquad (7-28)$$

式中，$B = \dfrac{1}{T(\ln T + \alpha_{nw}d)}$。

由于 $\Delta v_w / \Delta T$ 总为负值，因此，$-\Delta v_w / (\Delta T \cdot v_w)$ 关于 T 的图像会得到最小相对误差的点，图 7-9 显示了水含量的误差与透射率之间的关系。

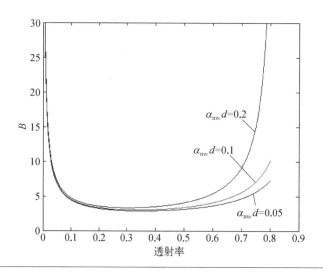

图 7-9
水含量(体积浓度)误差和透射率之间的关系

由图 7-9 可知在透射率在 0.2～0.6 时，误差处于最小，而透射率在 0.2～0.6 之外时，引起的误差变化较大。因此应尽量保证透射率在 0.2～0.6，避免误差的影响。另外，当 $\alpha_{nw}d$ 越小误差值越小，当 $\alpha_{nw}d$ 为 0 时，水分含量的相对误差有最小值 $T = 36.8\%$。但是只要保证透射率处于 0.2～0.6 时，$\alpha_{nw}d$ 的变化引

起的误差变化并不大。由文献可知,在低于 2 THz 的频率下,脱水的胃和肾脏组织的吸收系数一般小于 20 cm^{-1}。因此,样品的厚度应为几十微米的量级。而且样品厚度的选择原则应该保证 $\alpha_{nw}d$ 处于一个相对较小的值,以尽量减小误差。另外,由于太赫兹波的穿透深度一般在波长量级,用于反射成像的样品厚度也不能太薄以保证样品与太赫兹波的充分接触作用。

在样品准备和成像测量的过程中,样品的厚度会存在误差以至于会影响接下来的透射率测量和水含量的计算过程。根据式(7-23),由样品厚度引起的透射率的变化可以表示为

$$\frac{\Delta T}{T} = \frac{\Delta d}{d} \cdot \ln T \cdot (-1) \qquad (7-29)$$

图 7-10 表述了由样品厚度引起的太赫兹波透射率的变化,可知太赫兹波的透射率对样品厚度的变化十分敏感。对于确定的 $\Delta d/d$ 值,$\Delta T/T$ 的值随透射率的增加对数降低,根据上述讨论,我们应该保证太赫兹波具有较高的透射率来减小误差。

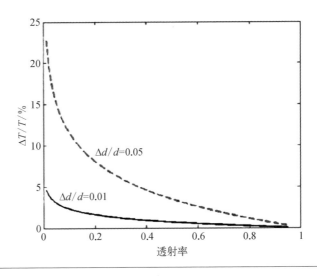

图 7-10
太赫兹波透射率偏差与透射率之间的关系

另外,测量中生物组织中其他成分引起的吸收是被忽略的。因此,由于水的吸收造成的真实值与测量值之间的误差因子 ε 是应该估计的,可由下面的公式表示:

$$\varepsilon = \left| \frac{\mathrm{e}^{-(a_w v_w + a_{nw} v_{nw})d} - \mathrm{e}^{-a_w v_w d}}{\mathrm{e}^{-(a_w v_w + a_{nw} v_{nw})d}} \right| = |\ 1 - \mathrm{e}^{a_{nw} v_{nw}}\ | = \alpha_{nw} v_{nw} d = \alpha_{nw} d(1 - v_w)$$

$$(7 - 30)$$

图 7-11 显示了当参数 $\alpha_{nw} d$ 取值为 0.05、0.1、0.2 时,相对误差 ε 与水分体积分数之间的变化关系。因此,从图中可以清晰地看出,当样品厚度为微米量级、水分含量的范围在 0.5~0.9 时,样品透射率的相对误差 ε 小于 5%。并且,当 $\alpha_{nw} d$ 小于 0.05 时,即使水分含量很低,透射率的相对误差 ε 也小于 5%。

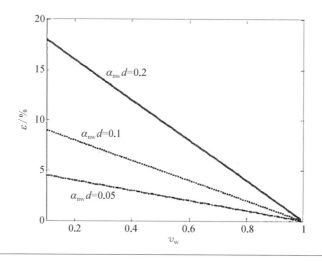

图 7-11
水含量与透射率的误差值之间的关系

对于确定的透射率,不确定的水含量是由实验中样品厚度的误差造成的。所以,水分含量的变化 Δv_w 可以表示为

$$\Delta v_w = \left(\frac{\Delta d}{d} \right) v_w \qquad (7 - 31)$$

可以看出 Δv_w 和 $\frac{\Delta d}{d}$ 呈线性关系。因此,样品的厚度就变成了实验中水含量测量准确性的主要影响因素。为减小样品厚度的误差,样品必须经过前期的严格制备,且较厚的样品有利于减小误差。

7.2.5 不同状态生物组织太赫兹波成像特性

生物组织太赫兹波成像的研究根据生物组织状态的不同可以分为石蜡包埋

组织、新鲜组织、冰冻组织和经多次冰冻—解冻后的组织。这些生物组织与太赫兹波相互作用呈现不同的特性。不同状态生物组织对太赫兹波吸收的不同主要由不同状态生物组织成分和细胞结构差异引起。这类研究的思路一般为：测量不同状态生物组织的太赫兹波谱和成像、采用病理学方法对不同状态生物组织的成分和细胞结构进行分析、结合病理学结果分析太赫兹波谱和成像差异的原因。

在石蜡包埋生物组织和新鲜生物组织的太赫兹波谱及成像研究方面，水含量分析和细胞结构分析是常用方法，当前的研究表明水含量的差异是导致两类组织对太赫兹波吸收差异的主要原因。2011 年，Park 等[2]在兔子上制备了肝癌模型，并分别进行了 0.1～2 THz 内新鲜的肝肿瘤组织、健康肝组织和石蜡包埋组织的太赫兹波谱及成像研究。实验结果中，石蜡包埋组织对太赫兹波的吸收远小于新鲜的肝组织和肿瘤组织。实验中采用苏木精—伊红染色法（HE 染色法）对石蜡包埋组织进行了染色，并对其细胞密度和蛋白质成分进行了分析，结果表明，新鲜的肝组织和肿瘤组织对太赫兹波的吸收主要由水引起，水含量起主导作用。而经脱水后的石蜡包埋组织对太赫兹波的吸收较小，主要由组织的细胞密度和蛋白质成分决定。此后，在对生物组织太赫兹波吸收特性分析中，研究人员对细胞结构的分析也常常采用 HE 染色，染色后经过显微镜分析可以得到细胞密度、细胞尺寸和细胞间质尺寸等细胞结构信息。

生物组织是否冰冻和经历多次冰冻—解冻后，其对太赫兹波的吸收存在巨大差异，因此不同冰冻状态下病变组织的太赫兹波谱和成像特性研究也是当前太赫兹波生物检测的热点之一。

2013 年，Sim 等[57]首次研究了低温冰冻和室温环境下组织的太赫兹波谱及成像差异。他们在 −20℃ 冰冻条件下和 20℃ 室温条件下分别分析了离体口腔癌组织在 0.2～1.2 THz 内的太赫兹波谱和成像特性。结果如图 7 - 12(a)所示，组织冰冻条件下对太赫兹波的吸收小于新鲜组织，这是由于水分子在冰冻状态下对太赫兹波的吸收小于液态下对太赫兹波的吸收。并且实验发现，虽然室温条件下多次平均后口腔癌组织对太赫兹波的吸收大于正常组织，但结果中两者的太赫兹吸收波谱具有大面积的重叠。而低温冰冻条件下，虽然口腔癌组织和正常组织对太赫兹波的吸收大大降低,但是两种组织对太赫兹波的相对吸收差异比常温条件下大。在 0.6~1.2 THz 内,两者的太赫兹吸收波谱几乎没有重叠。进一步地,研究人员又分别在低温冰冻和常温条件下对口腔癌症组织进行了成像分析,从而得出结论,对于口腔癌组织的太赫兹波成像检测,常温条件下水分吸收过大,区分不明显,而低温冰冻条件下具有更大区分度。

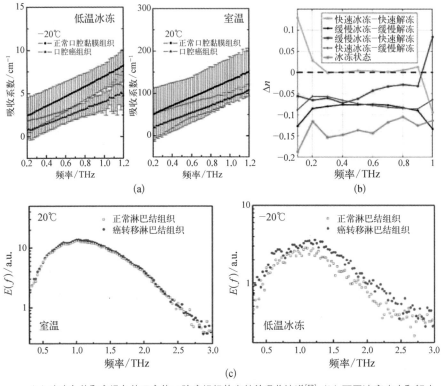

(a) 冰冻条件和室温条件下离体口腔癌组织的太赫兹吸收波谱[57];(b) 不同速度冰冻和解冻下肌肉和脂肪组织在太赫兹波段的折射率变化[58];(c) 冰冻条件下和室温条件下正常组织和癌转移淋巴结组织的太赫兹吸收波谱[59]

图 7 - 12
不同条件下各类组织的太赫兹响应

2016 年,香港中文大学 Emma 团队的 He 等[58]研究了经多次冰冻和解冻循环后的猪肉肌肉组织和脂肪组织对太赫兹波的吸收差异。研究人员分别研究了新鲜的、缓慢冰冻后缓慢解冻、缓慢冰冻后快速解冻、快速冰冻后缓慢解冻和快速冰冻后快速解冻的猪肉肌肉组织和猪肉脂肪组织在太赫兹波段的吸收系数和折射率。实验结果如图 7 - 12(b)所示,不同速度的冰冻和解冻状态会使肌肉和脂肪组织在太赫兹波段的吸收系数和折射率产生不同的变化。对于肌肉组织,冰冻或者解冻的速度越快其在太赫兹波段的折射率变化越大。而对于脂肪组织,冰冻速度对其折射率影响不大,解冻速度对折射率有较大影响,并且冰冻速度越快,折射率变化越大。因此,这个实验说明多次冰冻和解冻对组织的太赫兹波谱特性有一定影响,在生物太赫兹波成像中应注意这个问题,要确保实验条件的相同;另一方面,利用对组织不同速度的多次冰冻和解冻可以增强组织太赫兹波谱的差异,有潜力应用于高灵敏度和高对比度的太赫兹波生物组织成像。

2017 年,Park[59]等研究了正常组织和癌转移淋巴结组织的太赫兹波谱及成像差异。他们在−20℃冰冻条件下和 20℃室温条件下分别测试了两种组织的太赫兹波谱及成像。实验结果如图 7-12(c)所示,室温条件下两者的太赫兹时域波谱几乎相同,而在低温冰冻条件下,两者的太赫兹时域波谱具有一定差异。研究表明,由于室温下两种组织中液态水分含量高,其对太赫兹波的吸收较高,导致两者的太赫兹时域波谱差异较小,而冰冻条件下排除了液态水的干扰,两者可以区分。研究人员进一步采用光谱集成处理技术对其太赫兹波成像结果进行处理,使两者的差异更大,从而实现了高对比度的正常组织和癌症转移淋巴结组织的太赫兹波成像。

7.2.6　环境参数对生物组织太赫兹波检测的影响

当前,在微波射频领域,研究人员发现环境参数对生物组织和细胞的介电响应具有很大的影响,并开展了大量工作,研究的环境参数包括温度、湿度等[58]。显然,环境参数的变化也会对生物组织太赫兹波检测造成影响。

当前,关于这方面研究最多的是关于温度的影响,最经典的研究是不同低温冰冻和室温溶解状态下生物组织的太赫兹吸收波谱和折射率差异[59]。温度的差异造成生物组织细胞生理状态的差异,本质上,其对太赫兹波的影响还是由于水分子的结构和状态、含水量、自由水和结合水比例、水合水化反应水平等发生变化。总结当前研究结果,排除液态水干扰后,低温冰冻组织和脱水石蜡组织的太赫兹波谱与成像检测更稳定,其可识别性优于室温下新鲜组织[60],这是由于太赫兹对水分的高灵敏使室温下新鲜组织测量不容易稳定和准确。但是,由于大多数临床情况都是在室温下,低温测量和脱水测量的缺点无法满足大多数临床需求和获得接近临床条件的生物组织太赫兹波响应特性。因此,室温下新鲜生物组织的太赫兹波检测技术仍为重大需求和研究热点。

湿度的变化往往和大气成分有关,伴随着水含量、氧含量、二氧化碳含量等的变化。其对太赫兹波检测的影响可以分为两个方面。第一,生物组织细胞在不同湿度、不同成分的大气环境下有时会分泌一些特殊物质,如激素等[61],这些物质对太赫兹波的响应会影响检测结果。另外,不同湿度下,细胞的代谢活性、自由水和结合水比例、水合水化反应水平也会受到影响。第二,环境湿度的不同也会对太赫兹波的传输特性造成影响,湿度增加会导致空气中水分增加和液态水滴凝结或变大,太赫兹波的吸收和散射增强,高湿度下太赫兹波的检测灵敏度下降,难以获得准确和稳定的测量结果。

7.3 太赫兹在脑外科精准医学检测技术方面的应用

7.3.1 脑胶质瘤的太赫兹检测

脑胶质瘤是最常见且死亡率最高的神经性脑胶质瘤,而且很难治疗[62]。肿瘤一般进行侵犯性生长,肿瘤与正常区域界限不清晰。即使是经验丰富的外科医生也不能仅使用白光显微镜将脑胶质瘤完全切除率提高到20%以上。目前用于脑胶质瘤区域识别的方法很多,用的最多且最有效的是核磁共振成像[63]和苏木精-伊红(HE)染色[64]。通常,肿瘤标记物可以用合适的染色方法在光学显微镜下观察到,这被称为金标准。HE染色能准确识别肿瘤区域,但需要将样品固定切片等,制作复杂,仅适用于体外病理分析。目前,基于术前磁共振成像(MRI)和正电子发射型计算机断层显像(PET)[65]的神经导航系统可以在体内识别胶质瘤。然而,由于发生脑转移,MRI在手术过程中往往无法追踪肿瘤边缘,且核磁共振的仪器庞大且耗资较大。与MRI相比,PET不仅分辨率较低(约2~3 mm),而且需要向体内注射正电子发射核素。荧光成像也被用于在手术中检测胶质瘤,但这种方法需要术前使用染料,如5-氨基酮戊酸(5-aminolevulinic acid, 5-ALA)。这不仅增加了病人的负担,有时还会污染肿瘤周围的正常组织。太赫兹波成像技术,基于太赫兹波的低能特性、对水的高吸收特性和指纹等特性,已被作为医学成像的候选技术之一。太赫兹波成像技术已被广泛应用于牙科、皮肤科、神经学、肿瘤学等多个医学领域,特别是在肿瘤检测方面,已从身体表面的皮肤癌、乳腺癌和淋巴癌等,逐渐应用到脑肿瘤的太赫兹波检测。

目前对新鲜离体和石蜡包埋脑胶质瘤模型的太赫兹波谱及成像研究,表明水含量的差异和细胞密度是导致肿瘤区域和正常组织之间太赫兹波特性差异的主要原因。2014 年,韩国延世大学的 S. J. Oh 等[66]首次采用太赫兹波成像,实现新鲜离体和石蜡包埋大鼠 9L/lacZ 脑胶质瘤区域识别。他们采用太赫兹时域光谱反射式成像系统,通过峰-峰值成像研究了频率在 0.3～1.3 THz 内的太赫兹波脑胶质瘤成像特性,如图 7 - 13 所示。实验结果表明,肿瘤区域的反射率高于白质和灰质,太赫兹波的高反射率区域为脑胶质瘤区域,低反射率区域为白质和灰质区域,分别如图 7 - 13 中的红色区域、绿色区域和蓝色区域所示。核磁成像中的白色区域为肿瘤区域,且与太赫兹图像中肿瘤区域的大小和位置一致。

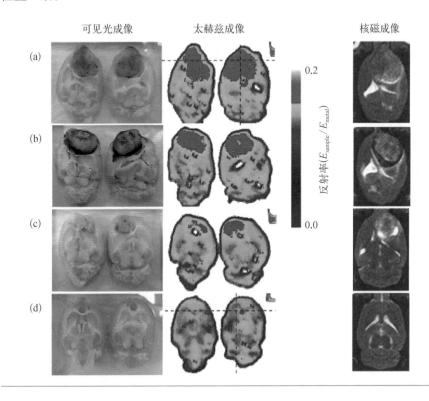

图 7 - 13
新鲜离体脑组织的白光、太赫兹和核磁成像图

通过对石蜡包埋样品的染色和太赫兹波成像,得到肿瘤区域的细胞密度高于正常组织且正常与肿瘤组织的细胞密度差异性可用于太赫兹成像识别肿瘤区域,如图7-14所示。石蜡包埋脑组织图中的肿瘤区域因细胞密度较正常区域增多而呈现深紫色,正常组织区域的染色图呈现红色。石蜡包埋脑组织样品的肿瘤区域为太赫兹波反射图中的高反射区域,而正常区域的反射率相对较低。

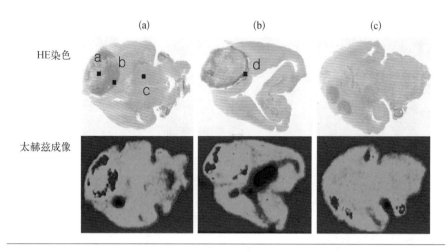

HE染色

太赫兹成像

图7-14
石蜡包埋脑组织的苏木精-伊红染色和太赫兹成像图

与正常脑组织相比,神经胶质瘤区域,因有丝分裂活性增强,不仅细胞核异型性增加,而且细胞为了维持正常的生命体征,脑胶质瘤区域的水分也会增多[67]。细胞的核异型性和水分增加,又将影响脑组织的折射率和吸收系数。2014年,中国工程物理研究院流体物理研究所的K. Meng等[68]首次研究了石蜡包埋的小鼠GL261脑胶质瘤模型的太赫兹波光谱特性。他们采用透射式太赫兹时域光谱仪实现频率为0.2～2 THz内的石蜡包埋脑胶质瘤和正常组织的折射率和吸收系数测量,如图7-15所示。实验结果表明,去除水影响的脑组织中的肿瘤区域的折射率、吸收系数都高于正常组织。石蜡脑组织样品的胶质瘤区域和正常组织的折射率随频率的变化不大,其数值都在1.5左右。石蜡脑组织样品的胶质瘤区域和正常组织的吸收系数随频率的增大呈下降趋势,且因功率和信噪比影响,频率大于1.5 THz后,胶质瘤区域和正常组织的折射率交叠严重。

2016年,日本的S. Yamaguchi等[69]首次研究了新鲜离体大鼠C6脑胶质瘤

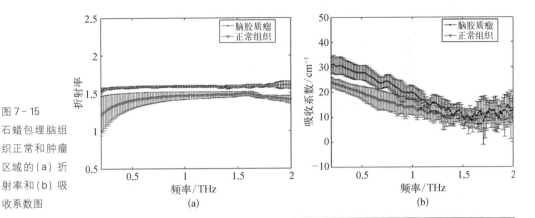

图 7-15
石蜡包埋脑组织正常和肿瘤区域的(a)折射率和(b)吸收系数图

模型的太赫兹波光谱特性。他们采用频率为 0.8~1.5 THz 的太赫兹时域光谱反射式成像系统,首先研究了脑组织的光谱特性,然后将脑组织的复折射率值通过主成分分析法重构出脑组织的太赫兹波图。脑组织的太赫兹波光谱结果显示,脑组织的肿瘤区域和正常区域在 0.8~1.5 THz 内有明显的差异,肿瘤区域的折射率和吸收系数都高于正常组织,如图 7-16 所示。脑组织的折射率随频率的增大呈下降趋势,而吸收系数随频率的增大呈上升趋势,且脑组织的太赫兹波谱图没有明显的特征峰出现。通过重构后的脑组织图,可清楚地识别胶质瘤区域且肿瘤区域的大小与位置和苏木精-伊红(HE)染色图的肿瘤区域与位置一致,如图 7-17 所示。

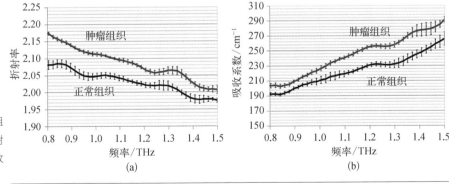

图 7-16
新鲜离体脑组织的(a)折射率和(b)吸收系数图

2016 年,S. Yamaguchi 等[70]又采用相同的成像装置系统,通过研究新鲜离体、石蜡和染色脑组织样品,定量、定性地分析了脑组织中肿瘤和正常组织太赫兹波反射率差异的原因。实验结果显示,因为肿瘤区域的含水量和细胞密度增

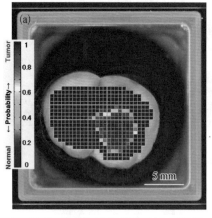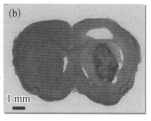

图 7-17
新鲜离体脑组
织的(a)主成
分法重构图和
(b)苏木精-伊
红染色图

长量不同,导致石蜡样品的肿瘤与正常组织的太赫兹波反射率差异大于新鲜脑组织。通过采用频率为 0.8～1.5 THz 的太赫兹时域光谱仪检测新鲜离体脑组织样品,得到肿瘤组织含水量比正常组织增加大约 5%,如表 7-1 所示。通过将染色样品切成同样的厚度并进行细胞密度查数得到肿瘤组织区域的细胞密度比正常组织增加约 15% 以上,如表 7-2 所示。

序　号	水　含　量	
	正常组织	肿瘤组织
1	80.7±0.013	87.5±0.013
2	81.4±0.005	82.1±0.005
3	79.5±0.014	86.7±0.015

表 7-1
组织中水分的估计百分比

	样品 1		样品 2		样品 3	
	正常组织	肿瘤组织	正常组织	肿瘤组织	正常组织	肿瘤组织
不含水/%	3.4	21.3	3.3	9.4	2.2	18.1
细胞核/%	9.3	36.4	8.7	48.6	7.6	22.9
细胞质/%	87.3	42.3	88.0	42.0	90.2	59.0

表 7-2
组织中细胞密度的估计百分比

　　近年来,研究人员一直致力于太赫兹波脑胶质瘤区域识别的研究,促进了太赫兹成像在临床及实际中的应用。已有关于在体鼠脑胶质瘤和离体人脑胶质瘤的报道。2016 年,韩国延世大学的 Y. B. Ji 等[71] 首次尝试性地实现了离体人脑低级和高级的胶质瘤识别,并成功实现了体小鼠在体脑胶质瘤识别,如图 7 - 18 所示。实验结果表明,人脑胶质瘤的肿瘤区域和灰质与白质的反射率有明显差别,肿瘤区域的反射率高于灰质,且灰质区域的反射率高于白质。通过将在体小鼠进行核磁、荧光和太赫兹成像得到,在体小鼠的脑肿瘤区域可被太赫兹反射成像清楚地识别,且太赫兹波图像的肿瘤区域与荧光成像的位置和区域一致。为了进一步证明太赫兹波可识别在体脑组织的肿瘤区域,将同一个样品的新鲜离体脑组织进行再次的荧光和太赫兹波成像。结果表明,太赫兹波图像的肿瘤区域与荧光图像的肿瘤区域和大小一致。

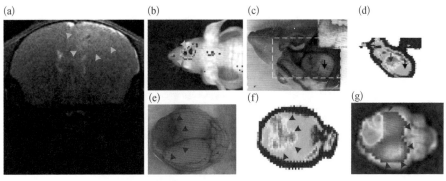

图 7 - 18
各类小鼠组织
不同成像方式
结果对比

(a) 在体小鼠的核磁成像(黄色箭头为肿瘤区域);(b) 在体荧光成像(黄色箭头为肿瘤区域);(c) 与石英接触的暴露脑肿瘤的白光图像(虚线框为被测区域);(d) 在体太赫兹反射成像(蓝色箭头为肿瘤区域);(e) 新鲜离体白光脑组织(蓝色箭头为肿瘤区域);(f) 新鲜离体脑组织太赫兹波成像图(蓝色箭头为肿瘤);(g) 离体荧光成像(蓝色箭头为肿瘤区域)

2017 年,N. V. Chernomyrdin 等[72]首次初步研究了石蜡包埋体外人脑胶质瘤的光谱特性。此实验通过采用 0.1~1.1 THz 的太赫兹时域光谱仪反射式系统,研究了健康完整的脑组织、1 例脑膜瘤和 2 例脑胶质瘤样品的太赫兹光谱特性共 4 种样本。4 种样本的太赫兹波折射率和吸收系数如图 7 - 19 所示。实验结果表明,胶质瘤区域的折射率和吸收系数高于完整组织,4 种样本的折射率随频率的增大而降低、吸收系数随频率的增大而增大,折射率和吸收系数在检测波段没有出现明显的特征峰。

7.3.2　击打性脑创伤的太赫兹检测

颅脑创伤是当前常见的高致死、致残率疾病之一。神经科学领域将颅脑创

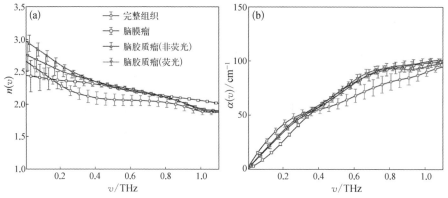

图 7 - 19 石蜡包埋健康（完整）组织，1 例脑膜瘤和 2 例脑胶质瘤（其中一个进行荧光处理）离体脑组织的（a）折射率和（b）吸收系数

伤根据创伤程度不同分为轻度创伤、中度创伤和重度创伤[73]。据估计，全球每年约有 1 000 万人由于脑创伤直接导致住院或者死亡，5 700 万人遭受过脑创伤，其中，75％～85％为轻度创伤[74]。因此，不同程度颅脑创伤诊断和检测对其早期治疗和预后具有非常重要的意义，尤其对轻度颅脑创伤的成像检测和精确识别是当前神经外科领域的技术瓶颈。其主要病理表现有脑水肿、神经发炎、低血压、低血氧等。当前脑创伤的成像检测主要有计算机体层摄影（CT）[75]、弥散核磁共振成像[76]、PET[77]、光声成像[78]、荧光分子成像[79]等，其基本原理是基于脑创伤导致的水分变化或者血管变化实现检测。但是，当前的这些手段大都存在灵敏度低、设备庞大等缺点，并且无法实现轻度脑创伤的准确检测，容易耽误患者的治疗。因此，不同程度颅脑创伤的成像检测，尤其是轻度创伤的检测仍然是神经外科领域的热点和难点。太赫兹波对水分的高灵敏及太赫兹波成像技术的飞速发展给脑创伤成像检测技术发展带来了新的可能性。

1. 动物模型制备

实验中，采用成年雄性 Sprague Dawley 大鼠建立了动物击打性颅脑创伤模型。动物实验模型采用经典的 Feeney 自由落体击打伤方法[80]。

首先用 50 mg/kg 的戊巴比妥钠对大鼠进行腹腔注射麻醉。然后，将大鼠固定于立体定位架，颅顶朝上，固定完后进行颅脑顶部备皮。接下来进行右顶叶颅骨切开术。将头皮从中缝剥开，用牙钻进行开颅手术将硬脑膜暴露出来，开颅区域直径约为 4.5 mm，操作时应避免硬脑膜撕裂。用一个直径 4.5 mm、高 5 mm、质量 30 g 的砝码分别从高度 15 cm、25 cm、35 cm 处自由落体击打裸露的硬脑膜从而制备轻度、中度和重度颅脑创伤模型。作为对照，实验中还设置了假性组，对没有创伤的正常大鼠也进行了相同的右顶叶颅骨切开术。模型制备成功后分别进行取脑。完成击打性颅脑创伤动物模型建立后，制备不同创伤程度的大鼠脑组织测试样本。所有样本按创伤程度分成四组，分别为假性组（sham）、轻度（mild）创伤、中度（moderate）创伤和重度（severe）创伤。

不同创伤程度模型制备成功后进行取脑，如图 7-20(a)第一行所示。肉眼观察可见动物模型中创伤越严重会导致创伤灶区域越大。取脑后首先对创伤脑组织进行 2,3,5-三苯基氯化四氮唑（TTC）染色切片检测，切片厚度为 2 mm，切片位置取创伤灶中部。典型的假性样本和创伤样本（轻度、中度、重度）对应的 TTC 染色结果如图 7-20(a)第二行所示。结果显示，假性组即正常的脑组织的 TTC 染色切片除了脑组织本身的白质区域外没有呈现苍白色区域，而创伤组的脑组织在创伤灶周围出现苍白色区域，并且创伤越严重苍白色区域越大，这与理论上颅脑创伤的病理表现一致。

然后，为了在病理学上进一步确定颅脑创伤的损伤程度，在创伤 24 h 后对不同创伤模型进行神经功能损伤评估，评估采用优化的神经功能缺损评分（mNSS）。不同脑创伤程度模型的评分结果如图 7-20(b)所示，评分取每组 6 个实验鼠的平均评分，并对其差异性进行了统计学显著性检验。统计学中一般采用 P 值进行显著性检验，对于事件显著性水平为 $P < x$，表示该事件成立的概率大于 $(1-x)$。结果显示，mNSS 评分的结果为重度创伤＞中度创伤＞轻度创伤＞假性组。以重度创伤为标准，假性组、轻度创伤组和中度创伤组的 mNSS 评分差异性的显著性检验 P 值均小于 0.05，说明不同创伤程度的 mNSS 评分具有明显统计学差异，其评分结果与理论一致，并且与 TTC 染色检测结果呈现的创伤严重程度也一致。mNSS 评分和 TTC 染色结果表明实验成功制备不同创伤程度的击打性颅脑创伤模型。

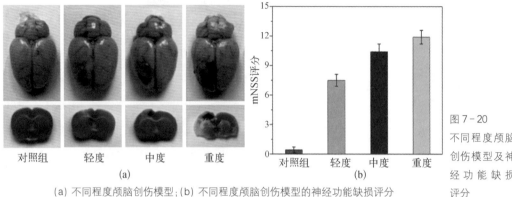

(a) 不同程度颅脑创伤模型;(b) 不同程度颅脑创伤模型的神经功能缺损评分

图 7 - 20 不同程度颅脑创伤模型及神经功能缺损评分

2. 击打性脑创伤的太赫兹波谱检测

水的差异性是目前核磁共振成像等成像技术实现脑创伤成像检测的重要依据之一,而太赫兹波对水含量差异十分敏感,因此结合不同程度脑创伤组织的太赫兹吸收波谱分析了太赫兹波与脑创伤组织相互作用机理及其吸收特征是十分有必要的。首先,采用太赫兹时域光谱仪(TDS, Advantest Corp., TAS7500SP)对新鲜脑创伤组织的太赫兹吸收波谱进行了测量。测量方法采用透射模式,其动态范围大于 70 dB,频率分辨率达到 7.6 GHz。测试时,首先测试两片空的石英玻片(厚度均为 500 μm)的太赫兹吸收波谱,并将数据设为参考背景。然后,将不同程度的创伤模型取脑后用冰冻切片机取创伤灶中部 40 μm 厚的切片,并夹于上述两片石英玻片之间。每类创伤组分别包含 6 个新鲜鼠脑样本,每个样本的测量位置取创伤灶击打位置周围 3 个不同的点,然后对 3 个点的吸收波谱取平均后作为每个样本的太赫兹吸收波谱。实验结果如图 7 - 21 所示,不同程度脑创伤组织在太赫兹波段的吸收系数具有如下关系:重度创伤＞中度创伤＞轻度创伤＞假性组,这与脑创伤的严重程度是一致的,尤其是重度脑创伤组织对太赫兹波的吸收明显高于其他几种创伤程度,而假性组对太赫兹波的吸收最低。

由于大脑除了水分外的固体物质主要为脂肪等有机物质,还有少量无机盐,并且脂肪占了很大比重[81],因此,鼠脑组织中脂肪等有机物质的太赫兹吸收波谱的测量采用的方法为对组织脱水后测其固体物质的太赫兹吸收波谱。另一方

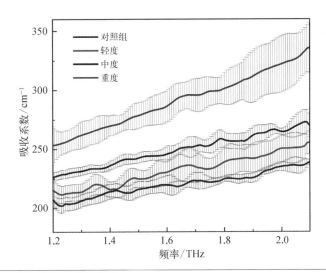

图 7-21
不同程度脑创伤组织的太赫兹吸收波谱

面，由于鼠脑表层组织脂肪含量较低，因此鼠脑组织中神经纤维的太赫兹吸收波谱的测量采取对新鲜大脑表层组织测量太赫兹吸收波谱。每组各取 6 个样本，分别对两类物质的太赫兹吸收波谱取平均，然后根据神经纤维和脂肪等有机物质吸收波谱分别拟合不同程度脑创伤组织的非线性规划模型。拟合的吸收波谱和实测的吸收波谱如图 7-22 所示，结果显示，使用建立的非线性规划模型获得了很好的拟合效果。

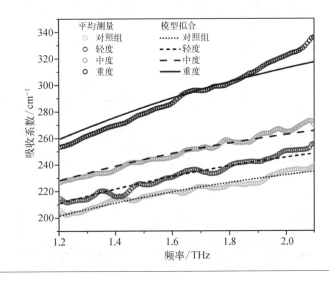

图 7-22
不同程度脑创伤组织的太赫兹吸收波谱测量结果及其模型拟合结果

3. 击打性脑创伤的太赫兹成像检测

不同程度的脑创伤组织对太赫兹波的吸收具有明显差异,因此可以利用太赫兹波成像技术实现脑创伤的成像检测。成像系统频率采用 2.52 THz,成像扫描步长采用 250 μm,输出功率设为 70 mW。生物组织切片样本的温度仍然控制为室温 23℃,成像环境中充入干燥空气,每次测试在湿度低于 2%RH 条件下进行测量。

首先,为了实现高对比度的创伤灶太赫兹波成像,需要确定合适的切片厚度。实验中对同一个大鼠颅脑创伤样本创伤灶中部连续的不同厚度的切片组织进行成像。采用的切片厚度分别为 30 μm、35 μm、40 μm、45 μm 和 50 μm,样本制备采用中度创伤模型,实验结果如图 7 - 23 所示。实验结果表明,30 μm 和 35 μm 厚切片样本的太赫兹波成像结果中无法明显辨别创伤灶,原因是切片厚度太薄导致创伤周围水肿组织对太赫兹波的吸收太低,与正常脑组织相比,对太赫兹波的吸收差异性不明显。当切片厚度为 40 μm 时,结果如图 7 - 23 中所示白色虚线框为创伤灶位置,周围红色区域为创伤灶周围因水肿引起的低透射率区域,此时非创伤侧的正常组织和创伤灶周围病变组织对比度较大,也符合其病理水肿特征。当切片厚度大于 45 μm 时,成像结果中整个脑组织对太赫兹波的

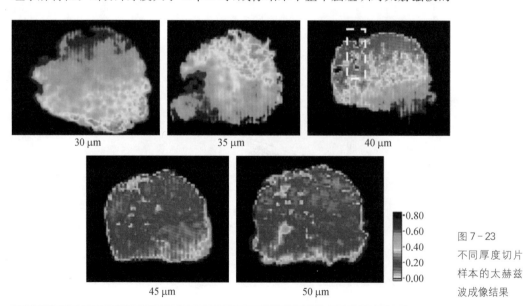

图 7 - 23
不同厚度切片样本的太赫兹波成像结果

吸收都比较高,探测到的透射率极低,无法实现创伤及水肿区域的分辨。因此,结果表明 40 μm 为比较合适的样本切片厚度。

确定太赫兹波成像过程中合适的组织切片厚度后,进一步对不同程度的大鼠脑创伤组织切片样本进行太赫兹波透射式成像实验并与核磁共振成像结果比较。核磁共振成像系统如图 7-24 所示,采用成熟的动物立体定位系统。不同程度脑创伤组织对应的核磁共振成像结果、实物照片和太赫兹波成像结果分别如图 7-24(a)(b)(c)所示,从上至下依次为假性、轻度、中度和重度创伤样本。核磁共振成像采用 7.0T 小动物磁共振扫描仪进行检查,大鼠以 1.5%~2%异氟烷吸入麻醉后,固定于线圈门齿槽,接 1.5%异氟烷管道持续吸入麻醉状态并行磁共振扫描。选择 T2 加权序列(TR/TE 4 000/60 msec)进行扫描,扫描层厚为 0.5 mm。磁共振图像处理采用公共软件 ImageJ 进行分析。对比不同创伤程度

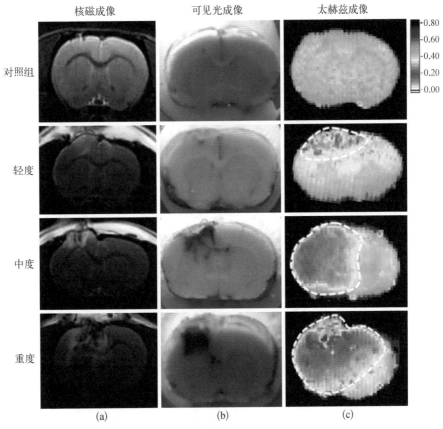

图 7-24
不同程度脑创伤组织的(a)核磁共振成像结果、(b) 实物照片及(c) 太赫兹波成像

组织的太赫兹波成像结果发现,假性组样本的太赫兹波成像中,除了白质部分,其他不同部位组织的太赫兹波透射率比较均匀。而创伤组脑组织的太赫兹波成像结果与假性组具有明显差异,存在明显的低透射率区域,并且低透射率区域平均透射率大小关系为轻度＞中度＞重度,这与核磁共振成像结果呈现的趋势相同。

7.3.3　脑缺血的太赫兹检测

　　脑缺血以其突发性强,致残、致死率高以及越来越高的发病率等已成为神经科常见的疾病之一,其发病机理主要有由于脑动脉狭窄、闭塞或者破裂造成该动脉所支配的区域脑组织缺血和体循环障碍如低血压、心脏骤停、失血性休克等原因所引起的大脑缺血两种[82,83]。它主要涉及兴奋性氨基酸释放、细胞内钙离子超载、梗死周围去极化以及炎症4个方面,它们之间相互重叠、相互作用,其机理极其复杂。

　　脑组织缺血时,细胞处于缺氧、缺养料的极端环境,细胞的呼吸作用逐渐由有氧呼吸过渡到无氧呼吸,这不仅导致胞内酸碱度失衡,还导致胞膜能量供应不足,从而影响胞膜的钠、钾离子泵功能失调,进而导致胞膜去极化,电压依赖性的钙离子通道被打开,钙离子内流,兴奋性氨基酸如谷氨酸大量释放,由于能量缺乏,导致谷氨酸的重摄取受阻,进而胞外大量谷氨酸堆积,使得谷氨酸受体被大量激活,再使依赖于谷氨酸受体的钙离子通道激活,进一步导致钙离子内流、胞内钙离子超载,超载的钙离子作为主要的第二信使,使得胞内一氧化氮合酶、脂酶、蛋白酶、核酸内切酶等一系列酶被激活,介导了胞内一系列依赖钙离子的生化反应,引起脱氧核糖核酸、蛋白质、脂类降解和氧自由基形成、线粒体功能障碍、能量耗竭等,导致神经元逐步变性、坏死[84~86]。由于脑细胞的不可再生性,因此脑缺血对脑组织所产生的损伤是不可估量的。

　　Xu曾提到,在脑缺血后15 min,脑组织中的谷氨酸、天门冬氨酸、γ-氨基丁酸、牛磺酸等含量迅速上升,在缺血30～60 min时,4种氨基酸含量均达到最高值[87]。Liu等报道[88],脑缺血后,大鼠脑组织中的乳酸含量在短时间内急剧上升,在6 h达到高峰。6 h之后,随着乳酸等中间产物的逐步分解,从而导致缺血脑组织对太赫兹波的吸收减小。在缺血 12～24 h 内,缺血脑组织所呈现出的增大趋势,是由于钙离子超载进而激活一氧化氮合酶导致大量一氧化氮被合成。Nageyama 等报道[89],在缺血时间达到 12 h 时,可以检测到一氧化氮合酶和催化活性,在 48 h 时达到高峰。

2016 年,张章等[90]利用透射式 THz - TDS 研究了缺血时间为 0、1 h、3 h、6 h、12 h、24 h 的大鼠脑组织。脑组织对太赫兹波的吸收系数与缺血时间的关系如图 7 - 25 所示,张章等认为这种变化与脑组织中化学物质成分和含量的变化有关。

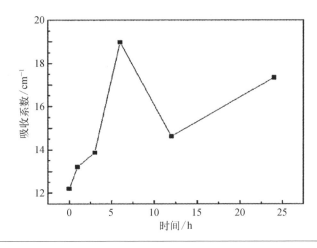

图 7 - 25
脑组织对太赫兹波的吸收系数与缺血时间的关系

7.4 太赫兹在细胞、组织等方面的医学检测应用

7.4.1 太赫兹波细胞检测

细胞是生物体基本的结构和功能单位。已知除病毒之外的所有生物均由细胞所组成,细胞中还有一些细胞器,它们具有不同的结构,执行着不同的功能,共同完成细胞的生命活动。太赫兹由于其瞬态性、宽带性、低能性等,太赫兹波光谱技术在生命科学、医学检测等领域有着极大的应用前景与应用价值,尤其是各类细胞的太赫兹光谱测量,已经成为当今的研究热点。目前关于太赫兹细胞检测技术主要包括两个方面:其一,各类细胞在太赫兹波辐照下的生理形态变化;其二,细胞在太赫兹波段的介电响应。

1. 太赫兹辐照

2008 年,J.S. Olshevskaya 等研究了太赫兹光辐照对神经系统的影响,包括膜电位和形态学损伤,如图 7-26 所示。利用链霉溶液可以对神经元细胞进行分离,再将分离出来的神经元细胞置于聚丙烯片上,检测膜电位时,利用电阻探头伸到溶液中。当功率较小时,膜电位基本无明显变化,但是当功率增大时,膜电位开始发生变化,会发生明显偏离[91]。

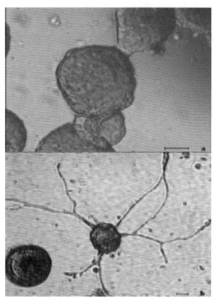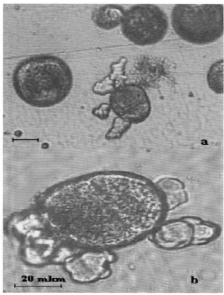

图 7-26 神经元细胞在太赫兹辐照下的影响

2006 年,J. B. Masson 利用蛙的心肌细胞,研究机械运动和离子通道对其太赫兹信号吸收的影响,如图 7-27 所示。研究证实离子相干成像技术(ICT)具有较高的灵敏度,在神经电位响应检测方面具有一定的应用价值。

文章还探讨了毒素和温度对离子相干成像的影响。如图 7-28 所示,黑色曲线是正常的神经组织成像,红色是加入毒素后的曲线,我们能发现成像效果有明显的变化。同时文章也讨论了不同温度对成像效果的影响[92]。

2010 年,J. Bock 等利用对照试验,研究太赫兹辐照对干细胞的影响。图 7-29(a)(b)(c)分别给出了无太赫兹辐照和 2 h 太赫兹辐照、6 h 太赫兹辐照的变化,红色箭头为异常处[93]。

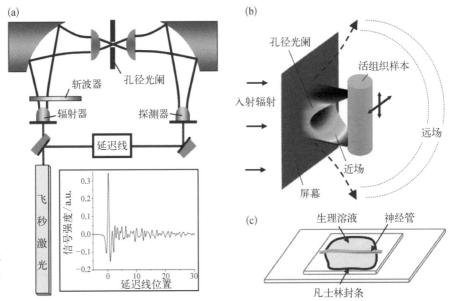

图 7-27
离子相干成像
技术实验装置
和原理

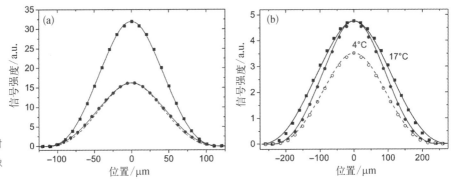

图 7-28
毒素和温度对
离子相干成像
的影响

2. 活细胞在太赫兹波段介电特性

细胞生存的液体环境和细胞内部富含大量的水,水在细胞代谢的过程中起
到重要的作用。关于细胞在太赫兹波段的介电相应特性,一直受到研究学者们
的广泛关注,当前常见的单层细胞太赫兹光谱检测方式分为透射式检测技术和
衰减全反射式检测技术。

基于透射式的太赫兹细胞检测,一般将细胞生长在基底上,但是由于太赫兹

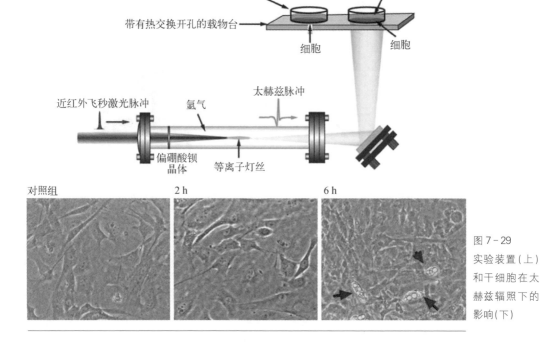

图 7 - 29
实验装置(上)
和干细胞在太
赫兹辐照下的
影响(下)

对极性液体的强烈吸收,大多数研究集中于对已经干燥的细胞进行光谱测量,这样细胞活性会受到严重的影响。2007 年,Hai-Bo Liu 等证实了利用太赫兹检测细胞微小结构的变化具有较高的灵敏度,优于传统的光学相干技术成像[94]。2013 年,Caroline B. Reid 等发现不同的血红细胞具有不同的光谱特性,同时介电特性改变随着浓度的变化具有较好的线性关系[95]。2014 年,S. J. Park 等发现太赫兹对外界环境中的细菌有较高的探测灵敏度,不同数量的细菌可以使太赫兹超材料的有效介电特性发生改变,如图 7 - 30 所示,导致频率的透过峰发生频移[96]。

与透射式细胞光谱测量方法相比,衰减全反射式测量能更长时间地保持细胞活性,同时准确性更高。由于隐失波的穿透深度大于细胞层的厚度,为准确测量活细胞在太赫兹波段的介电响应,科研人员提出并使用了双层 ATR 测量模型。2013 年,K. Shiraga 等将细胞样品置于全反射棱镜上,基于"棱镜-细胞-细胞培养液"的双层 ATR 模型,如图 7 - 31 所示,获得了肠的上皮细胞的复介电常

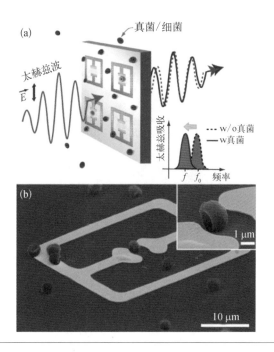

真菌/细菌

太赫兹波

$\vec{E}$

太赫兹吸收

···· w/o真菌
—— w真菌

f f_0 频率

1 μm

10 μm

图 7 - 30
太赫兹超材料
的结构示意图

数[97]。关于双层 ATR 模型满足下面的公式：

$$\widetilde{r}_{12} = \frac{\sqrt{\varepsilon_1}\sqrt{1-\left(\dfrac{\varepsilon_1}{\widetilde{\varepsilon}_2}\right)\sin^2(\theta)}-\sqrt{\widetilde{\varepsilon}_2}\cos(\theta)}{\sqrt{\varepsilon_1}\sqrt{1-\left(\dfrac{\varepsilon_1}{\widetilde{\varepsilon}_2}\right)\sin^2(\theta)}+\sqrt{\widetilde{\varepsilon}_2}\cos(\theta)} \tag{7-32}$$

$$\widetilde{r}_{23} = \frac{\sqrt{\widetilde{\varepsilon}_2}\sqrt{1-\left(\dfrac{\widetilde{\varepsilon}_2}{\widetilde{\varepsilon}_3}\right)\sin^2(\theta)}-\sqrt{\widetilde{\varepsilon}_3}\sqrt{1-\left(\dfrac{\varepsilon_1}{\widetilde{\varepsilon}_3}\right)\sin^2(\theta)}}{\sqrt{\widetilde{\varepsilon}_2}\sqrt{1-\left(\dfrac{\widetilde{\varepsilon}_2}{\widetilde{\varepsilon}_3}\right)\sin^2(\theta)}+\sqrt{\widetilde{\varepsilon}_3}\sqrt{1-\left(\dfrac{\varepsilon_1}{\widetilde{\varepsilon}_3}\right)\sin^2(\theta)}} \tag{7-33}$$

$$\widetilde{r}_{123} = \frac{\widetilde{r}_{12}+\widetilde{r}_{23}\exp\left[i\,\dfrac{4\pi d}{\lambda}\sqrt{\varepsilon_1\,\sin^2(\theta)-\widetilde{\varepsilon}_2}\right]}{1+\widetilde{r}_{12}\,\widetilde{r}_{23}\exp\left[i\,\dfrac{4\pi d}{\lambda}\sqrt{\varepsilon_1\,\sin^2(\theta)-\widetilde{\varepsilon}_2}\right]} \tag{7-34}$$

$$\widetilde{r}_{123} = \frac{\widetilde{r}_{12}+\widetilde{r}_{23}\cos(\delta)}{1+\widetilde{r}_{12}\,\widetilde{r}_{23}\cos(\delta)} \tag{7-35}$$

式中，硅的介电常数为 ε_1；细胞层的介电常数为 $\widetilde{\varepsilon}_2$；细胞培养液的介电常数为

$\tilde{\varepsilon}_3$;入射角为 θ;硅-细胞层的反射系数为 r_{12};细胞层-细胞培养液的反射系数为 r_{23};其双层模型整体的反射系数为 r_{123}。

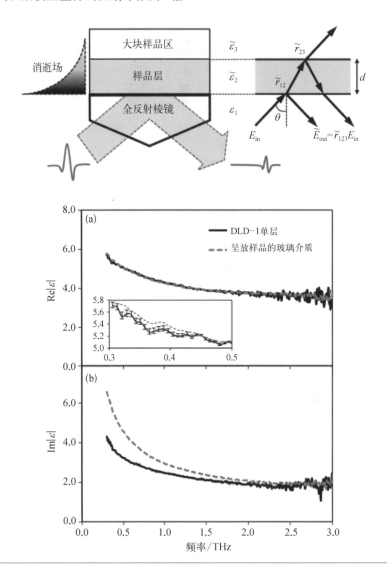

图 7-31
双层 ATR 模型
结构示意图

2014 年,该小组在上述模型基础上,测量了人类多种肿瘤细胞(DLD-1、HEK293、HeLa)的复介电常数,并利用最小二乘法将其拟合成德拜-洛伦兹函数,以此解释这些肿瘤细胞内外水分子在太赫兹波段的介电响应[98]。2015 年,该小组证实了肿瘤细胞内部的动态水分子和细胞内部结合水分子的比例可以通过 ATR 太赫兹光谱技术检测[99]。同年,M. Grognot 等在待测的细胞中加入洗涤剂,高浓度的洗涤剂可以迅速溶解膜结构并杀死细胞,通过检测太赫兹信号的峰值强度,实验发现太赫兹信号与细胞内部的蛋白质含量呈相关性[100]。

2017 年,中国工程物理研究院 Y. Zou 等利用 ATR 双光路的方法,减少了系统相位不准带来的误差,如图 7-32 所示。同样利用双层 ATR 模型,提取出乳腺癌细胞在太赫兹段的介电参数。进一步通过在细胞培养液中加入双氧水来检测细胞活性,实验结果表明,在加入双氧水后的不同时间以及细胞死亡后,太赫兹光谱曲线有着明显的差别[101]。

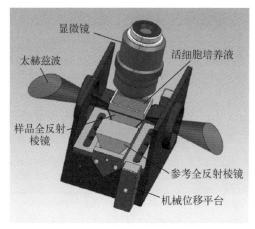

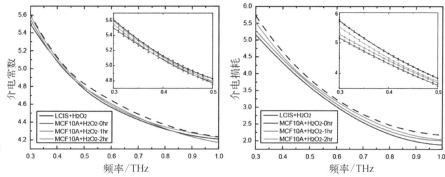

图 7-32
双光路 ATR 测量方法

7.4.2 太赫兹波生物组织检测

太赫兹波在生物医学研究上具有独特的电磁特性,如低能性、水敏感性、指纹谱特性等,这些特性使太赫兹波成像技术在生物医学检测领域具有广阔的应用前景。太赫兹波成像从诞生到发展的短短十多年间已经开展了十多种不同病灶的检测与研究,如图7-33所示为不同种类生物组织的太赫兹波成像检测研究趋势。

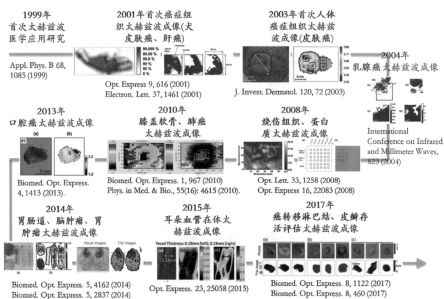

图7-33
不同生物组织
的太赫兹波成
像检测研究

1999年首次太赫兹波医学应用探索研究至今[102],太赫兹波成像技术在生物医学领域已经成功对以下生物组织进行了研究。

(1)癌症组织

2001年,T. Löffler等[103]首先对犬皮肤癌组织进行了太赫兹波成像研究,此后,癌症的太赫兹波成像检测技术愈发得到关注。2003年,Woodward等[104]对皮肤癌的基底癌细胞进行了太赫兹波成像检测,该工作是首次对人体癌症组织进行太赫兹波成像,其检测出的癌症位置与病理学分析结果一致,表明太赫兹波成像可以用于癌症组织的检测。2004年,在红外、毫米波与太赫兹国际会议上,Wallace等[105]首次报道了乳腺癌组织的太赫兹波成像结果,实验结果表明,正常乳腺组织和乳腺癌组织对太赫兹波具有明显的吸收差异,利用太赫兹波成像技术可以实现两种组织的区分和检测。2007年,Enatsu等[106]对石蜡包埋的肝癌组织进行了太赫兹波成像研究,发现在太赫兹波段正常组织的折射率和吸光系数较为稳定,而肝癌组织的折射率和吸光系数具有明显梯度变化,从而可以实现两者的成像识别。2009年,Son Joo Hiuk团队[107]将金纳米棒颗粒注入癌变组织,并照射红外光增强热效应,在此条件下,实现高对比度的太赫兹波成像。2010年,Brun等[108]对10 μm厚的切片组织进行了反射式太赫兹波成像,并且利用复折射率对成像结果进行聚类分析实现了正常组织和癌症组织的识别。

2011年,Miura等[109]开发了一套宽波段的太赫兹检测系统,并利用该系统对肝癌组织进行了1～6 THz的成像检测,研究了癌症组织检测过程中的波段优化问题,结果显示3.6 THz处可以获得最佳对比度。2011年,Joseph等[110]采用具有高输出功率的气体太赫兹激光器对人体皮肤癌组织进行了成像研究,分别在1.47 THz和1.67 THz的输出频率下实现了400 μm和500 μm左右的成像分辨率,利用图像中太赫兹波透射率的差异实现了癌症组织的识别。2011年,Jung等[111]采用反射式太赫兹波成像系统实现了宫颈癌的检测,健康组织和癌症组织对太赫兹波的反射幅值差为5%左右。2011年,Wahaia等[112]对正常结肠组织和癌变组织进行了太赫兹波成像研究,分别检测了新鲜的和石蜡包埋的两种组织。结果发现,石蜡包埋的癌症组织也可以利用太赫兹波实现识别,说明除了水分以外还有其他影响因素对太赫兹波癌症检测起到了作用。2011年之后,太赫兹波成像技术又拓展到了口腔癌、脑肿瘤等不同组织和不同状态下的癌症组织的成像检测。在国内,天津大学、中国人民解放军陆军军医大学(第三军医大学)、上海理工大学、哈尔滨工业大学、中国科学院沈阳自动化研究所、浙江大学等多家单位的研究人员也开展了癌症组织的太赫兹波谱及成像检测研究,主要包括皮肤癌[113]、胃癌[114]、肺癌[115]等。

(2)烧伤组织

2008年,Taylor等[116]采用反射式太赫兹波成像系统对二级烧伤的猪肉组织进行了成像检测,成像中心频率为500 GHz左右,成像结果中能清晰显示烧伤导致的环状区域。

(3)角膜组织

2010年,Singh等[117]利用太赫兹波对水分子及其结构的敏感性研究了角膜中水分子的微观动力学过程,分析了太赫兹波成像技术在角膜疾病检测中的应用前景。2011年,Bennett 等[118]分析了太赫兹波用于眼科疾病检测的可能性及原理,分别测量了不同水分含量的猪眼角膜在不同频率下的反射率,并建立了太赫兹波与角膜组织相互作用的理论模型。

（4）脑组织

2009年,Png 等[119]对冰冻的人脑组织进行太赫兹波成像和初步研究,从而开始了太赫兹波成像技术在脑科学领域的应用研究。同年,Bakopoulos 等[120]搭建了基于非线性光学的可调谐太赫兹源并将其应用于脑组织成像。2011年,Son Joo Hiuk 团队[41]在红外、毫米波与太赫兹国际会议上首次报道了脑肿瘤太赫兹波成像检测的初步研究。2014年,国内第三军医大学冯华团队[121]对石蜡包埋的脑缺血组织进行了太赫兹波谱的检测研究,从而开启了国内太赫兹波在神经外科检测领域的研究,并且第三军医大学分别与中国工程物理研究院和天津大学等单位开展合作,促进了国内太赫兹波神经外科检测技术的研究和发展。2016年,Yamaguchi 等[122]也报道了新鲜脑肿瘤的太赫兹波成像研究,实现了高对比度的肿瘤成像检测。在国内,第三军医大学、天津大学、中国工程物理研究院、上海理工大学、华中科技大学等单位也开展了脑胶质瘤等脑组织病灶的太赫兹波谱及成像研究。

（5）牙齿组织

2009年,Sim 等[123]研究了人体牙釉质和牙本质在太赫兹波段的折射率和吸收系数,结果表明,两者对太赫兹波的吸收比较接近,但是牙釉质的折射率大于牙本质。2010年,Schirmer 等[124]将太赫兹波成像技术应用于牙科的结晶度检测。2012年,Hinmer 等[125]采用太赫兹波谱分析了湿润牙齿和牙本质对太赫兹波的吸收,并实现了检测过程中的频率优化。

（6）骨组织

2005年,Stringer 等[126]研究了人体骨密质组织对太赫兹波的吸收特性,比较了太赫兹波检测结果和CT、核磁共振等检测结果的差异,结果表明太赫兹波检测技术可以实现非侵入式的骨组织检测。2010年,Emma 团队的 Kan 等[127]对关节炎膝盖软骨组织进行了太赫兹波成像的研究,并且利用太赫兹波在不同层骨组织中的反射延迟实现了软骨内部的检测。2012年,Jung 等[128]采用太赫兹时域光谱技术实现了关节炎软骨组织中不同位置水分的测量,并分析了不同深度软骨组织在太赫兹波段的折射率和吸收系数,从而实现了软骨内部水含量的定量检测。

（7）淋巴结组织

2017 年,Park[129]等研究了癌症转移淋巴结组织的太赫兹波谱及成像结果,结果表明在低温冰冻条件下,太赫兹波成像能够实现癌症转移淋巴结组织与正常组织的区分,并采用集成光谱技术实现了图像中癌变组织的识别。

（8）皮瓣组织

2017 年,Bajwa[130]等采用太赫兹波谱成像检测技术实现了对修复外科手术后皮肤下的皮瓣组织存活的评估,并且在老鼠身上成功进行了在体检测。

参考文献

［1］ Lewis R A. Invited review terahertz transmission, scattering, reflection, and absorption — the interaction of THz radiation with soils[J]. Journal of Infrared Millimeter & Terahertz Waves, 2017, 38(7): 799 - 807.

［2］ Park J Y, Choi H J, Cho K S, et al. Terahertz spectroscopic imaging of a rabbit VX2 hepatoma model[J]. Journal of Applied Physics, 2011, 109(6): 064704.

［3］ 张永刚.太赫兹超材料电磁诱导透明现象的电路模型研究[D].南京:南京大学,2016.

［4］ Pickwell E, Cole B E, Fitzgerald A J, et al. Simulation of terahertz pulse propagation in biological systems[J]. Applied Physics Letters, 2004, 84(12): 2190 - 2192.

［5］ Liebe H J, Hufford G A, Manabe T. A model for the complex permittivity of water at frequencies below 1 THz[J]. International Journal of Infrared & Millimeter Waves, 1991, 12(7): 677 - 682.

［6］ Kindt J T, Schmuttenmaer C A. Far-Infrared Dielectric Properties of Polar Liquids Probed by Femtosecond Terahertz Pulse Spectroscopy [J]. Journal of Physical Chemistry, 1996, 100(24): 10373 - 10379.

［7］ Pickwell E, Fitzgerald A J, Cole B E, et al. Simulating the response of terahertz radiation to basal cell carcinoma using ex vivo spectroscopy measurements [J]. Journal of Biomedical Optics, 2005, 10(6): 064021.

［8］ Bao C Q T, Tuan H D, Kha H H, et al. Debye parameter extraction for characterizing interaction of terahertz radiation with human skin tissue[J]. IEEE Transactions on Biomedical Engineering, 2013, 60(6): 1528 - 1537.

[9] Gabriel C, Corthout E G S. The dielectric properties of biological tissues: literature survey[J]. Physics in Medicine & Biology, 1996, 41(11): 2231.

[10] Gabriel S, Lau R W, Gabriel C. The dielectric properties of biological tissues: III. Parametric models for the dielectric spectrum of tissues[J]. Physics in Medicine & Biology, 1996, 41(11): 2271.

[11] Havriliak S, Negami S. A complex plane representation of dielectric and mechanical relaxation processes in some polymers[J]. Polymer, 1967, 8(67): 161 - 210.

[12] Truong B C, Tuan H D, Fitzgerald A J, et al. A dielectric model of human breast tissue in terahertz regime[J]. IEEE Transactions on Biomedical Engineering, 2015, 62(2): 699 - 707.

[13] Pickwell E, Cole B E, Fitzgerald A J, et al. Simulation of terahertz pulse propagation in biological systems[J]. Applied Physics Letters, 2004, 84(12): 2190 - 2192.

[14] Kutteruf M R, Brown C M, Iwaki L K, et al. Terahertz spectroscopy of short-chain polypeptides[J]. Chemical Physics Letters, 2003, 375(3 - 4): 337 - 343.

[15] Kikuchi N, Tanno T, Watanabe M, et al. A membrane method for terahertz spectroscopy of amino acids[J]. Analytical Sciences, 2009, 25(3): 457 - 459.

[16] Yamamoto K, Tominaga K, Sasakawa H, et al. Terahertz time-domain spectroscopy of amino acids and polypeptides[J]. Biophysical Journal, 2005, 89(3): L22 - L24.

[17] Ueno Y, Ajito K, Kukutsu N, et al. Quantitative analysis of amino acids in dietary supplements using terahertz time-domain spectroscopy[J]. Analytical Sciences, 2011, 27(4): 351.

[18] Lu S H, Zhang X, Zhang Z Y, et al. Quantitative measurements of binary amino acids mixtures in yellow foxtail millet by terahertz time-domain spectroscopy[J]. Food Chemistry, 2016, 211: 494 - 501.

[19] Chen J Y, Knab J R, Ye S J, et al. Terahertz dielectric assay of solution phase protein binding[J]. Applied Physics Letters, 2007, 90(24): 243901.

[20] Liu R, He M X, Su R X, et al. Insulin amyloid fibrillation studied by terahertz spectroscopy and other biophysical methods [J]. Biochemical and Biophysical Research Communications, 2010, 391(1): 862 - 867.

[21] Xie L J, Yao Y, Ying Y B. The application of terahertz spectroscopy to protein detection: a review[J]. Applied Spectroscopy Reviews, 2014, 49(6): 448 - 461.

[22] Teng X M, Tian L, Zhao K. Investigation of protein content in nutriment by terahertz spectroscopy[J]. Modern Scientific Instruments, 2012(1): 91 - 94.

[23] Zou Y, Li J, Cui Y Y, et al. Terahertz spectroscopic diagnosis of myelin deficit brain in mice and rhesus monkey with chemometric techniques [J]. Scientific Reports, 2017, 7(1): 5176.

[24] Yang J Q, Li S X, Zhao H W, et al. Molecular recognition and interaction between uracil and urea in solid-state studied by terahertz time-domain spectroscopy[J]. The Journal of Physical Chemistry A, 2014, 118(46): 10927 – 10933.

[25] Tang M J, Huang Q, Wei D S, et al. Terahertz spectroscopy of oligonucleotides in aqueous solutions[J]. Journal of Biomedical Optics, 2015, 20(9): 095009.

[26] Cheon H, Yang H J, Lee S H, et al. Terahertz molecular resonance of cancer DNA [J]. Scientific Reports, 2016, 6: 37103.

[27] Truong B C Q, Tuan H D, Fitzgerald A J, et al. A dielectric model of human breast tissue in terahertz regime[J]. IEEE Transactions on Biomedical Engineering, 2015, 62(2): 699 – 707.

[28] Shi L Y, Shumyatsky P, Rodriguez-Contreras A, et al. Terahertz spectroscopy of brain tissue from a mouse model of Alzheimer's disease[J]. Journal of Biomedical Optics, 2016, 21(1): 015014.

[29] Hou D B, Li X, Cai J H, et al. Terahertz spectroscopic investigation of human gastric normal and tumor tissues[J]. Physics in Medicine & Biology, 2014, 59 (18): 5423 – 5440.

[30] Echchgadda I, Grundt J A, Tarango M, et al. Using a portable terahertz spectrometer to measure the optical properties of in vivo human skin[J]. Journal of Biomedical Optics, 2013, 18(12): 120503.

[31] Reid C B, Reese G, Gibson A P, et al. Terahertz time-domain spectroscopy of human blood[J]. IEEE Journal of Biomedical and Health Informatics, 2013, 17 (4): 774 – 778.

[32] Shiraga K, Ogawa Y, Suzuki T, et al. Characterization of dielectric responses of human cancer cells in the terahertz region[J]. Journal of Infrared, Millimeter, and Terahertz Waves, 2014, 35(5): 493 – 502.

[33] Globus T, Dorofeeva T, Sizov I, et al. Sub-Thz vibrational spectroscopy of bacterial cells and molecular components[J]. American Journal of Biomedical Engineering, 2012, 2(4): 143 – 154.

[34] Mazhorova A, Markov A, Ng A, et al. Label-free bacteria detection using evanescent mode of a suspended core terahertz fiber[J]. Optics Express, 2012, 20 (5): 5344 – 5355.

[35] 樊洁平,刘惠民,田强.光吸收介质的吸收系数与介电函数虚部的关系[J].大学物理,2009,28(3): 24 – 25.

[36] And J T K, Schmuttenmaer C A. Far-infrared dielectric properties of polar liquids probed by femtosecond terahertz pulse spectroscopy [J]. Journal of Physical Chemistry, 1996, 100(24): 10373 – 10379.

[37] Pickwell E, Fitzgerald A J, Cole B E, et al. Simulating the response of terahertz radiation to basal cell carcinoma using ex vivo spectroscopy measurements[J]. Journal of Biomedical Optics, 2005, 10(6): 064021.

[38] Federici J F, Gary D, Schulkin B, et al. Terahertz imaging using an interferometric

array[J]. Applied Physics Letters, 2003, 83(12): 2477 – 2479.

[39] 石光明,刘丹华,高大化,等.压缩感知理论及其研究进展[J].电子学报,2009,37(5): 1070 – 1081.

[40] Chan W L, Moravec M L, Baraniuk R G, et al. Terahertz imaging with compressed sensing and phase retrieval[J]. Optics Letters, 2008, 33(9): 974 – 976.

[41] Chan W L, Charan K, Takhar D, et al. A single-pixel terahertz imaging system based on compressed sensing[J]. Applied Physics Letters, 2008, 93(12): 121105.

[42] Withayachumnankul W, Abbott D. Compressing onto a single pixel[J]. Nature Photonics, 2014, 8(8): 593 – 594.

[43] Watts C M, Shrekenhamer D, Montoya J, et al. Terahertz compressive imaging with metamaterial spatial light modulators[J]. Nature Photonics, 2014, 8(8): 605 – 609.

[44] Ferguson B, Wang S, Gray D, et al. T-ray computed tomography[J]. Optics Letters, 2002, 27(15): 1312.

[45] Mittleman D M, Hunsche S, Boivin L, et al. T-ray tomography[J]. Optics Letters, 1997, 22(12): 904 – 906.

[46] Isogawa T, Kumashiro T, Song H J, et al. Tomographic imaging using photonically generated low-coherence terahertz noise sources[J]. IEEE Transactions on Terahertz Science & Technology, 2012, 2(5): 485 – 492.

[47] Heremans R, Vandewal M, Acheroy M. Space-time versus frequency domain signal processing for 3D THz imaging[C]. IEEE Sensors, 2009: 739 – 744.

[48] Heimbeck M S, Kim M K, Gregory D A, et al. Terahertz digital holography using angular spectrum and dual wavelength reconstruction methods[J]. Optics Express, 2011, 19(10): 9192 – 9200.

[49] Hirori H, Yamashita K, Nagai M, et al. Attenuated total reflection spectroscopy in time domain using terahertz coherent pulses [J]. Japanese Journal of Applied Physics, 2004, 43(10A): 361 – 363.

[50] Gerasimov V V, Knyazev B A, Cherkassky V S. Obtaining spectrally selective images of objects in attenuated total reflection regime in real time in visible and terahertz ranges[J]. Optics & Spectroscopy, 2010, 108(6): 859 – 865.

[51] Wojdyla A, Gallot G. Attenuated internal reflection terahertz imaging[J]. Optics Letters, 2013, 38(2): 112 – 114.

[52] Mitrofanov O, Brener I, Harel R, et al. Terahertz near-field microscopy based on a collection mode detector[J]. Applied Physics Letters, 2000, 77(22): 3496 – 3498.

[53] Mitrofanov O, Tan T, Mark P R, et al. Waveguide mode imaging and dispersion analysis with terahertz near-field microscopy[J]. Applied Physics Letters, 2009, 94(17): 171104.

[54] Moon K, Park H, Kim J, et al. Sub-surface nanoimaging by broadband terahertz pulse near-field microscopy[J]. Nano Letters, 2014, 15: 549 – 552.

[55] Lu J Y, Kuo C C, Chiu C M, et al. THz interferometric imaging using

subwavelength plastic fiber-based THz endoscopes[J]. Optics Express, 2008, 16 (4): 2494 - 2501.

[56] Ji Y B, Lee E S, Kim S H, et al. A miniaturized fiber-coupled terahertz endoscope system[J]. Optics Express, 2009, 17(19): 17082 - 17087.

[57] Sim Y C, Park J Y, Son J H, et al. Terahertz imaging of excised oral cancer at frozen temperature[J]. Biomedical Optics Express, 2013, 4(8): 1413 - 1421.

[58] He Y, Ung B S, Parrott E P, et al. Freeze-thaw hysteresis effects in terahertz imaging of biomedical tissues[J]. Biomedical Optics Express, 2016, 7(11): 4711 - 4717.

[59] Park J Y, Choi H J, Cheon H, et al. Terahertz imaging of metastatic lymph nodes using spectroscopic integration technique[J]. Biomedical Optics Express, 2017, 8 (2): 1122 - 1129.

[60] 张亮.射频段生物组织介电特性检测方法与参数模型研究[D].长沙: 国防科学技术大学,2015.

[61] 王洁然,王化祥,徐晓.人体肺部组织介电特性实验研究[J].中国生物医学工程学报,2013,32(2): 178 - 183.

[62] Van Meir E G, Hadjipanayis C G, Norden A D, et al. Exciting new advances in neuro-oncology: the avenue to a cure for malignant glioma[J]. CA Cancer Journal for Clinicians, 2010, 60(3): 166 - 193.

[63] Swanson K R, Chakraborty G, Wang C H, et al. Complementary but distinct roles for MRI and 18F - Fluoromisonidazole PET in the assessment of human glioblastomas[J]. Journal of Nuclear Medicine, 2009, 50(1): 36 - 44.

[64] Jansen M, Yip S, Louis D N. Molecular pathology in adult gliomas: diagnostic, prognostic, and predictive markers[J]. The Lancet Neurology, 2010, 9(7): 717 - 726.

[65] Son J H, Terahertz electromagnetic interactions with biological matter and their applications[J]. Journal of Applied Physics, 2009, 105(10): 102033.

[66] Oh S J, Kim S H, Ji Y B, et al. Study of freshly excised brain tissues using terahertz imaging[J]. Biomedical Optics Express, 2014, 5(8): 2837 - 2842.

[67] Wesseling P, Kros J M, Jeuken J W M. The pathological diagnosis of diffuse gliomas: towards a smart synthesis of microscopic and molecular information in a multidisciplinary context[J]. Diagnostic Histopathology, 2011, 17(11): 486 - 494.

[68] Meng K, Chen T N, Chen T, et al. Terahertz pulsed spectroscopy of paraffin-embedded brain glioma[J]. Journal of Biomedical Optics, 2014, 19: 077001.

[69] Yamaguchi S, Fukushi Y, Kubota O, et al. Brain tumor imaging of rat fresh tissue using terahertz spectroscopy[J]. Scientific Reports, 2016, 6: 30124.

[70] Yamaguchi S, Fukushi Y, Kubota O, et al. Origin and quantification of differences between normal and tumor tissues observed by terahertz spectroscopy[J]. Physics in Medicine and Biology, 2016, 61(18): 6808 - 6820.

[71] Ji Y B, Oh S J, Kang S G, et al. Terahertz reflectometry imaging for low and high grade gliomas[J]. Scientific Reports, 2016, 6: 36040.

[72] Chernomyrdin N V, Gavdush A A, Beshplav S I T, et al. In vitro terahertz

spectroscopy of gelatin-embedded human brain tumors a pilot study. Saratov Fall Meeting 2017: Fifth International Symposium on Optics and Biophotonics: Optical Technologies in Biophysics & Medicine XIX - 2018.

[73] Jamshid Ghajar. Traumatic brain injury[J]. Lancet, 2000, 356: 923 - 929.

[74] Murray C J, Lopez A D. Global health statistics: a compendium of incidence prevalence and mortality estimates for over 200 conditions[J]. World Health Organization Harvard School of Public Health World Bank, 1996.

[75] Shenton M E, Hamoda H M, Schneiderman J S, et al. A review of magnetic resonance imaging and diffusion tensor imaging findings in mild traumatic brain injury[J]. Brain Imaging & Behavior, 2012, 6(2): 137 - 192.

[76] Wunder A, Schoknecht K, Stanimirovic D B, et al. Imaging blood-brain barrier dysfunction in animal disease models.[J]. Epilepsia, 2012, 53(s6): 14 - 21.

[77] Coles J P, Fryer T D, Smielewski P, et al. Defining ischemic burden after traumatic brain injury using 15O PET imaging of cerebral physiology [J]. J Cereb Blood Flow Metab, 2004, 24(2): 191 - 201.

[78] Yang S, Xing D, Lao Y, et al. Noninvasive monitoring of traumatic brain injury and post-traumatic rehabilitation with laser-induced photoacoustic imaging[J]. Applied Physics Letters, 2007, 90(24): 243902.

[79] Zhang X, Wang H, Antaris A L, et al. Traumatic Brain Injury Imaging in the Second Near-Infrared Window with a Molecular Fluorophore [J]. Advanced Materials, 2016, 28(32): 6872 - 6879.

[80] Feeney D M, Boyeson M G, Linn R T, et al. Responses to cortical injury: I. Methodology and local effects of contusions in the rat[J]. Brain Research, 1981, 211(1): 67 - 77.

[81] Navarrete A, Van Schaik C P, Isler K. Energetics and the evolution of human brain size[J]. Nature, 2011, 480(7375): 91 - 93.

[82] Kensuke M, Takeo K, Makoto K, et al. Mitochondrial susceptibility to oxidative stress exacerbates cerebral infarction that follows permanent focal cerebral ischemia in mutant mice with manganese superoxide dismutase deficiency [J]. Journal of Neuroscience, 1998, 18(1): 205 - 213.

[83] Gao G D, Manabu M, Pei W, et al. Intracellular bax translocation after transient cerebral ischemia: implications for a role of the mitochondrial apoptotic signaling pathway in ischemic neuronal death [J]. Journal of Cerebral Blood Flow & Metabolism, 2001, 21(4): 321 - 333.

[84] Hiroshi W, Yasushiro O, Takeshi U, et al. The effects of glucose, mannose, fructose and lactate on the preservation neural activity in the hippocampal slices from the guinea pig [J]. Brain Research, 1998, 788(1/2): 144 - 150.

[85] Wei J N, Michael J Q. Effect of nitric oxide synthesis inhibitor on a hyperglycemia rat model of reversible focal ischemia: detection of excitatory amino acids release and hydroxyl radical formation [J]. Brain Research, 1998, 791(1/2): 146 - 156.

[86] Yang G Y, Schielke G P, Gong C, et al. Expression of tumor necrosis factor-alpha and intercellular adhesion molecule-1 after focal Cerebral ischemia in interleukin – 1β coverting enzyme deficient mice [J]. Journal of Cerebral Blood Flow and Metabolism, 1999, 19(10): 1109 – 1117.

[87] Xu X H. Research and application of the dynamic process of cerebral ischemic injury [D]. Hangzhou: Zhejiang University, 2005: 23 – 30.

[88] Liu M, Sun J L, Dong Sh F, et al. Changes in brain energy metabolism for different duration of cerebral ischemia in rats [J]. Chinese Journal of Experimental Traditional Medical Formulae, 2011, 17(5): 216 – 218.

[89] Nageyama M, Zhang F, Zodecola C. Delayed treatment with amino-guanidine decreases focal cerebral ischemia damage and enhances neurologic recovery in rats [J]. Journal of Cerebral Blood Flow & Metabolism, 1998, 18(10): 1107 – 1113.

[90] 张章,孟坤,朱礼国,等.缺血大鼠脑组织的太赫兹波吸收特性研究[J].激光技术, 2016,40(3): 372 – 376.

[91] Olshevskaya J S, Ratushnyak A S, Petrov A K, et al. Effect of terahertz electromagnetic waves on neurons systems [C]. IEEE Region 8 International Conference on Computational Technologies in Electrical & Electronics Engineering. IEEE, 2008, 210.

[92] Masson J B, Sauviat M P, Martin J L, et al. Ionic contrast terahertz near-field imaging of axonal water fluxes[J]. Proceedings of the National Academy of Sciences of the United States of America, 2006, 103(13): 4808 – 4812.

[93] Bock J, Fukuyo Y, Kang S, et al. Mammalian stem cells reprogramming in response to terahertz radiation[J]. PLoS One, 2010, 5(12): e15806.

[94] Liu H B, Plopper G, Earley S, et al. Sensing minute changes in biological cell monolayers with THz differential time-domain spectroscopy [J]. Biosensors & Bioelectronics, 2007, 22(6): 1075 – 1080.

[95] Reid C B, Reese G, Gibson A P, et al. Terahertz time-domain spectroscopy of human blood[J]. IEEE Transactions on Terahertz Science and Technology, 2013, 3 (4): 363 – 367.

[96] Park S J, Hong J T, Choi S J, et al. Detection of microorganisms using terahertz metamaterials[J]. Scientific Reports, 2014, 4: 4988.

[97] Shiraga K, Ogawa Y, Suzuki T, Kondo N. Determination of the complex dielectric constant of an epithelial cell monolayer in the terahertz region[J]. Applied Physics Letters, 2013, 102(5): 053702(1 – 4).

[98] Shiraga K, Ogawa Y, Suzuki T, et al. Characterization of dielectric responses of human cancer cells in the terahertz region[J]. Journal of Infrared, Millimeter, and Terahertz Waves, 2014, 35(5): 493 – 502.

[99] Shiraga K, Suzuki T, Kondo N, et al. Hydration state inside HeLa cell monolayer investigated with terahertz spectroscopy[J]. Applied Physics Letters, 2015, 106 (25): 253701.

[100] Grognot M, Gallot G. Quantitative measurement of permeabilization of living cells by terahertz attenuated total reflection[J]. Applied Physics Letters, 2015, 107 (10): 103702.

[101] Zou Y. Label-free monitoring of cell death induced by oxidative stress in living human cells using terahertz ATR spectroscopy[J]. Biomedical Optics Express, 2017, 9(1): 14-17.

[102] Mittleman D M, Gupta M, Neelamani R, et al. Recent advances in terahertz imaging[J]. Applied Physics B, 1999, 68(6): 1085-1094.

[103] Löffler T, Bauer T, Siebert K, et al. Terahertz dark-field imaging of biomedical tissue[J]. Optics Express, 2001, 9(12): 616-21.

[104] Woodward R M, Wallace V P, Pye R J, et al. Terahertz pulse imaging of ex vivo, basal cell carcinoma[J]. Journal Invest Dermatol, 2003, 120(1): 72-78.

[105] Fitzgerald A J, Wallace V P, Pye R, et al. Terahertz imaging of breast cancer, a feasibility study[C]. Conference Digest of the 2004 Joint, International Conference on Infrared and Millimeter Waves, 2004 and, International Conference on Terahertz Electronics. IEEE, 2004: 823-824.

[106] Enatsu T, Kitahara H, Takano K, et al. Terahertz spectroscopic imaging of paraffin-embedded liver cancer samples[C]. Joint, International Conference on Infrared and Millimeter Waves, 2007 and the 2007, International Conference on Terahertz Electronics. Irmmw-Thz. IEEE Xplore, 2007: 557-558.

[107] Oh S J, Kang J, Maeng I, et al. Nanoparticle-enabled terahertz imaging for cancer diagnosis[J]. Optics Express, 2009, 17(5): 3469-3475.

[108] Brun M A, Formanek F, Yasuda A, et al. Terahertz imaging applied to cancer diagnosis[J]. Physics in Medicine & Biology, 2010, 55(16): 4615-4623.

[109] Miura Y, Kamataki A, Uzuki M, et al. Terahertz-wave spectroscopy for precise histopathological imaging of tumor and non-tumor lesions in paraffin sections[J]. Tohoku Journal of Experimental Medicine, 2011, 223(4): 291.

[110] Joseph C S, Yaroslavsky A N, Neel V A, et al. Continuous wave terahertz transmission imaging of nonmelanoma skin cancers[J]. Lasers in Surgery & Medicine, 2011, 43(6): 457-462.

[111] Jung E, Lim M H, Moon K W, et al. Terahertz pulse imaging of micro-metastatic lymph nodes in early-stage cervical cancer patients[J]. Journal of the Optical Society of Korea, 2011, 15(2): 155-160.

[112] Wahaia F, Valusis G, Bernardo L M, et al. Detection of colon cancer by terahertz techniques[J]. Journal of Molecular Structure, 2011, 1006(1): 77-82.

[113] 祁峰,汪业龙.利用太赫兹技术实现皮肤癌早期精确诊断[J].中国医学物理学杂志,2016,33(12): 1195-1198.

[114] 陈锡爱.太赫兹时域光谱及其成像检测技术研究[D].杭州:浙江大学,2012.

[115] 刘丁瑷,施长城,周向东.太赫兹光谱技术用于肺癌检测的初步探索研究[J].第三军医大学学报,2017,39(17): 1739-1743.

[116] Taylor Z D, Singh R S, Culjat M O, et al. Reflective terahertz imaging of porcine skin burns[J]. Optics Letters, 2008, 33(11): 1258 - 1260.

[117] Singh R S, Tewari P, Bourges J L, et al. Terahertz sensing of corneal hydration [C]. Engineering in Medicine & Biology Society. Conf Proc IEEE Eng Med Biol Soc, 2010: 3021.

[118] Bennett D B, Taylor Z D, Tewari P, et al. Terahertz sensing in corneal tissues [J]. Journal of Biomedical Optics, 2011, 16(5): 057003.

[119] Bakopoulos P, Karanasiou I, Pleros N, et al. A tunable continuous wave (CW) and short-pulse optical source for THz brain imaging applications [J]. Measurement Science & Technology, 2009, 20(10): 251 - 252.

[120] Oh S J, Huh Y M, Kim S H, et al. Terahertz pulse imaging of fresh brain tumor [C]. International Conference on Infrared, Millimeter and Terahertz Waves. IEEE, 2011: 1 - 2.

[121] 李钊,孟坤,傅楚华,等.大鼠脑组织缺血的太赫兹时域光谱研究[J].中华神经外科杂志,2014,30(6): 640 - 643.

[122] Yamaguchi S, Fukushi Y, Kubota O, et al. Brain tumor imaging of rat fresh tissue using terahertz spectroscopy[J]. Scientific Reports, 2016, 6: 30124.

[123] Sim Y C, Maeng I, Son J H. Frequency-dependent characteristics of terahertz radiation on the enamel and dentin of human tooth[J]. Current Applied Physics, 2009, 9(5): 946 - 949.

[124] Schirmer M, Fujio M, Minami M, et al. Biomedical applications of a real-time terahertz color scanner[J]. Biomedical Optics Express, 2010, 1(2): 354 - 366.

[125] Mullish H. Spectroscopic study of human teeth and blood from visible to terahertz frequencies for clinical diagnosis of dental pulp vitality[J]. Journal of Infrared Millimeter & Terahertz Waves, 2012, 33(3): 366 - 375.

[126] Stringer M R, Lund D N, Foulds A P, et al. The analysis of human cortical bone by terahertz time-domain spectroscopy[J]. Physics in Medicine & Biology, 2005, 50(14): 3211 - 3219.

[127] Kan W C, Lee W S, Cheung W H, et al. Terahertz pulsed imaging of knee cartilage[J]. Biomedical Optics Express, 2010, 1(3): 967 - 974.

[128] Jung E, Choi H J, Lim M, et al. Quantitative analysis of water distribution in human articular cartilage using terahertz time-domain spectroscopy[J]. Biomedical Optics Express, 2012, 3(5): 1110.

[129] Park J Y, Choi H J, Cheon H, et al. Terahertz imaging of metastatic lymph nodes using spectroscopic integration technique[J]. Biomedical Optics Express, 2017, 8 (2): 1122.

[130] Ennis D B, Riopelle D, Au J, et al. Non-invasive terahertz imaging of tissue water content for flap viability assessment[J]. Biomedical Optics Express, 2017, 8(1): 460 - 474.

索引

B

被动锁模 64

泵浦 4,15,16,29,50,63,66,72,74,
79－81,83,85,87,89－92,95,101,
102,104－108,110－115,117－
127,137,138,146,149,155,156,
159,160,162,164－167,170,172－
177,179－181,191,192,194－212,
216

波动方程 18,71,72

布儒斯特角 63

C

弛豫时间 7

磁导率 139,220

磁共振成像 242,248,250,253,254

磁光克尔效应 14

D

单色平面波 87

单色性 3,4,80,81,167

单轴晶体 25,39,40,94,99,145,
146,149,150

德拜模型 220,222

德鲁德模型 11

等离子体振荡频率 9,10

低通滤波器 115

电磁耦子 79,80,82－84,86,87,89,
92,94,95,99－102,104－106,108,
109

电调制 52

电光效应 48

电极化率 5,8

电极化强度 5,85

电偶极矩 5,8,80,94

电位移矢量 70,71

多光子吸收 176

E

二次谐波 70,80

F

法布里-珀罗标准具 112

法拉第效应　14

反射光谱　11,12,97,98,102

飞秒激光成丝　74,75

非线性光学系数　25,27,42,45,46,
71,73

非线性效应　4,5,12,13,33,49,64,
81,137

分辨率　66,67,137,229,234,242,
250,263

复振幅　92,140

傅里叶变换光谱　65

G

干涉仪　65,118,119

高斯波束　17－19

格波　12,85

共振偶极子天线结构　68

光电导天线　67,68,192,193,230,
231,233

光隔离器　118,122,123

光混频　137,191－200

光开关　30,93

光谱分析　67,119,124,156

光栅　112,119,197,202,206,209,
210

光整流　14,25,70,72,73,76,137,
151,154

H

和频　12,25,27,65,70,72,85,174

核酸　224,254

混频效应　74

J

基频光　74,122,123,162

胶质瘤　242－247,264

角频率　72,73

截止频率　168

介电色散　220－222

介电损耗　222

晶格缺陷　198

晶体光轴　95

K

可饱和吸收体　64

可见光　26,63,83,94－96,99,107,
111,220,234

克尔效应　64

空间相干性　107

L

链霉溶液　256

量子效率　128,142,143,159,193－195

M

麦克斯韦方程组　71,220

N

能级跃迁　3,4,81,200

P

偏振片　164,176,179

Q

迁移率　8－10,35,68

趋肤深度　73

全反射　111,258

群速度　50

R

入射面　72,149

瑞利散射　81

S

剩余射线带　12

时域光谱　230

受激辐射　3,4

衰减全反射　225,231,233,234,257,258

双层模型　260

双折射效应　14,26,46,52,81,94,99,147

双轴晶体　30,32,42,146

四波混频　74

苏木精-伊红染色　244,245

T

太赫兹飞行时间层析　233

太赫兹光学相干层析　233

太赫兹内窥镜　231,234

太赫兹全息成像　233

太赫兹时域光谱　65－68,99,223,224,226,230,233,234,243－247,250,264,272,273

太赫兹透镜　20

X

吸收带　80,200

吸收光谱　6,11,224

吸收损耗　73,80,93,98,99,104,
　106,149,151

相干长度　5,50,154,170-173

相干成像　256

相干性　3,4,8,80

相位失配量　5,139,145,146

谐振子　11,13

寻常光　34,95,99

Y

压缩感知　232,233,268

衍射极限　234

荧光成像　242,247

有效质量　8-10,16

有质动力　16,74

远场　68,112

Z

窄波段技术　65,66

主动锁模　64

驻波　201

锥形天线结构　68

准光传输　17-19,22

自发辐射　3,4,79

自锁模　64

走离效应　161,182

左手材料　9